库坝系统岩土体渗透特性
与工程渗流分析

许增光 曹 成 柴军瑞 著

科学出版社
北 京

内 容 简 介

水利工程关系到我国能源建设和社会发展，库坝系统岩土体渗透特性与工程渗流分析研究对水利工程的安全施工和运行意义重大。本书系统介绍库坝系统岩土体渗流特性分析、渗流计算方法、数值模拟技术等方面的研究成果。本书以土体材料为主，开展黏性土干湿循环试验、非黏性土渗透破坏细观过程、土体渗透破坏准则研究；以裂隙岩体为对象，开展岩体单裂隙非达西渗流模型、剪切作用下岩体单裂隙渗流流态、破碎岩体渗流特性、岩体裂隙网络渗流模型研究；创新渗流场边界定位与取值、非均质渗流场反演、复杂排水孔幕模拟、混凝土面板裂缝模拟等方法。上述成果已应用至常规水电站、抽水蓄能电站等工程渗流分析。

本书可供水利、土木、交通、石油、采矿、地下空间开发等领域科研工作者及专业技术人员使用。

图书在版编目(CIP)数据

库坝系统岩土体渗透特性与工程渗流分析/许增光，曹成，柴军瑞著. —北京：科学出版社，2023.6

ISBN 978-7-03-074050-2

Ⅰ. ①库… Ⅱ. ①许… ②曹… ③柴… Ⅲ. ①水工建筑物渗流
Ⅳ. ①TV223.4

中国版本图书馆 CIP 数据核字（2022）第 227416 号

责任编辑：祝 洁 / 责任校对：崔向琳
责任印制：张 伟 / 封面设计：陈 敬

科 学 出 版 社 出版
北京东黄城根北街 16 号
邮政编码：100717
http://www.sciencep.com

北京中石油彩色印刷有限责任公司 印刷
科学出版社发行 各地新华书店经销
*

2023 年 6 月第 一 版 开本：720×1000 1/16
2023 年 6 月第一次印刷 印张：16 3/4 插页：4
字数：340 000

定价：198.00 元
（如有印装质量问题，我社负责调换）

前　言

渗流指水流、空气、油气等流体在岩土体孔隙和裂隙中的流动过程，渗流力学则是研究孔隙、裂隙介质中流体运动规律的交叉学科。近三十年我国水利水电工程达到了前所未有的建设和发展规模，所面临的工程渗流问题极为突出。

水利工程失事后果惨痛，渗流是导致水利工程失事的关键因素之一，如意大利维昂特拱坝库区大型滑坡事故，法国马尔巴塞大坝溃决事故，我国青海沟后水库溃坝事故、新疆八一水库溃坝事故、江西九江大堤溃决事故。水利工程失事将造成巨大的经济损失，甚至人员伤亡。此外，在长期渗流作用下，大量已建水库出现渗流破坏现象，危害工程的正常运行。渗流过程伴随水利工程建设和运行的全周期过程，持续的渗透破坏和渗流压力作用导致坝体、坝基、边坡、堆体、反滤层、裂隙岩体等结构稳定性显著降低，无法探明的渗漏点将不断降低水库工程效益，被渗流侵蚀的岩土体材料是工程安全的巨大隐患。在可研阶段做好防渗排水设计，施工阶段做好渗流防控，运行阶段做好渗流监测，是保证水利工程安全建设的重要手段，开展渗流分析是保证上述手段有效实施的重要依据。

经过诸多学者的不断努力，渗流力学学科发展日趋成熟。然而，目前库坝系统渗流分析仍存在渗流部位隐蔽、工程区渗流范围大、岩土体材料渗流特性复杂、渗流场与应力场耦合关系不明确、模型边界及参数难以定量、仿真模型建模难度大、精度低等问题。本书汇总作者关于渗流分析的多年研究成果，系统性地对上述问题进行解答。本书通过理论分析、室内试验、数值模拟、工程验证等手段，分析土体渗透破坏过程并给出判定准则；揭示复杂应力作用下裂隙岩体非达西渗流机理；创新模型参数取值及边界定位方法；优化复杂排水孔幕及面板裂缝模拟技术；以实际工程为案例，开展渗控分析研究。

本书撰写分工：第 1 章由柴军瑞撰写，第 2、3 章由许增光撰写，第 4、5 章由曹成撰写，许增光负责全书统稿。

本书的研究工作得到了国家自然科学基金项目（51922088、52179143）和陕西省科技创新团队（2022TD-01）的资助，同时西安理工大学省部共建西北旱区生态水利国家重点实验室出版基金资助本书出版，在此表示感谢。感谢中国电建集团北京勘测设计研究院有限公司、中国电建集团西北勘测设计研究院有限公司、中国电建集团华东勘测设计研究院有限公司等单位对本书研究工作的支持。本书撰写过程中，作者查阅了大量学术著作和文献，参考借鉴了诸多专家和学者的成果和观点，在此向他们表达诚挚的谢意。

感谢作者团队博士研究生冯上鑫，硕士研究生王雪、王欣、高珊、赵俊宇、线美婷、张瑶、叶岩、蔡景法等对本书研究工作的贡献；感谢博士研究生李煜婷、李梦平，硕士研究生张泽源、丁子玥、阳勇波对书稿图、表的修改。

由于作者水平和经验有限，书中难免存在不足和疏漏，恳请读者批评指正。

目　　录

彩图

第1章 绪 论

1.1 水利工程中的渗流过程

水资源是基础性的自然资源和战略性的经济资源，是社会经济发展的重要支撑，更是人类赖以生存的基础命脉。水利工程渗透稳定及渗流分析与控制工作，是兼顾水电开发和保障民生、实现水利安全与人水和谐的重要工作[1-3]。水利工程规模庞大、社会效益重大，兼具防洪、除涝、灌溉、发电、供水、养殖、围垦、水土保持、旅游等多项功能。水利工程依水而建，控制和管理流域水资源，不可避免地受到渗流问题的困扰[4-7]。水利工程中的渗流是指水流在沙土、完整混凝土、碎石等多孔介质材料，以及裂隙岩体、裂隙混凝土等裂隙介质中的流动过程。对于水库、大坝、隧洞、地下发电厂房等水利工程而言，渗流往往伴随着工程设计、建设和运行的全周期过程，并且大部分渗流过程不利于工程建设和运行，如降低库区边坡稳定性、增大坝基扬压力、导致库水流失、致使岩土体材料发生流土管涌破坏、造成隧洞突水涌水、危害地下厂房围岩稳定性和机组正常运行等[8-13]。

根据水利部发布的《2020 年全国水利发展统计公报》[14]，截至 2020 年底，我国已建成各类水库 98566 座，其中大型水库 774 座，中型水库 4098 座，小型水库 93694 座。由于许多水库接近或达到设计使用年限，或超标洪水、地震等原因，工程老化毁损，在我国坝工发展史中，大中型病险水库数量已超过 2800 座，小型病险水库数量已超过 6.9 万座。以水库和大坝为主体的库坝系统是水利工程的重要组成部分，也是渗透破坏和渗漏事故的高发地带。尤其以病险水库为主，坝体及防渗体防渗性能降低，特殊地质构造透水性强，渗流问题更为严重。此外，为了减少全球碳排放，升级能源结构，国家先后提出"2030 碳达峰、2060 碳中和"战略和水电远景规划[15,16]。完成"双碳"目标及水电远景规划，需要进一步建设高坝大库及抽水蓄能工程[17]。

整体上，渗流是水利工程设计、建设和运行期间需要考虑的关键因素，由渗流引起的工程问题复杂且难以预测，对各类水利工程的危害无法估计。

1.2　渗流引起的工程失事案例

1. 意大利维昂特拱坝库区滑坡事故

（1）工程概况：维昂特拱坝位于意大利阿尔卑斯山东部皮亚韦河支流瓦依昂河下游河段，坝型为混凝土双曲拱坝，最大坝高 262m，坝顶弧长 190m，总库容 1.69 亿 m^3，于 1960 年竣工。

（2）失事经过：1963 年 10 月 9 日 22 时 39 分，库区左岸发生体积超过 2.5 亿 m^3 的大型滑坡，造成设计库容缩小 2/3，库区左岸涌浪高达 150m，右岸涌浪高达 250m。滑坡造成约 300 万 m^3 库水注入下游河道，造成 1 个城镇和 5 个村庄被冲毁，事故导致超过 1700 人死亡，水库报废。

（3）原因分析：事后调查和分析结果表明，左岸山体由卸荷节理、断层、古滑坡面等构造组成，自身稳定性差，并且以黏土夹层为主的软弱夹层居多；丰富的地下水储存在溶洞、裂隙、断层内部，使岩体软化、孔隙压力增大、抗滑阻力降低；连日降雨造成库水位升高，滑坡地下水抬升，扬压力增大，岩体构造内部充填物所受浮托力增大，使滑坡区椅状地形的椅背部分所承受的下推力增大，椅座部分抗滑阻力降低，最终导致滑坡失稳并高度滑动。

2. 美国圣弗朗西斯大坝溃决事故

（1）工程概况：圣弗朗西斯大坝位于加利福尼亚州，坝型为拱形重力坝，坝高 62.3m，水库库容 4700 万 m^3，于 1926 年建成。

（2）失事经过：圣弗朗西斯水库于 1926 年 3 月开始蓄水，期间坝肩有少量水渗出，坝身温度裂缝和伸缩裂缝未处理；1928 年 2 月，大坝两侧坝肩出现新渗漏点，翼墙附近出现明显渗漏通道；同年 3 月 12 日，渗水浑浊，当晚 23 时 57 分大坝溃坝，坝身混凝土及库水顺河谷而下。此次事故造成 450 人死亡，1200 间房屋被毁。

（3）原因分析：事后调查发现，圣弗朗西斯大坝原始坝基具有较好的承载力，然而砾岩遇水软化后降低了坝基的稳定性，造成地基缺陷。渗水使岩体凝聚力减小，导致岩体缓慢移动，对坝体施加较大的作用力；同时，坝基扬压力增大，坝体稳定性降低。在渗流压力、水荷载、岩体推力的综合影响下坝基最终溃决。

3. 法国马尔巴塞大坝溃决事故

（1）工程概况：马尔巴塞大坝位于法国东南部瓦尔省莱朗河，坝型为双曲薄拱坝，最大坝高 66m，坝顶高程 102.55m，坝顶弧长 223m，水库库容 5100 万 m³，于 1954 年竣工并开始蓄水。

（2）失事经过：1959 年 11 月中旬，水库蓄水位达 95.2m，坝址下游 20m 处发现岩体渗水；同年 12 月 2 日 21 时 20 分，坝基扭转，大坝突然溃决，溃坝波以 70km/h 的速度向下游冲击，洪水以 50km/h 的速度冲向下游。此次事故导致 421 人死亡，100 余人失踪，经济损失达 300 亿法郎，是工程造价的 52 倍。

（3）原因分析：法国农业部的事后调查结果表明，坝体最大压应力、混凝土抗压安全系数和拱冠局部应力均满足工程要求，坝基混凝土与岩体接触面状态良好，坝体失事主要由坝基造成。坝基片麻岩和千枚岩内含软弱夹层和细微裂隙，岩体强度较低；拱坝未设排水设施，应力作用下岩体渗透系数增幅显著，导致扬压力急剧攀升，岩体抗剪强度降低并变形，导致坝体扭转溃坝。

4. 青海沟后水库溃坝事故

（1）工程概况：沟后水库位于青海省海南藏族自治州共和县境内，黄河支流恰卜恰河上游。坝型为混凝土面板砂砾石坝，坝高 71m，坝顶高程 3281m，坝顶长 265m。水库正常蓄水位为 3278m，水库库容为 330 万 m³。1992 年 9 月沟后水库通过竣工验收。

（2）失事经过：经过连续 45 天的蓄水，1993 年 7 月 14 日，沟后水库水位升至 3277.25m，水位超过沉降后的防浪墙底座，坝肩及右岸坝坡开始渗水，并且渗水面积和出渗点不断增大；当日 21 时，大坝开始溃决，22 时 40 分，坝体大量溃决，造成 261 万 m³ 库水下泄至恰卜恰镇，最大洪峰流量达 2780m³/s。事故导致 288 人死亡，40 人失踪，造成大量房屋、农田、公路和桥梁等建筑物毁坏，城区供水系统失效，直接经济损失达 1.53 亿元。

（3）原因分析：沟后水库溃坝分为初发和继发两个阶段。①初发阶段，防浪墙与面板之间的止水失效，形成裂缝，库水由裂缝渗入坝体；坝身为水平成层且不连续的砂砾石均质坝，坝体透水性差，坝体内部自由面接近库水位，饱和区范围和孔隙压力持续增大；坝体砂砾石不均匀沉降导致防浪墙底部裂缝进一步扩大，并且防浪墙重量及填土自身重量加大了砂砾石的滑动力，在孔隙压力、渗透率、砂砾石材料抗滑稳定性急剧降低和砂粒流失等综合因素影响下，坝顶出现溃口。②继发阶段，库水由溃口持续下泄，砂粒不断流失，将坝体冲刷为深沟；溃口不断增大，面板底部被掏空进而悬空、断裂和塌陷，下泄流量到达峰值；随库水位降低后下泄流量逐渐减小。

5. 江西九江大堤溃决事故

（1）工程概况：九江大堤即长江大堤九江市段，建于 1966～1968 年，堤防高程为 23~24m。堤防设有钢筋混凝土防浪墙，墙顶高程 25.25m，堤外为混凝土护坡，堤基未做处理，堤身为砾质黏土和粉质黏土。

（2）失事经过：由于厄尔尼诺现象的影响，1998 年我国长江流域降雨量偏多并形成特大洪水，1998 年 8 月 7 日中午，堤防内侧堤角出现 3 处管涌突水点；12 时 30 分，堤面出现塌方，洪水由溃口涌出，堤防溃口不断增大，最大溃口长度达 60m。为了防洪救灾，三十余万官兵投入抗洪，受灾群众多达 423 万人，经济损失不计其数。

（3）原因分析：由于气候影响，洪水历时长、水位高，堤防水位长期超过警戒水位；堤防附近修建油库平台时破坏了堤防防渗土层，使粉质黏土失去保护，土体渗流压力增大；堤基粉细砂多、黏粒少的粉质壤土未做处理，渗流作用下抗变形能力差，多因素影响下堤防多处出现管涌现象。

6. 新疆八一水库溃坝事故

（1）工程概况：八一水库位于新疆维吾尔自治区昌吉回族自治州米东区境内，坝型为均质土坝，土料为粉质黏土，坝顶高程 466.85m，正常蓄水位 464.22m，库容 3500 万 m³。水库于 1952 年建成，以灌溉为主，兼有防洪、养殖等综合功能。

（2）失事经过：2004 年 1 月 21 日 13 时 30 分，水库泄洪涵洞左侧坝坡处出现渗水洞，洞高约 1m、宽 0.5m，由于库内冰层厚度达 60cm，未及时找到进水口；当日 20 时，坝体出现塌洞；1 月 22 日 11 时，坝体溃坝，溃口达 30m。事故期间，7500 人迅速疏散，超过 2 万人受灾。

（3）原因分析：水库渗水通道为新建泄洪涵洞与原坝体之间的裂缝逐渐形成，新填土填筑完成后上层质量较差，不均匀沉降较大，坝顶出现横向裂缝。上游坝面土工膜未起到防渗作用，水位上升后下游坝坡出现渗水点，并且出渗点无反滤保护，导致坝顶裂缝被持续冲刷，最终导致溃坝。

7. 广东珠海石景山隧道透水事故

（1）工程概况：石景山隧道位于珠海市，为双洞六车道交通洞，长度为 1.78km，是连通深中通道和港珠澳大桥兴业快线的一部分。隧道外轮廓高 11m，宽 15m。隧道穿过吉大水库，穿库段埋深约 19m。工程失事时，吉大水库水位为 30.67m，库容为 68.77 万 m³。

（2）失事经过：2021 年 7 月 15 日 3 时 30 分，右线隧道准备初期支护施工时掌子面出现掉渣，随后大量地下水涌入右线隧道，并通过横向通道涌入左线隧道，导致 14 人被困于掌子面，最终全部遇难。

（3）原因分析：石景山隧道失事原因包括直接原因和间接原因。直接原因为右线隧道所处掌子面已位于隧洞最低点，顶部与上方库水连通，库水通过断层带突涌至隧道，同时导致地表出现 $1000m^2$ 的陷坑和两岸山体的水土流失；间接原因则为地质勘探不准确，操作不规范，未探明潜在不利的地质构造。

8. 山西襄汾新塔矿业尾矿库溃坝事故

（1）工程概况：新塔矿业尾矿库位于山西省襄汾县，建于 1980 年，1992 年封库。初期坝坝底高程为 900m，坝顶高程为 925m，坝长 100m；次级坝坝底高程 925m，坝顶高程 950m，坝长 150m。尾矿库总库容为 80 万 m^3。

（2）失事经过：2008 年 9 月 8 日 8 时，新塔矿业尾矿库突然溃坝，26.8 万 m^3 尾矿和废渣随水流冲出库区，使坝体溃决，形成长达 2km 的泥流灾害，过泥面积 $30.2hm^2$。事故造成 277 人死亡，4 人失踪，直接经济损失高达 9619 万元。

（3）原因分析：新塔矿业尾矿库未设置库区排水设施，尾矿废水就地下渗、蒸发或回用。废水无法及时排出导致尾矿砂液化并发生管涌，进而发生渗透破坏。初期坝自身稳定性较差，在库内尾矿砂的推力作用下最终溃坝，导致事故发生。

1.3 渗透稳定与渗流分析

1.3.1 意义及目的

上述各类工程失事的物理过程和原因均表明，渗流是导致岩体软化、坝体抗滑稳定性下降、地下洞室突涌水、尾矿堆体液化的关键因素，渗透力和孔隙压力往往不利于岩土体和建筑物的稳定，分析涉水环境下岩土体和建筑物的应力场分布也必须考虑渗流场的影响。然而，水利工程渗流部位隐蔽且难以探查，岩土体渗流特性极为复杂，渗流引起的工程问题的关键时间节点难以把握。因此，需要通过理论分析、野外试验或数值模拟等方法对工程区渗流场分布、岩土体和建筑物渗透稳定性进行分析及预测，为工程的设计、建设和运行提供理论指导和技术支撑。在此基础上进行的水利工程渗透稳定及渗流分析与控制的目的包括以下几方面。

（1）渗流量计算。控制库区渗漏量是保证水库运行效率的核心因素，对抽水蓄能工程而言，库区渗漏量控制要求最为严格；同时，渗流量计算对地下洞室突涌水的预测至关重要，隐蔽区域渗流量过大则表示该区域透水风险较高，也证明该区域存在渗漏通道。整体上，渗流量计算是防渗排水设计及优化、渗漏通道预测、突涌水评价的重要依据。

（2）水力梯度计算。工程设计时要求渗流场水力梯度小于岩土体材料临界水力梯度，这是判断岩土体材料渗透稳定性的重要标准。岩土体材料临界水力梯度的确定极为复杂，与岩土体材料孔隙结构、颗粒强度及其黏聚性、饱和强度等参数相关。确定岩土体材料临界水力梯度，计算工程区渗流场水力梯度，判断不同工况下岩土体材料临界水力梯度和渗流场水力梯度的变化规律，水利工程渗透稳定分析极为重要。

（3）渗流压力计算。水利工程中渗流压力往往不利于岩土体及建筑物稳定，水库蓄水后坝基扬压力增大，坝坡及堆体浮托力增大，抗滑稳定性减小。渗流压力计算是水利工程应力分析的重要前提，也是工程降压、排水设计的关键因素。

（4）自由面计算。自由面可以将岩土体材料和混凝土等筑坝材料分为饱和渗流区域和非饱和渗流区域。自由面越高，饱和渗流区域占比越大，岩土体承受的孔隙压力和浮托力越大，尾矿砂等特殊材料容易液化，工程稳定性降低；对于地下洞室群而言，确定自由面是计算隧洞外水压力的基础，是保证发电机组所处环境是否干燥安全的前提；对于无压渗流而言，自由面位置决定渗流场孔隙压力和水力梯度的分布。确定自由面位置并将其控制在安全范围之内，是排水设计的重要依据。

1.3.2 渗流分析基本理论

1. 多孔介质渗流

多孔介质渗流理论以达西定律为基础。1856 年，法国工程师达西在装满砂料的垂直圆筒进行渗流试验，发现通过砂料的渗流量与圆筒断面面积及水头损失成正比，与渗径长度成反比，具体表达形式如下[7]：

$$Q = KA \frac{H_1 - H_2}{L} \tag{1-1}$$

式中，Q 为渗流量；K 为比例系数，又称渗透系数；A 为圆筒断面面积；H_1 为圆筒水流进口水位；H_2 为圆筒水流出口水位；L 为渗径长度。

根据水力梯度的定义，式（1-1）可进一步写为[7]

$$Q = vA = -KA \frac{\mathrm{d}H}{\mathrm{d}L} = KAJ \tag{1-2}$$

式中，v 为渗流速度；H 为测压管水头，一般为位置水头和压力水头之和；J 为水力梯度，表示沿程水头损失率。

达西定律的发现基于物理试验的客观规律，也可通过严密的理论推导证明其合理性。理想状态下达西定律的应用条件极为苛刻，如流体为等温、单向层流，渗流速度不能过高或过低，渗透介质渗透性不能过强（如裂隙）或过弱（如黏土），符合达西定律的渗流过程也称为达西渗流或线性渗流。

以岩土体为主的天然渗流介质往往呈现出各向异性的渗流过程，将达西定律应用至各向异性渗流介质时可通过渗透张量将其转换为三维形式[6]：

$$
\begin{Bmatrix} v_x \\ v_y \\ v_z \end{Bmatrix} = - \begin{Bmatrix} K_{xx} & K_{xy} & K_{xz} \\ K_{yx} & K_{yy} & K_{yz} \\ K_{zx} & K_{zy} & K_{zz} \end{Bmatrix} \begin{Bmatrix} \dfrac{\partial H}{\partial x} \\ \dfrac{\partial H}{\partial y} \\ \dfrac{\partial H}{\partial z} \end{Bmatrix} \tag{1-3}
$$

式中，v_x、v_y、v_z 分别为渗流速度在 x、y、z 方向的分量；K_{ij} 为渗透张量。

式（1-3）即为广义达西定律。联立连续方程，可得到广义达西定律的微分形式[18]：

$$
K_x \frac{\partial^2 H}{\partial x^2} + K_y \frac{\partial^2 H}{\partial y^2} + K_z \frac{\partial^2 H}{\partial z^2} = 0 \tag{1-4}
$$

通过式（1-4）求解渗流场时需加入边界条件，常见的边界条件包括以下几类。

第一类边界条件（Dirichlet 条件）：当渗流区域的某一部分边界（如 S_1）上的水头已知，法向渗流速度未知时，其边界条件可以表示为[18]

$$
H(x,y,x)\big|_{S_1} = \overline{H}(x,y,z), \qquad (x,y,z) \in S_1 \tag{1-5}
$$

式中，$\overline{H}(x,y,z)$ 为已知水头。

第二类边界条件（Neumann 条件）：当渗流区域的某一部分边界（如 S_2）上的水头未知，法向渗流速度已知时，其边界条件可以表示为[18]

$$
K \frac{\partial H}{\partial n}\bigg|_{S_2} = \overline{Q}(x,y,z), \qquad (x,y,z) \in S_2 \tag{1-6}
$$

式中，$\overline{Q}(x,y,z)$ 为已知流量；n 为边界 S_2 的外法线方向。

自由面边界和逸出面边界条件：无压渗流自由面的边界条件可以表示为

$$
\begin{cases} \dfrac{\partial H}{\partial n} = 0 \\ H(x,y,z)\big|_{S_3} = Z(x,y), \qquad (x,y,z) \in S_3 \end{cases} \tag{1-7}
$$

逸出面的边界条件为[18]

$$
\begin{cases} \dfrac{\partial H}{\partial n} < 0 \\ H(x,y,x)\big|_{S_4} = Z(x,y), \qquad (x,y,z) \in S_4 \end{cases} \tag{1-8}
$$

2. 裂隙介质渗流

立方定律常用于描述裂隙渗流过程。立方定律认为通过裂隙的过流能力与裂隙隙宽的三次方成正比，根据水流的不同流向，其表达形式为[19]

$$单向流 \quad Q = \frac{w}{12\mu}e^3\Delta H \tag{1-9}$$

$$幅向流 \quad Q = \frac{1}{12\mu}\frac{2\pi}{\ln(r_i/r_o)}e^3\Delta H \tag{1-10}$$

式中，w 为裂隙宽度；e 为裂隙隙宽；μ 为水流动力黏滞系数；r_i 为裂隙平面半径；r_o 为裂隙进水口半径。

立方定律数学形式简单，直观展现了裂隙隙宽和裂隙渗流特性之间的关系。立方定律本质为达西定律，有着严密的理论基础，但同样有着诸多的限定条件，如裂隙面光滑且平行、水流为不可压缩等温层流等。

3. 非达西渗流

非达西渗流多发生在高渗流速度环境、裂隙及大孔隙渗透性较强的介质中，具体表现为渗流速度与水力梯度之间呈现明显的非线性关系，水流流态偏离达西渗流。以流体动力学理论为基础，黏滞性流体的运动过程可用 Navier-Stokes（N-S）方程表示，N-S 方程的微分表达形式为[20]

$$f - \frac{1}{\rho_1}\nabla P + \frac{\mu}{\rho_1}\nabla^2\boldsymbol{u} = \frac{\partial\boldsymbol{u}}{\partial t} + (\boldsymbol{u}\cdot\nabla)\boldsymbol{u} \tag{1-11}$$

式中，f 为单位体力，一般为重力加速度；ρ_1 为液体密度；∇ 为哈密顿算子；P 为压力；$\boldsymbol{u}$ 为流体速度；t 为时间。

重力环境下 N-S 方程清晰地阐明了压力梯度（$-\nabla P$）、黏滞力项 $[(\mu/\rho)\nabla^2\boldsymbol{u}]$ 与惯性力项 $[\partial\boldsymbol{u}/\partial t + (\boldsymbol{u}\cdot\nabla)\boldsymbol{u}]$ 之间的关系。其中，惯性力项主要与流体加速度有关，可分为由于流场的非恒定性在时间上引起的时变加速度 $\partial\boldsymbol{u}/\partial t$，以及因质点位移改变而引起的位变加速度 $(\boldsymbol{u}\cdot\nabla)\boldsymbol{u}$。假定流体为牛顿流体、水流物理性质不变，流体为恒定流（即忽略 $\partial\boldsymbol{u}/\partial t$ 项），N-S 方程可简化为[21]

$$-\nabla P + \mu\nabla^2\boldsymbol{u} = -\rho(\boldsymbol{u}\cdot\nabla)\boldsymbol{u} \tag{1-12}$$

联立连续方程对式（1-12）进行求解时，由于非线性项 $(\boldsymbol{u}\cdot\nabla)\boldsymbol{u}$ 的存在使得求解过程十分复杂。惯性力是式（1-12）的唯一非线性来源，也是造成流体偏离达西定律的唯一因素[22]。此外，从惯性力的表达式可以看出惯性力与渗流速度的二次方成正比，当渗流速度增大时，流体惯性力占比逐渐大于黏滞力。当渗流速度较小时，惯性力项可以忽略，式（1-12）将退化为达西定律。

与式（1-12）形式相似并且应用广泛的非达西渗流理论 Forchheimer 定律通过建立压力梯度与渗流量的二项式关系，描述非达西流在多孔介质或者裂隙中的渗流规律。根据 Forchheimer 定律，压力梯度与渗流量之间的关系可表述为[23]

$$-\nabla P = A_{\mathrm{Fo}}Q + B_{\mathrm{Fo}}Q^2 \tag{1-13}$$

式中，A_{Fo} 为线性项系数；B_{Fo} 为非线性项系数。

Forchheimer 定律为拟合公式，$A_{\mathrm{Fo}}Q$ 代表黏滞力，与式（1-12）中的 $\mu\nabla^2\boldsymbol{u}$ 一致。$B_{\mathrm{Fo}}Q^2$ 是唯一的非线性来源，代表惯性力，与式（1-12）中的 $(\boldsymbol{u}\cdot\nabla)\boldsymbol{u}$ 一致。当忽略非线性项 $B_{\mathrm{Fo}}Q^2$ 时，Forchheimer 定律同样可退化为达西定律。线性项系数 A_{Fo} 和非线性项系数 B_{Fo} 可通过对 $-\nabla P$-Q 曲线进行回归分析计算得到，或者通过式（1-14）和式（1-15）计算得到[24]：

$$A_{\mathrm{Fo}} = \frac{\mu}{kA_{\mathrm{s}}} \tag{1-14}$$

$$B_{\mathrm{Fo}} = \frac{\beta\rho}{A_{\mathrm{s}}^2} \tag{1-15}$$

式中，β 为非达西渗流系数；A_{s} 为过流断面面积。

联立式（1-13）～式（1-15），可通过 Forchheimer 定律表示压力损失过程[25]：

$$\frac{\Delta P}{L} = \frac{\mu}{k}u + \beta\rho u^2 \tag{1-16}$$

其中，黏滞力项 $(\mu/k)u$ 的压力损失主要由沿程阻力造成，惯性力项 $\beta\rho u^2$ 的压力损失主要由局部能量损失造成[25]。

参 考 文 献

[1] ZIVAR D, KUMAR S, FOROOZESH J. Underground hydrogen storage: A comprehensive review[J]. International Journal of Hydrogen Energy Hydrogen Separation, Production and Storage, 2021, 46(45): 23436-23462.

[2] 郑声安, 彭程. 改革开放四十年中国可再生能源发展成就与展望[R]. 北京: 水电水利规划设计总院, 2018.

[3] 潘家铮. 潘家铮全集 第十六卷 思考·感想·杂谈——水电开发漫谈[M]. 北京: 中国电力出版社, 2016.

[4] CAO C, XU Z, CHAI J, et al. Determination method for influence zone of pumped storage underground cavern and drainage system[J]. Journal of Hydrology, 2021, 595: 126018.

[5] WANG M, CHAI J, XU Z, et al. Leakage safety analysis of anti-seepage measures in reservoir basins: A case study of the Okinawa seawater pumped storage system in Japan[J]. Arabian Journal of Geosciences, 2021, 14: 345.

[6] 沈振中, 岑威钧, 徐力群, 等. 工程渗流分析与控制[M]. 北京: 科学出版社, 2020.

[7] 毛昶熙. 渗流计算分析与控制[M]. 2 版. 北京: 中国水利水电出版社, 2003.

[8] GE S, GAO Y, YAO X, et al. Can pumped-storage power in underground coal mine reduce carbon emissions?[J]. Journal of Cleaner Production, 2020, 255: 120344.

[9] AL-NIMR M A, AL-WAKED R F, AL-ZU'BI O I. Enhancing the performance of heat pumps by immersing the external unit in underground water storage tanks[J]. Journal of Building Engineering, 2021, 40: 102732.

[10] MAHMOODZADEH A, MOHAMMADI M, HASHIM H, et al. Forecasting sidewall displacement of underground caverns using machine learning techniques[J]. Automation in Construction, 2021, 123: 103530.

[11] 赵文景, 赵鹏云, 杨海恩, 等. 基于毛细管模型的纳米聚合物微球深部调驱机理[J]. 断块油气田, 2020, 27(3): 355-359.

[12] 张鹏伟, 胡黎明, MEEGODA N, 等. 基于岩土介质三维孔隙结构的两相流模型[J]. 岩土工程学报, 2020, 42(1): 37-45.

[13] 周志芳. 裂隙介质水动力学原理[M]. 北京: 高等教育出版社, 2007.

[14] 中华人民共和国水利部. 2020 年全国水利发展统计公报[M]. 北京: 中国水利水电出版社, 2021.

[15] 潘家华, 廖茂林, 陈素梅. 碳中和: 中国能走多快?[J]. 改革, 2021(7): 1-13.

[16] 我国可再生能源发电装机达 9. 48 亿千瓦[EB/OL]. [2022-07-18]. http: //www. nea. gov. cn/2021-05/08/c_139932549. htm.

[17] 水电水利规划设计总院, 中国电力建设股份有限公司, 中国水力发电工程学会. 中国水力发电技术发展报告[M]. 北京: 中国电力出版社, 2018.

[18] 仵彦卿, 张倬元. 岩体水力学导论[M]. 成都: 西南交通大学出版社, 1995.

[19] CAO C, XU Z, CHAI J, et al. Radial fluid flow regime in a single fracture under high hydraulic pressure during shear process[J]. Journal of Hydrology, 2019, 579: 124142.

[20] 张志昌, 李国栋, 李治勤. 水力学（上册）[M]. 北京: 中国水利水电出版社, 2011.

[21] DULLIEN F, AZZAM M. Flow rate-pressure gradient measurements in periodically non-uniform capilary tubes[J]. AIChE Journal, 1973, 19(2): 222-229.

[22] VEYSKARAMI M, HASSANI A, GHAZANFARI M H. Modeling of non-Darcy flow through anisotropic porous media: Role of pore space profiles[J]. Chemical Engineering Science, 2016, 151: 93-104.

[23] FORCHHEIMER P. Wasserbewegung durch boden[J]. Zeitz ver Deutsch Ing, 1901, 45: 1782-1788.

[24] EL-ZEHAIRY A, MOUSAVI NEZHAD M, NIASAR V, et al. Pore-network modelling of non-Darcy flow through heterogeneous porous media[J]. Advances in Water Resources, 2019, 131: 103378.

[25] 吴金随. 破碎岩体非达西渗流研究及其应用[D]. 武汉: 中国地质大学, 2015.

第2章 土体渗透破坏特性及判定准则

2.1 干湿循环黏性土土体特性变化试验

2.1.1 干湿循环黏性土裂缝试验

1. 试验材料与仪器

本节试验所用黏性土为黄土。为了使所取土样的性质与筑坝所需土体特性相类似，通过对取样场地的考察，确定自陕西省西安市灞桥区某边坡取土，取土深度为 0.3～0.5m，其主要物理性质指标如表 2-1 所示。

表 2-1 土样的物理性质指标

土样名	初始含水率/%	土粒密度/（g/cm³）	液限/%	塑限/%	塑性指数	液性指数	不同粒径范围颗粒占比/%		
							0.5～2mm	0.075～0.5mm	≤0.075mm
黄土	22.8	2.71	39.1	17.7	21.4	0.237	8.6	38.1	53.3

试验仪器包括烘箱，天平，直径 61.8mm、高 20mm 的环刀，透水石，平底圆盘，凡士林，筛子，小喷壶等。

2. 试验目的与方案

土体的开裂特性是土体结构稳定性最直观的表现，保证土体结构在干湿循环下的整体稳定性是进行其他试验的基础。土的裂缝试验可获得土样在干湿循环过程的裂缝开裂特性，进而分析裂缝扩展情况，对土在干湿循环下的结构稳定性进行评价。

由于土样的干密度对其力学特征、孔隙特征和裂缝开裂过程影响显著，本节试验将所取土样以初始干密度 1.61g/cm³ 进行重塑，并制备干密度 1.45g/cm³ 与 1.70g/cm³ 的土样进行对照，进行共计 8 次干湿循环试验，分析干密度对土体裂缝开裂过程的影响，并获得裂缝的开裂规律。

3. 试验过程

（1）将所取原状土样置于烘箱烘干，通过 2mm 的筛网去除土样中的杂质。

（2）以 6 个直径 61.8mm、高 20mm 的环刀体积为基准，计算干密度分别为 1.45g/cm³、1.61g/cm³ 和 1.70g/cm³ 环刀土样的质量，并用天平称量备用。

（3）按取土初始含水率 22.8%制备重塑土，将称量好的干土均匀平铺入平底圆盘中，用喷壶分层均匀喷洒蒸馏水，边喷水边搅拌，将配好的土样按不同干密度放入 6 个塑料袋，闷样 12h 至土水融合均匀。

（4）将各塑料袋中的土样按干密度分层压实装入内壁涂有凡士林的环刀。

（5）增湿过程：将按初始含水率制备好的环刀土样上下两侧包裹浸湿的滤纸，在上层滤纸外包裹一层保鲜膜，将滤纸和保鲜膜用橡皮筋捆绑在环刀外壁上。吸水时将环刀下层滤纸贴紧于透水石上，透水石置于圆盘中并在盘中加水至环刀中部。通过预试验确定吸湿及干燥过程的时长。将试样自然吸水 24h 至饱和，以模拟边坡正常浸水吸湿，并记录饱和土样的质量。

（6）脱湿过程：为尽可能模拟天然外界温度，将吸水饱和的土样取下环刀下层的橡皮筋及滤纸，放入烘箱 40℃烘干，预试验确定烘干时长为 48h，并记录干燥土样的质量。

（7）重复进行上述干湿循环过程，进行共计 8 次循环，以 n 表示循环次数。

4．试验结果与分析

1）不同干密度裂缝开裂情况

按照上述的试验过程进行干湿循环试验，得到各土样在经过 8 次干湿循环前后开裂情况如图 2-1 所示。

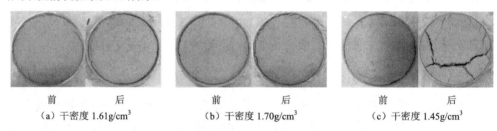

（a）干密度 1.61g/cm³　　　（b）干密度 1.70g/cm³　　　（c）干密度 1.45g/cm³

图 2-1　不同干密度土样在干湿循环前后开裂情况

从图 2-1 可以看出，干密度为 1.61g/cm³ 与 1.70g/cm³ 的土样在干湿循环前后并没有产生较大的主裂缝，只是在土样边缘处收缩严重，对整体结构未造成显著影响。干密度为 1.45g/cm³ 的土样在经过干湿循环后出现明显的主裂缝，裂缝张开挤压土样向边缘靠拢，使得土样边缘与环刀处于紧密贴合状态，而且土样边缘处产生较小的不规则次裂缝，影响土样边缘的脱落与收缩。

图 2-2 为土样开裂前后的水分流动过程。开裂前，土样表面暴露在空气中，水分首先蒸发流失。当土样表面水分低至一定程度，底部水分开始向上蒸发时，上部干燥土样受到拉应力。由于上部干燥土样压缩变密，有效应力和抗剪强度增加，土样闭合，难以开裂。干湿循环过程中，土样内部孔缝贯通，颗粒更易破碎，土样抗拉强度降低。土样的破坏情况取决于失水过程产生的拉应力与土样抗拉强

度之间的主导作用。干湿循环初期,土样整体稳定性良好,土样抗拉强度占主导。土样吸水,使易溶于水的矿物溶解,土样内部孔隙增大并将土颗粒间的孔隙联通。同时,土中的胶结物质会与水发生化学反应,降低土样黏聚力。干湿循环土样的孔隙率和黏结性的变化不是完全可逆的,干湿循环过程会积累内部劣化效应。当土样的黏聚力不足以支持土样封闭,其拉应力大于等于其抗拉强度,土样表面出现主裂缝。当裂缝产生后,干燥过程初期裂缝被水闭合,整体表面仍为水分流失面。土样开裂处成为水分流失主要通道,土样水分首先从裂缝开裂处流失,进一步加剧裂缝的扩展。土样干密度对其孔隙率影响较大,进而影响水分流失速度。干密度 $1.45g/cm^3$ 的土样拥有更大的孔隙率,颗粒间接触松散,架空结构较多,干湿循环后更容易出现裂缝。

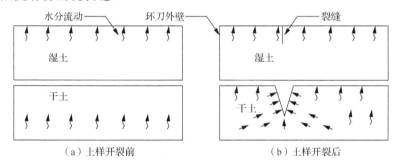

图 2-2 土样开裂前后的水分流动过程

2)裂缝扩展分析

由上述干湿循环黏性土裂缝试验的结果可知,干密度为 $1.45g/cm^3$ 的土样经过反复干湿循环作用,最终产生了贯穿土样整体的主裂缝,将土样块状分割。为了分析反复干湿循环过程中的裂缝开裂及扩展情况,将干密度 $1.45g/cm^3$ 的土样分为 A 组和 B 组,不同干湿循环次数下土样裂缝图像如图 2-3 所示。

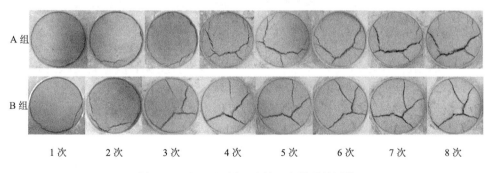

图 2-3 不同干湿循环次数下土样裂缝图像

由图 2-3 可知,土样前期稳定,在循环次数 $n=1$ 时边缘收缩并现部分脱落,经过 2～3 次干湿循环，土样边缘出现明显的不均匀脱落及次要裂缝，并未产生贯穿土样主体的主裂缝。可以看出，贯穿土样主体的主裂缝是在某次干湿循环后的脱湿过程中突然出现的，主裂缝的开裂具有突变性。A 组、B 组土样分别在 $n=4$ 次、3 次时主裂缝开裂，且两组土样产生的主裂缝形状不同。主裂缝开裂后裂缝形状基本稳定，裂缝扩展及边缘次要裂缝发育缓慢，裂缝张度有所增加，主裂缝向深部进行发育，随着干湿循环次数的增加，主裂缝逐渐趋于稳定。该土样产生主裂缝形状差异性的主要原因是干湿循环作用溶解可溶盐，使土颗粒遇水结构重组，从而增大了土样内部孔隙含量及土颗粒间距，使内部孔隙分布不均匀，结构出现非均匀性损伤。当不均匀劣化效应逐渐积累至土样表面拉应力大于等于其抗拉强度，在该软弱结构处产生形状各异的主裂缝。

　　按照裂缝扩展的特点，可将其发育分为裂缝酝酿期、裂缝突扩期和裂缝稳定期三个阶段。

　　（1）裂缝酝酿期对应主裂缝开裂前，该阶段土样主体稳定，边缘收缩，次要裂缝发育。

　　（2）主裂缝开裂的裂缝突扩期，分别对应于 A 组、B 组土样的第 4 次、第 3 次循环，该阶段主裂缝贯穿土样主体使土样分块，裂缝的长度、深度和面积都急剧增长。

　　（3）主裂缝开裂后的裂缝稳定期，主裂缝平稳发育，该阶段主裂缝的深度与宽度仍在增长但幅度较小，裂缝发育速度缓慢甚至趋于稳定。

为了避免边界效应影响，在干湿循环土样收缩部分截取圆形区域，对截取的图像经过二值化处理后得到裂缝参数变化。如图 2-4 所示，二值化图像黑色部分表示整体被裂缝切割而成的区域，白色部分表示经干湿循环生成的裂缝。通过对像素点的统计得到裂缝面积、裂缝长度与裂缝宽度等。

图 2-4　裂缝图像及其二值化图像

以干湿循环次数为横坐标，裂缝面积率、裂缝长度和裂缝宽度为纵坐标，得到裂缝参数变化曲线分别如图 2-5 和图 2-6。从图 2-5 可以看出，在主裂缝开裂前，由于边缘裂缝的扩展，裂缝面积率不同程度地增长。A 组、B 两组土样在循环次数 $n=4$ 次、3 次时裂缝面积率达到了极点值，分别为 5.04%和 4.84%。在下次循环后，两组土样裂缝面积率都存在一定程度的收缩，随后裂缝面积率持续增长。经过 8 次干湿循环后，A 组裂缝面积率达到 6.63%，B 组为 5.97%。从图 2-6 可知，主裂缝开裂前，两组土样裂缝长度持续增大。当主裂缝形成时，A 组裂缝长度增大较快，达到 207.72mm，但后续循环裂缝长度有所减小。B 组裂缝长度增大较慢，为 127.48mm。主裂缝开裂前，裂缝宽度先增后减；主裂缝开裂后，裂缝宽度呈现增大趋势。主裂缝开裂初期的不规则性导致其曲折度较大，下次循环主裂缝旁的次要裂缝被挤压减小或消失，主裂缝的曲折度随之减小。由于边缘约束的存在，后期裂缝面积增大幅度逐渐减小。整体裂缝长度和宽度的统计包含不规则曲折主裂缝和边缘次要裂缝。干湿循环会使主裂缝的不规则性减小，裂缝长度与宽度反复增减。同时可以发现，在主裂缝开裂后，其长度和宽度变化与整体裂缝有相同的趋势，表明主裂缝在裂缝扩展过程占据主导地位。

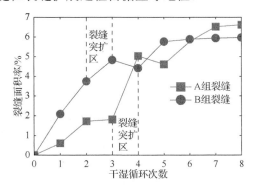

图 2-5　裂缝面积率与干湿循环次数的关系

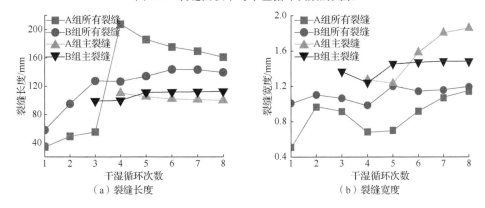

（a）裂缝长度　　　　　　　　　　（b）裂缝宽度

图 2-6　裂缝长度、裂缝宽度与干湿循环次数的关系

3）脱湿过程主裂缝开裂分析

以 B 组土样为例，研究脱湿过程土样主裂缝的开裂情况，得到不同含水率下的主裂缝扩展情况如图 2-7 所示，其中土样含水率分别为 27.6%、24.1%、17.2%、10.3%、5.7%。由图 2-7 可知，土样裂缝扩展以主裂缝为主。当含水率较高时，边缘次要裂缝吸水闭合，主裂缝痕迹明显。随着脱湿过程的进行，裂缝的扩展方向由裂缝中部向边缘开裂，土样分块收缩，主裂缝逐渐明显并且加深加宽。边缘次要裂缝在土样收缩作用与含水率降低情况下重新出现并扩展。当含水率达到

10.3%时，土样表面达到由湿到干的过渡期。由于主裂缝的存在，土样各块状体的脱湿速率存在差异，表现为各块状体干湿共存。随着土样含水率降低，土样表面完全干燥，并且随含水率降低，裂缝扩展会加剧深部水分的蒸发，加速土体裂缝向深部发育。

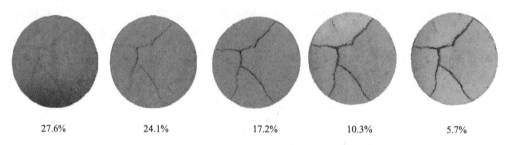

27.6%　　　　　24.1%　　　　　17.2%　　　　　10.3%　　　　　5.7%

图 2-7　不同含水率下的主裂缝扩展情况

同样，运用二值化图像处理技术，统计得到土样脱湿过程，不同含水率条件下裂缝面积变化过程如图 2-8 所示，由图可以看出：

（1）裂缝面积代表裂缝的开度，裂缝面积随土样含水率的减小而增大。当土样含水率大于 27.5%时，随着含水率的降低，裂缝面积增大幅度较小；当含水率为 27.5%～12.5%时，裂缝面积增大迅速，裂缝张开较快；当含水率小于 12.5%时，裂缝面积增大缓慢，裂缝扩展趋于稳定状态。

（2）按照曲线的变化趋势，将裂缝扩展变化分为三部分，即含水率为 38%～27.5%的裂缝微扩区，含水率为 27.5%～12.5%的裂缝扩展区和含水率小于 12.5%的裂缝稳定区。

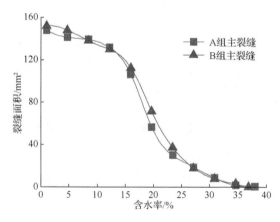

图 2-8　裂缝面积与含水率的关系

脱湿过程中，初期土样表面处处存在水分，虽然裂缝处提供了集中蒸发面，但水分的流失以整个土样表面为主，因此在水分流失初期土样表现为失水固结而非裂缝的扩展,土样保持完整。当土样表面水分流失达到某一值时,裂缝分割而成的块体固结,失水困难,次要裂缝成为主要失水部位,到达裂缝扩展区。该阶段土样抗拉强度难以维持其稳定,裂缝失水较快且在主裂缝中部产生窄裂缝,土体结构破坏。随着脱湿过程的持续进行,裂缝沿着不完全闭合的痕迹向边缘加长变宽,裂缝快速扩展。由于侧向约束的限制及含水率的降低,裂缝扩展逐渐缓慢,到达裂缝稳定区,同时受挤压而闭合的边缘次要裂缝发育明显。此时,土样含水率较低,土样以主裂缝为分界形成了明显的块状体,整体已经被完全破坏,抗拉应力基本释放。主裂缝由向两侧开裂逐渐转向裂缝深部,在空间上造成土体的破坏。

2.1.2　黏性土变水头渗透试验

1. 试验原理

常用的试验室土体饱和渗透系数测量方法有两种,常水头渗透试验和变水头渗透试验。常水头渗透试验适用于渗透系数较大的土样,变水头渗透试验多用来测量渗透系数较小的土样。由于本次试验采用的是黏性土,渗透系数较小,故采用变水头试验确定土的饱和渗透系数。

变水头渗透试验装置及真空饱和仪见图 2-9。在南 55 渗透仪中装入土样,渗透仪连接玻璃管,管截面积为 a。试验时通过对阀门的调节,先对土样排气,使管中水头不断减小。试验时,将管中水位升至指定高度 h_1,当经过时间 t 时,玻璃管中水位下降 Δh,到达 h_2。在时间 dt 内,水头下降 $-dh$,则在时间 dt 内通过土样的流量为

$$dQ = -adh \qquad (2-1)$$

又因 $q=KiA$,则

$$dQ = qdt = KiAdt = K\left(\Delta h / L\right)Adt \qquad (2-2)$$

式中,q 为单位体积渗透通量;i 为水力坡降;A 为试样面积;L 为试样高度;K 为试样饱和渗透系数。将式(2-1)和式(2-2)联立:

$$-adh = K\left(\Delta h / L\right)Adt \qquad (2-3)$$

积分即得

$$K = aL/\left[At\ln\left(h_1/h_2\right)\right] \qquad (2-4)$$

用对数表示:

$$K = 2.3aL/\left[At\lg\left(h_1/h_2\right)\right] \qquad (2-5)$$

式中,h_1 为开始水头;h_2 为终止水头。

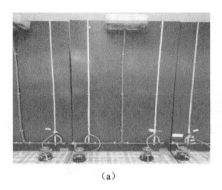 

（a）　　　　　　　　　　　　　　　　　（b）

图 2-9　变水头渗透试验装置（a）及真空饱和仪（b）

2. 试验目的与方案

拟通过变水头渗透试验获得所取土样的饱和渗透系数，为数值模拟提供一定的参考价值。取干密度为 $1.61 g/cm^3$ 的原状土制备环刀试样，对同一试样进行 6 次试验，取饱和渗透系数均值。

3. 试验过程

（1）将烘干过筛的土样按初始含水率 22.8%配土，分层压实至渗透环刀中，渗透环刀直径 61.8mm、高 40mm。通过控制土的质量制备干密度为 $1.61 g/cm^3$ 的土样。土样饱和时，首先将制备好的土样放入真空饱和仪，盖好顶盖，关闭进水阀门，打开抽气阀门抽气 1h。进水管外接水桶，打开进水阀门，压强差使得水流流入真空饱和仪，待水位高出土样顶端关闭进水阀门，继续抽气 2h 使土样饱和。

（2）将饱和土样从真空饱和仪取出，在渗透环刀外壁涂抹凡士林防止外壁渗水。将土样装入南 55 渗透仪的护筒，并在环刀土样上下侧分别垫滤纸及透水石。然后，在渗透仪中套上止水圈，拧紧顶盖，防止渗透过程渗透仪漏水及漏气。

（3）试样装好后先关闭排水阀，打开进水阀，使测压管中的水位高度与水箱齐平且相对稳定。排水阀连接渗透仪底部，用夹子夹紧渗透仪上部排水管后，关闭进水阀，打开排水阀，使测压管中的水顺渗透仪下部排水管流出，进行排气。当下部排水管出水不含气泡且水流顺畅时，认为试样中气泡已排尽。随后关闭下部排水管及排水阀，重新打开进水阀使测压管水位升至水箱高度。

（4）关闭进水阀，打开排水阀及上部排水管夹，此时测压管压强较大，会使渗透仪自下至上渗水，从上部排水管排出。上部排水管排水相对稳定则说明试样稳定渗透。

（5）测压管水位重新上升至水箱高度，使水通过试样开始进行渗透试验。记录测压管水位初始高度及初始时间，并经过一定时间记录测压管水位及时间变化。

在记录一组数据后，按上述步骤重新调节测压管水位。改变测压管水位初始高度，重复记录 6 次试验水位高度及时间变化，同时测记试验开始与终止时的水温。

4. 试验结果与分析

通过 6 次变水头试验得到饱和黏性土渗透试验结果见表 2-2。由表 2-2 可知，试样平均渗透系数是 $1.10×10^{-5}$cm/s，基本符合一般黏性土饱和渗透系数数量级范围。

表 2-2　饱和黏性土渗透试验结果

序号	经过时间 t/s	开始水头 h_1/cm	终止水头 h_2/cm	$[2.3aL/(At)]$ /10^{-5}	lg(h_1/h_2) /10^{-1}	水温 T 时的渗透系数 K_T/$(10^{-5}$cm/s$)$	校正系数 η_T/η_{20}	渗透系数 K_{20}/$(10^{-5}$cm/s$)$	平均渗透系数 /$(10^{-5}$cm/s$)$
1	2820	122	22	1.41	7.44	1.05	0.964	1.01	
2	2700	115	20	1.48	7.60	1.12	0.964	1.08	
3	3360	124	14	1.19	9.47	1.12	0.964	1.08	1.10
4	2640	107.3	13.5	1.51	9.00	1.36	0.964	1.31	
5	2700	108.6	20	1.48	7.35	1.08	0.964	1.05	
6	2700	107	20	1.48	7.28	1.08	0.964	1.04	

2.1.3　干湿循环黏性土强度劣化试验

1. 试验目的

通过固结快剪饱和试样获得土样的抗剪强度、黏聚力和内摩擦角，分析反复干湿循环下黏性土抗剪强度劣化规律，从而对坝坡稳定性分析数值模型参数选取提供一定的指导意义。

2. 试验装置

试验装置采用应变控制式直剪仪，如图 2-10 所示。

3. 试验过程

1）试样制备

取直径 61.8mm、高 20mm 的环刀 20 个，制备干密度为 1.61g/cm³ 的重塑环刀土样。将制备好的 4 个土样分为一组，共计 5 组。除去重塑土样的初次饱和，对所制试样共进行 4 次干湿循环。

图 2-10　应变控制式直剪仪

2）干湿循环过程

采用真空饱和仪进行土样增湿过程，用橡皮筋将滤纸和透水石包裹重塑土样，放入真空饱和仪先抽气 1h，注水后再抽气 2h 至土样饱和。使用烘箱脱水进行干燥，40℃脱湿约 24h，取 1 次干燥加饱和，为 1 次完整的干湿循环过程。

3）固结快剪试验

（1）将透水石和滤纸放入剪切盒底并安装剪切盒。取环刀土样刃口向上，下部对准剪切盒口将饱和土样推入剪切盒中，然后放入滤纸和透水石，盖好盒盖。

（2）将装好的剪切盒放在直剪仪的传动钢珠上，调节直剪仪挡位为三挡，此时剪切手柄可自由转动。旋转手柄并拧紧右侧控制钢圈旋钮，使剪切盒两端紧贴测力计和钢圈端口，并使三者在一条直线上，随后旋转表盘，调整其在零刻度处。

（3）在剪切盒上部放置加压钢架，调整钢架使其垂直于剪切仪轴向，同时调整下部加压杠杆使杠杆加砝码后水平，分别对试样施加 100kPa、200kPa、300kPa、400kPa 的垂直压强，直至试样垂直方向固结变形每小时不超过 0.005mm，则认为试样固结稳定。

（4）将固定销从剪切盒拔出，直剪仪调为二挡，以 0.8mm/min 的速率剪切试样。记录剪切手柄旋转每圈的位移表盘读数，若表盘读数出现明显的后退，说明试样已发生剪切破坏，此时继续剪切试样待手柄旋转 30 圈时停止剪切。然后，将直剪仪调为三挡，手动旋转手柄卸去剪应力，取下加压钢架释放垂直应力，取出剪切盒及试样。

4）结果处理

剪应力计算公式：

$$\tau = CR/(10A_0) \tag{2-6}$$

式中，τ 为剪应力；C 为测力计率定系数；R 为测力计读数；A_0 为试样面积。

4. 试验结果与分析

通过饱和重塑黄土的固结直剪试验，得到各垂直压强下不同干湿循环次数的剪应力与剪切位移关系曲线，以及抗剪强度、黏聚力和内摩擦角的劣化曲线分别如图 2-11～图 2-13 所示。

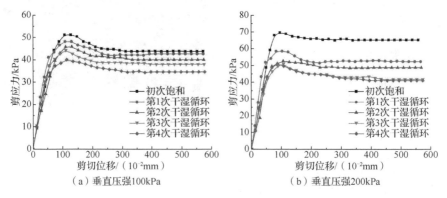

（a）垂直压强100kPa　　　　　（b）垂直压强200kPa

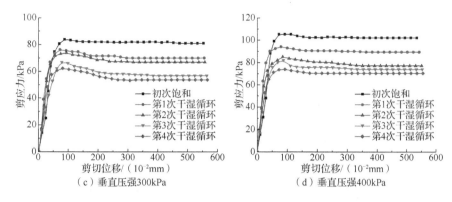

图 2-11　不同垂直压强下剪应力与剪切位移关系曲线

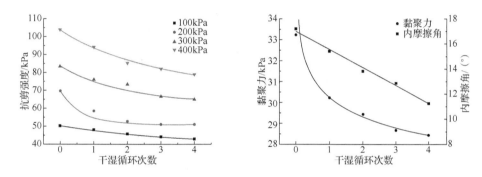

图 2-12　不同干湿循环次数下抗剪强度的　图 2-13　不同干湿循环次数下黏聚力和内摩擦角
　　　　　　　劣化曲线　　　　　　　　　　　　　　　　的劣化曲线

从图 2-11～图 2-13 可以看出，各垂直压强下的剪应力随干湿循环次数增加有不同程度降低，土样抗剪强度发生了劣化。经过 3～4 次干湿循环，土样的抗剪强度、黏聚力和内摩擦角变化逐渐稳定，说明 3 次干湿循环后土样的劣化幅度已较小。土样的抗剪强度随干湿循环次数的增加逐渐降低，整体上呈现先快后慢的变化趋势。第 1 次干湿循环后抗剪强度降低最明显，经过 3 次干湿循环，抗剪强度已逐渐稳定。内摩擦角随干湿循环次数增加基本呈线性变化，黏聚力变化曲线则以幂函数形式降低。黏聚力的减小先快后慢且第 1 次干湿循环后减小幅度最大，达到 79.94%，在第 3 次干湿循环后土样的黏聚力降至 28.6kPa，基本达到稳定状态。这是因为黄土中的胶结结构会为土样提供一定的抗剪强度，干湿循环作用使得起胶结作用的可溶盐溶解，同时重塑土颗粒在遇水过程重新排列使土的结构重组，从而使土的抗剪强度降低。第 1 次干湿循环可溶盐溶解较多，土颗粒排列重组最明显，抗剪强度变化最大。3 次干湿循环后土样的盐分流失及微结构变化已相对较小，抗剪强度变化也越来越小[1]。

2.1.4　黏性土土水特征曲线试验

1. 试验装置

试验装置采用 H-1400pF 离心机，如图 2-14 所示。

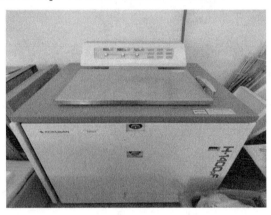

图 2-14　H-1400pF 离心机

2. 试验目的与原理

通过对饱和试样进行离心试验，获得土样反复干湿循环下土水特征曲线的变化规律，快速离心法测量土水特征曲线的原理是在一定转速下将离心力场的势能换算成对应重力场的水势，将离心力场的势能换算成重力场的基质势（毛管势），理论公式如下：

$$\rho g H = p h \omega^2 (r - h/2) \tag{2-7}$$

式中，ρ 为水的密度；H 为基质势；g 为重力加速度；p 为离心压力；ω 为角速度；r 为旋转半径；h 为试样高度，值为样品杯高度的一半。

式（2-7）可变化为

$$H = h(r - h/2) \omega^2 / g = h(r - h/2)(2\pi N/60)^2 / 980$$
$$= h(r - h/2) \times 1.118 \times 10^{-5} N^2 \tag{2-8}$$

$$PF = \lg H = 2 \times \lg N + \lg h + \lg(r - h/2) - 4.95 \tag{2-9}$$

式中，N 为转速；PF 为基质吸力。

基质吸力单位转换公式为

$$10^{PF} \, \text{mbar} = 10^{PF} \times 10^{-3} \, \text{bar} \, (1 \text{bar} = 10^5 \text{Pa}) \tag{2-10}$$

根据不同转速，就可得到相应基质吸力。各工况试验参数如表 2-3 所示。

表 2-3　离心机转速与基质吸力关系

工况编号	转速/（r/min）	基质吸力/kPa	时间/min
1	300	1.90	30
2	600	7.58	30
3	1000	21.06	30
4	1500	47.39	45
5	2000	84.25	45
6	3000	189.54	45
7	4500	426.47	45
8	6000	758.16	60
9	7500	1184.63	60
10	9000	1749.60	60

3. 试验过程

离心机测定土水特性曲线是根据不同转速下其吸力的对应关系测定，因此在某转速下离心若干分钟，离心结束后称量试样质量，若无变化，视为该转速下离心完成，即可进入下一个转速离心。

离心机每次能同时测定 4 个试样，但每个试样之间的质量差值不宜超过 5g，且试样应对称放置，保证重心位置位于土样连线交会处。本试验共 5 组试样，4 个试样为一组，共计 20 个，分为初次饱和试样及干湿循环 1～4 次试样。离心完成后称量试件质量，某一转速下离心完成的控制原则为该转速下试样总质量变化值小于 1g。

具体试验过程如下：

（1）同上述试验，将所取土制作成干密度 1.61g/cm^3 环刀试样，环刀内径 50.46mm，高度 50mm。

（2）测定环刀及附件质量、环刀及附件与试样初始总质量并记录，将试样放入真空饱和仪抽气饱和。

（3）将完全饱和的试样装入四个相同的离心杯中，称量试样与离心杯总质量。

（4）接通仪器电源，将试件装入离心机内，合理设定温度、转速、时间，工况设置见表 2-3。

（5）每次离心完成后都需称量总质量，对比同一个转速下第二个离心周期和第一个离心周期的总质量同时换下一工况，继续离心。

（6）所有转速完成后取出试件，记录相关数据。

（7）将干湿循环 1～4 次的饱和试样重复上述（2）～（6）步骤，得到不同干湿循环次数下离心质量变化的试验数据并记录。

4. 试验结果与分析

通过离心试验，可得到不同干湿循环次数下试样的持水曲线变化。采用 V-G 模型对所得数据进行拟合，V-G 模型的表达式及拟合参数分别见式（2-11）和表 2-4。不同干湿循环次数下脱湿过程的持水曲线变化如图 2-15 所示。

$$\theta = \theta_r + \frac{\theta_s - \theta_r}{[1 + (\alpha \cdot h)^n]^m} \qquad （2\text{-}11）$$

式中，θ 为土样含水率；θ_r 和 θ_s 分别为土样的残余含水率和饱和含水率；α、m、n 均为经验拟合参数，$m = 1 - 1/n$。

表 2-4　V-G 模型土水特征曲线拟合参数

循环次数/次	模型参数				残差平方和/10^{-4}
	θ_r	θ_s	α	n	
0	0.1742	0.3490	0.0268	1.6417	1.3407
1	0.1748	0.3521	0.0180	1.7149	1.3157
2	0.1775	0.3633	0.0253	1.6260	2.2817
3	0.1604	0.3702	0.0324	1.4535	2.9694
4	0.1612	0.3682	0.0292	1.5128	1.7402

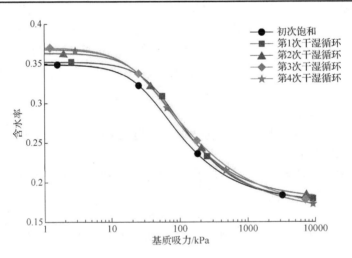

图 2-15　不同干湿循环次数下脱湿过程的持水曲线变化

从图 2-15 及表 2-4 可以看出，脱湿过程的持水曲线的初始含水率随着干湿循环次数的增加而增加。第 1 次干湿循环初始含水率增加幅度较小，但相同含水率下基质吸力变化较大，曲线右移明显。第 2 次循环初始含水率及持水曲线变化较大，在第 3 次循环时曲线斜率达到最大，持水曲线整体变化相对稳定。土样的持水曲线表示基质吸力随含水率的变化关系，不同循环次数下的持水曲线变化反映了土样内部的黏结性劣化。经过干湿循环作用，饱和土样的黏聚力降低，颗粒连接减弱，土的储水能力增强，因此干湿循环后土样饱和含水率增加。内部结构的劣化也使土样对水分的束缚能力减弱，在相同的转速条件下，反复干湿循环后的土样拥有更快的失水速度。当土样含水率相同时，第 1 次干湿循环基质吸力变化最大，对土样基质吸力的影响最明显。

2.2　非黏性土土体渗透破坏细观过程

2.2.1　一维土样细观结构变化试验

土石混合体作为一种常见的工程地质体，主要由残坡积物、崩坡积物和冲坡积物等形成[2]。土石混合体的砂土颗粒和石块相互作用使得其具有独特的结构性、天然性、非均匀性、非均质性和不连续性等，传统的岩土工程分析方法很难直接运用于这种特殊的介质[3]。同时，土石混合体中砂土颗粒与石块接触不连续性导致混合体存在大量的孔隙和裂隙，在渗流作用下孔隙发育较快，促使整体失稳，并形成一系列灾害问题，如泥石流、滑坡和边坡失稳[4]。因此，研究渗流作用下土石混合体的结构变化对此类地质灾害有一定的预警作用。现阶段对土石混合体研究多采用试验手段和数值模拟。通过剪切试验，Xu 等[5]采用数字图像处理（digital image processing，DIP）研究含石量对土石混合体剪切力的影响；孙华飞等[6]利用 CT 扫描和图像处理技术开发了内部破裂与损伤的三维识别方法，并分析了土石混合体的内部损伤演化规律；王宇等[7]采用分形理论对土石混合体的细观结构特性进行了描述，并对土石混合体的破坏阶段进行了讨论；徐文杰等[8]通过自行开发的土石混合体细观结构随机生成系统（random meso-structure of soil-rock mixtures，R-SRM）研究了土石混合体的含石量、空间分布和粒度组成等细观结构对混合体渗流特性的影响；丁秀丽等[9]运用颗粒流模拟含石量、渗压、应力路径对土石混合体力学特性及变形破坏特征的影响。在研究土石混合体的破坏方面，丁秀丽等[10]利用细观模拟方法，分析土-石界面接触特性、含石量和饱和度等因素对非饱和土石混合体力学特性与破坏机制的影响。

土石混合体试验多在宏观尺度上研究土石混合体性质变化，较少基于细观尺度研究土石混合体的结构变化。同时，受到试验仪器精度等限制，对试样不能做到实时、无损监测。数值模拟存在参数的选取问题以及模拟结果与实际现象不符等问题[11]。对土石混合体破坏方面的研究，多为在室内试验和数值试验研究土石混合体的压缩破坏，少有水-土耦合作用定量研究，而大多数土石混合体破坏是由渗流作用引起整体失稳和直接破坏。要了解泥石流、滑坡等地质灾害的发生机制，应开展渗流作用下土石混合体的破坏研究[3-12]。因此，有必要寻找一种能实时、无损监测渗流作用下土石混合体细观结构变化的方法。

核磁共振（nuclear magnetic resonance，NMR）技术具有无损、快速监测等优势，已被广泛运用在医学、石油勘测、农业、食品领域[13]，成为监测试样内部结构变化及过程的一种有力手段。李杰林[14]利用核磁共振技术对寒区岩石冻融损伤机制进行了研究，由于核磁共振监测数据精确且能对试样进行二维成像等优势，对岩石冻融损伤机制研究取得一定进展；周科平等[15]运用核磁共振技术对不同初始损伤下大理岩的卸荷特性进行了研究，认为初始损伤对应变的增长有促进作用；田慧会等[16]结合核磁共振技术探讨干密度、初始含水率和土样组分对压实黏质砂土脱湿过程的影响规律，认为干密度仅在低基质吸力条件下对试样脱湿过程产生重要影响。

核磁共振技术对试样孔隙流体敏感，可快速、精准监测多孔介质内孔隙分布、NMR 渗透率和自由水孔隙等细观结构信息。其中，孔隙分布和自由水孔隙能很好地反映孔隙内流体的连通状态，核磁共振成像可显示多孔介质内部孔隙分布，因此运用核磁共振技术研究渗流作用对土石混合体的结构变化具有可观的效果。本小节基于核磁共振技术研究渗流作用对土石混合体的细观结构变化规律，得到不同水力坡降和时间下土石混合体的孔隙分布、自由水孔隙和 NMR 渗透率等细观结构的变化规律，同时获得土石混合体横截面二维成像及侵蚀程度。研究成果可反映渗流作用下土石混合体破坏的规律，对泥石流、滑坡等地质灾害有一定的预警作用。

1. 试验原理及方案

1）试验原理

核磁共振通过对多孔介质中的水施加由 Carr、Purcell、Meiboom、Gill（CPMG）提出的脉冲序列[17]，孔隙内水信号的叠加得到衰减信号，利用衰减信号集合得到 T_2 谱[17]。当试样处于完全饱和状态，水的分布和含量可反映孔隙分布及试样孔隙大小。单个幅值 T_2、T_2 谱所有幅值和的比值，表示在多孔介质中各种孔隙所占总孔隙的百分比[18]。T_2 与孔隙直径有如下关系：

$$r = cT_2 \tag{2-12}$$

式中，r 为孔隙直径；c 为变换系数。

变换系数可通过恒速压汞试验确定，但每一组试样变换系数都不同，且恒速压汞试验之后试样不能被核磁共振仪器监测，因此，变换系数一般由经验获取。根据 Gao 等[19]试验，估计土石混合体试样变换系数为 0.20m/ms。

土石混合体的物理性质通过试样 T_2 谱反映[20,21]。其中，T_2 表示孔隙直径大小，

T_2 谱的分布表示孔隙分布，孔隙直径大小由 T_2 谱中总信号强度反映，孔隙中自由水与束缚水比例由 T_2 谱中 T_2 截止值计算得到。

在渗透压力作用下，试样孔隙、孔隙连通状态发生变化。随着水力坡降升高和时间的积累，试样孔隙分布和结构特性等变化明显。通过监测不同水力坡降和不同时间段下试样的孔隙分布和其他细观结构变化，得到渗透压力对土石混合体的细观结构的影响。

2）试验仪器

试验仪器包括 MesoMR23-060H-I 核磁共振分析系统与成像系统以及自行开发的适用于该系统的渗流装置，其结构如图 2-16 所示。其中 MesoMR23-060H-I 核磁共振分析系统与成像系统由信号发射装置、梯度装置、温控装置和数据采集分析系统等组成。MesoMR23-060H-I 核磁共振分析系统主要参数：回波时间为 0.6ms，等待时间为 4s，回波个数为 8000 个，扫描次数为 64 次，仪器内部系统稳定温度为 32℃。MesoMR23-060H-I 核磁共振成像系统主要参数：层面数量为 1，层面厚度为 15mm，相邻脉冲点时间间隔为 500ms，振动平均次数为 24 次。渗流装置包括可调控高度的水箱、试样填充土柱、量筒和导管。试样填充土柱前后设有尼龙嘴，并在尼龙嘴内配有过滤网，保证被渗透力侵蚀的砂土颗粒不会冲刷进导管。试样填充土柱底直径为 45mm、高为 55mm，尼龙嘴的直径为 0.6mm。

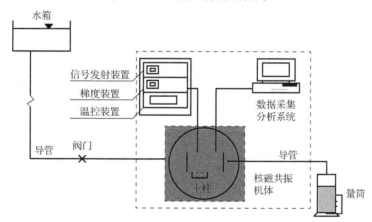

图 2-16　配合核磁共振系统使用的渗流装置结构

3）试样制备与方案

制备试样前，定义砂土与石的界限直径和试样中最大石块的直径。Xu 等[5]提出如下公式：

$$f = \begin{cases} 石\,(d > d_{thr}) \\ 土\,(d \leqslant d_{thr}) \end{cases} \tag{2-13}$$

其中，

$$d_{\mathrm{thr}} = 0.05 L_{\mathrm{c}} \qquad\qquad (2\text{-}14)$$

式中，d 为土石混合体颗粒直径；d_{thr} 为土石混合体砂土与石的界限直径；L_{c} 为试样直径。

根据美国材料与试验协会（American Society for Testing and Materials，ASTM）标准，土石混合体中最大石块的直径（D_{r}）为1/6 的试样直径。试样直径 L_{c} 为 45mm，长度为 50mm。因此，d_{thr}=2.25mm，D_{r}=7.5mm。土石混合体中砂土颗粒直径范围为 0～2.25mm，石块的直径范围为 2.25～7.50mm。为保证试样的性质接近原状土石混合体性质，制样时不改变原状土石混合体的含量、密度等性质[测得原状土石混合体的土石比（质量比）为 7：3]。试样颗粒粒径级配曲线如图 2-17 所示，试样颗粒粒径级配参数 d_{60}、d_{50}、d_{30}、d_{10} 分别为1.60mm、1.10mm、0.62mm、0.32mm；不均匀系数 C_{c} 和曲率系数 C_{u} 分别为 5 和7.5。试样制备步骤参考王宇等[7]制备的土石混合体试样步骤。试样直径为45mm，高为55mm，数量为 6 个。试样放置阴凉处养护 28d，以提高重塑试样中自由水转化为结合水的概率，使重塑试样的强度接近原状土石混合体的强度。填充土柱内土石混合体颗粒均匀分布，试验两端试样的颗粒分布与整体颗粒分布一致。

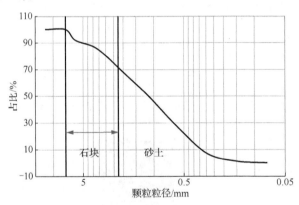

图 2-17　土石混合体试样颗粒粒径级配曲线

4）试验步骤

（1）将试样填充土柱与仪器连接，连通水箱并通水排气。

（2）对试样施加的水力坡降为1，通水 4h 以上，保证试样处于饱和状态（小水力坡降不改变试样结构特性）。对试样施加 CPMG 信号，MesoMR23-060H-I 核磁共振分析系统可得到试样的孔隙分布、孔隙率、NMR 渗透率等信息。利用 MesoMR23-060H-I 核磁共振成像系统扫描试样内部横截面，得到土石混合体内部截面照片，进一步得到初始土石混合体试样的结构特性。

（3）增加水力坡降，一定时间后对试样施加 CPMG 信号和扫描试样内部截面，得到该水力坡降下土石混合体的结构特性。

（4）重复步骤（3）。按一定梯度依次增加水力坡降（水力坡降 i 分别为 10、15、20），监测每一个水力坡降不同时间 T（15min、60min、90min、120min）下试样的细观结构信息，从而得到不同水力坡降下土石混合体试样的结构特性。

（5）在最大水力坡降（水力坡降为 25）的不同时间（15min、60min、90min、120min）下，对试样施加 CPMG 信号，并让核磁共振成像系统扫描试样内部截面，得到该水力坡降不同时间段土石混合体的结构特性。

（6）分析试验数据，总结土石混合体不同水力坡降下细观结构的变化情况。试样总数为 6 个（每一个试样可完成一组试验），进行 6 组平行试验并对比试验数据，选取最具有代表性一组试验数据进行分析。

借助核磁共振技术，对试样进行无损、实时监测，并通过试样 T_2 谱和试样横截面孔隙分布图像共同揭示土石混合体试样孔隙分布及其他细观结构参数。试验具有误差低、监测参数多等优势。但试验过程仅选取土石比为 7∶3 的土石混合体试样，结果并不能完全反映土石混合体在渗流作用下细观结构的变化规律，应对不同土石比的土石混合体做一定的讨论。

2. 试验结果及分析

1）核磁共振 T_2 谱分析

根据核磁共振监测结果，得到不同水力坡降和不同时间段的 T_2 谱分布，如图 2-18 所示。根据图 2-18 可得：

（1）T_2 谱有 3～4 峰，包括左边 1 个峰、中间 1～2 个峰和右边 1 个峰。多重峰代表直径不同的孔隙类型，左峰区域代表微小孔隙，中间峰区域代表中等孔隙和过渡孔隙，右峰区域代表大孔隙和裂隙。由 T_2 谱可知土石混合体孔隙发育良好，分布大量的微小孔隙和中等孔隙，大孔隙和裂隙较少，且孔隙连通性较好。

（2）图中 T_2 谱的面积随着水力坡降升高显著增加，证明土石混合体孔隙随着水力坡降升高而增加。在低水力坡降下微小孔隙增加较多，大孔隙和裂隙增加较少[图 2-18（a）和（b）]。随着水力坡降升高，微小孔隙增加幅度降低，大孔隙增加幅值提高[图 2-18（d）]。当水力坡降从 20 增加到 25，大孔隙大幅度出现。

（3）在同一水力坡降下，随着时间增加，各类型孔隙都有增加。当水力坡降为 10 时，微小孔隙随着时间增加，其他类型孔隙改变不显著；当水力坡降为 15 和 20 时，各类型孔隙均有不同程度增加，图 2-18（a）和（b）中峰和右峰都右移或者抬升，证明孔隙的直径变大且体积增大；当水力坡降为 25 时，微小孔隙和中等孔隙变化不大，大孔隙明显增多。

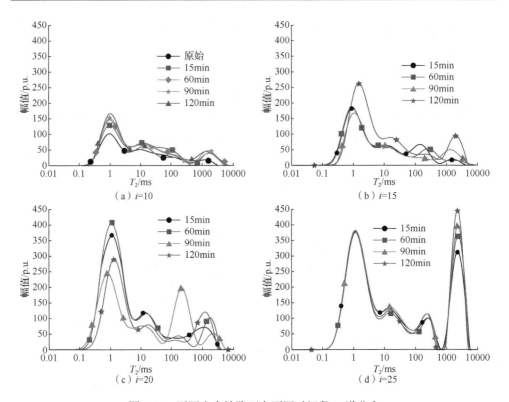

图 2-18　不同水力坡降下在不同时间段 T_2 谱分布

　　因此，土石混合体在渗透压力和时间效应下，孔隙扩张、数量增多且连通性变好。在低水力坡降下主要增加的是微小孔隙，而在高水力坡降下主要增加的是大孔隙。

　　2）核磁共振成像分析

　　对不同水力坡降和时间段的试样进行核磁共振成像监测，获得试样在不同工况下的横截面孔隙的二维图像，见图 2-19。图 2-19 中，深色斑块代表孔隙，颜色越深、区域越大代表孔隙越大且分布范围越广，图中圆形深色斑块区域的直径略小于试样直径，约为 45mm。由图 2-19 可知，随着水力坡降和时间的增加，图片中的斑块变深、区域变大，且图片中的斑块连接程度提高。在水力坡降为 10，图片斑块颜色较浅，随着时间增加，深色斑块增多，区域稍微变大。说明水力坡降为 10 以下，试样孔隙偏低，随着时间增加孔隙增多且直径变大，但效果不明显。当水力坡降为 15，相比在水力坡降为 10，图片深色斑块增大，且斑块连接区域增多，在 60min 时出现集中大孔隙。当水力坡降分别为 20 和 25 时，图片中出现大面积连通的大深色斑块，说明在高水力坡降下孔隙持续增长，出现大量连通的大孔隙。此现象与图 2-18 中 T_2 谱分布反映信息基本相符。

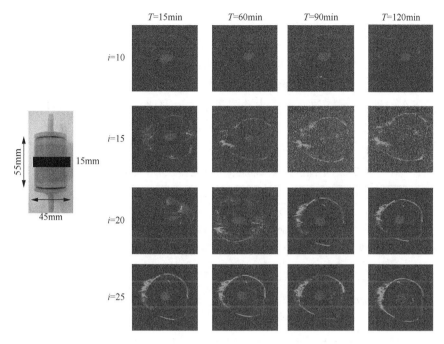

图 2-19　不同水力坡降和时间段的核磁共振成像监测结果

3）孔隙及 NMR 渗透率特性

当试样的孔径小到某一程度后，孔隙中的流体将被毛管力束缚，无法流动。因此，在 T_2 谱上存在一个界限，当孔隙流体的弛豫时间大于某一弛豫时间时，流体为可动自由流体；反之，则为束缚流体。这个弛豫时间的界限称为可动流体 T_2 截止值[18]。

土石混合体的 NMR 渗透率和自由水孔隙可以根据 T_2 谱、孔隙率及 T_2 截止值计算。T_2 截止值一般为 T_2 谱中某一峰谷附近对应的 T_2 值[18]。根据孔隙大小和自由水孔隙与束缚水孔隙的比例等参数，通过特定渗透率模型计算得到 NMR 渗透率。NMR 渗透率不同于达西渗流试验测得的渗透率，其值相对偏大。这是因为试样存在大量不连通的孔隙和微小孔隙，对渗流量贡献很小，但对 NMR 渗透率影响较大。

NMR 渗透率计算模型有 SDR 模型和 Coates 模型。SDR 模型不考虑束缚水对渗透率的影响，因此不适用土石混合体[18]。Coates 模型为

$$K = \left(\phi/c\right)^4 \left(\text{FFI}/\text{BVI}\right)^2 \tag{2-15}$$

式中，K 为 NMR 渗透率；ϕ 为试样孔隙率；FFI 和 BVI 分别为自由水含量和束缚水含量，大小由 T_2 截止值确定。

表 2-5 和图 2-20 分别为不同水力坡降和时间下，孔隙率及 NMR 渗透率特性和变化。由表 2-5 和图 2-20 可知，试样的总孔隙率及自由水孔隙率随着水力坡降和时间增加而增大，不同水力坡降下增大速率不一样。总孔隙率从 5.38%增大到

12.12%，自由水孔隙率从 1.67%增大到 5.96%。在水力坡降为 10 时，总孔隙率和自由水孔隙率增大速率相差不大且都较小。在水力坡降为 15 时，总孔隙率增大速率提高，比自由水孔隙率增大速率快，说明此阶段微小孔隙和中等孔隙增加较多（束缚水孔隙增多）。在水力坡降为 20 时，总孔隙率和自由水孔隙率增大速率相差不大。在水力坡降为 25 时，自由水孔隙率增大速率比总孔隙率高。此阶段大孔隙增加较多导致自由水孔隙增多。此现象也验证在低水力坡降下，微小孔隙得到良好发育，高水力坡降下大孔隙相对增加较多。

表 2-5　不同水力坡降和时间下孔隙率及 NMR 渗透率特性

水力坡降	时间/min	总孔隙率/%	自由水孔隙率/%	NMR 渗透率/μm^2
10	15	5.38	1.67	0.25
	60	5.60	2.22	0.42
	90	5.81	2.32	0.51
	120	6.21	2.61	0.78
15	135	6.60	2.96	0.90
	180	7.77	3.21	1.36
	210	8.03	3.39	2.09
	240	9.62	4.08	3.97
20	255	9.89	4.31	4.86
	300	1.68	4.89	8.88
	330	10.88	4.91	9.47
	360	11.05	5.10	10.94
25	375	11.55	5.16	11.58
	420	11.72	5.56	15.42
	450	11.93	5.73	17.27
	465	12.00	5.88	19.07
	480	12.12	5.96	20.22

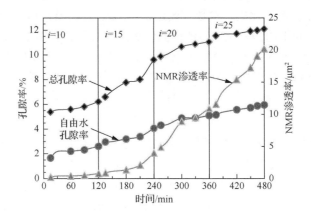

图 2-20　不同水力坡降和时间下孔隙率及 NMR 渗透率变化

由表 2-5 和图 2-20 可知，试样的 NMR 渗透率随着水力坡降和时间增加而增大，且增大速率持续升高。NMR 渗透率从 0.25m² 增大达 20.22m²。由 NMR 渗透率与水力坡降及时间关系曲线可知，土石混合体 NMR 渗透率与水力坡降关系符合达西渗流定律规律，即在低水力坡降时渗透率增大较慢，随着水力坡降提高，NMR 渗透率增大速率升高。

图 2-21 为土石混合体的总孔隙率和自由水孔隙率与 NMR 渗透率的关系。由图 2-21 可知，NMR 渗透率与孔隙率存在明显的指数关系。当土石混合体总孔隙率较小时，束缚水孔隙率大于自由水孔隙率。随着总孔隙率增大，自由水孔隙率相对增加较多且孔隙连通性提高，NMR 渗透率增长速率也一直增大。说明当自由水孔隙增多之后，对 NMR 渗透率影响较大，证明自由水孔隙率对土石混合体 NMR 渗透率贡献大于束缚水孔隙率。

$$\left.\begin{array}{l} K_{ua} = d_{60} / d_{10} \\ K_{ca} = d_{30}^2 / \left(d_{60} \times d_{10} \right) \end{array}\right\} \tag{2-16}$$

式中，K_{ua} 为束缚水孔隙率；K_{ca} 为自由水孔隙率；d_{60}、d_{30} 和 d_{10} 为颗粒占比分别为 60%、30% 和 10% 时的颗粒直径。

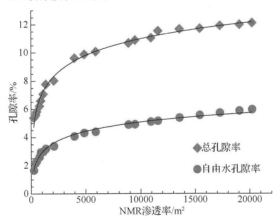

图 2-21   土石混合体总孔隙率和自由水孔隙率与 NMR 渗透率的关系

根据式（2-12）和图 2-18，得到土石混合体试样的孔隙分布曲线和颗粒粒径分布曲线，如图 2-22 所示。由图 2-22 可知，在 $i \leqslant 20$ 时，土石混合体试样 60% 的孔隙直径小于 2μm，试样存在大量微小孔隙，且 80% 以上的孔隙直径小于 100μm。当 $i=25$ 时，47% 的孔隙直径小于 2μm，71% 的孔隙直径小于 100μm。图 2-22 验证了高水力坡降改变土石混合体孔隙特性。

由图 2-22 和式（2-16）可知，在 $i<15$ 时，土石混合体试样的 K_{ua} 和 K_{ca} 相比原始土石混合体试样变化较小，说明低水力坡降下土石混合体试样结构特性变化

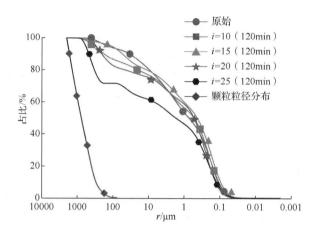

图 2-22　土石混合体试样孔隙分布曲线和颗粒粒径分布曲线

不大。随着 i 升高，特别在 $i=25$ 时，土石混合体试样的 K_{ua} 和 K_{ca} 变化明显，表明土石混合体结构特性发生变化，且孔隙连通性提高。对比土石混合体孔隙分布和土石颗粒的粒径分布，结合孔隙大小变化，当 $i \leqslant 20$ 时，土石混合体试样 82% 以上的孔隙直径小于土石颗粒直径，95% 的孔隙直径小于 10% 的土石颗粒的直径，说明 $i \leqslant 20$ 时砂土颗粒很少被侵蚀。在 $i=25$ 时，土石混合体试样只有 71% 的孔隙直径小于土石颗粒直径，82% 的孔隙直径小于 10% 的土石颗粒直径。说明 $i=25$ 时，粒径较小的颗粒会被侵蚀且从大孔隙中迁移，导致土石混合体结构特性下降、孔隙数量增多且直径变大。

图 2-23 为不同水力坡降下侵蚀区域试样发展结果。由图 2-23（a）可知，试样表面存在较少侵蚀的砂土颗粒，侵蚀区域很小；图 2-23（b）试样表面存在小范围侵蚀区域；图 2-23（c）试样表面存在大范围的侵蚀区域，大量直径较小的砂土颗粒从孔隙涌出。随着水力坡降升至 25，侵蚀区域扩大出现类似管涌现象，土石混合体结构特性和稳定性下降。徐文杰等[8]通过数值模拟得到类似结果，即土石混合体渗透破坏主要为流土或管涌破坏。

（a）$i=15$　　　　　　　（b）$i=20$　　　　　　　（c）$i=25$

图 2-23　不同水力坡降下侵蚀区域发展（$T=120$min）

2.2.2　二维渗漏通道扩展试验

1. 试验概述

本小节主要介绍管涌通道扩展现象。该现象中存在两种主要作用：一是通道内的类管流运动发生时的冲刷，二是通道四周土体中水的渗流出溢作用。渗流出口形成后出现上溯的通道，通道内有高速水流运动，水流的冲刷作用导致通道内部分砂颗粒随水流向管涌口运移，大量砂颗粒的起动意味着通道截面积发生扩展。通道截面积扩展后，反过来导致通道内的渗流速度有所下降，冲刷效应相应减弱。与此同时，通道四周渗流作用使得通道发生砂粒出溢现象，即通道壁局部土颗粒在渗流力作用下突破截面约束剥离。若通道内冲刷流速较慢，出溢现象使通道截面收缩进而导致渗流速度加快，若冲刷流速较快则出溢砂粒被迅速带走，即加速了冲刷扩展过程。另外，通道边壁水和通道内水发生交换或补充，流量和渗流速度不断沿渗漏通道的方向变化，是一个复杂的冲淤联合作用。

选取垂直于渗流方向的横截面作为研究对象，预留渗漏通道。通过对水头边界的控制，研究了管涌通道各截面的流量和流速分布、通道水流的冲刷与土体渗流力作用下的砂颗粒出溢对管涌通道截面形状变化的影响。以往的管涌试验研究对管涌通道的尺寸变化和发展过程研究较少，只有了解随着渗漏通道扩展的变化规律和影响因素以及渗漏通道的发展机理，才能对堤基工程做好预防与治理。

本小节关于管涌渗漏通道的截面尺寸、影响因素和形成机理进行了试验研究。自行设计砂槽模型箱，设计完成精细的、可用于定量分析的管涌渗漏通道扩展试验，通过控制影响因素研究渗漏通道扩展现象、机理及通道截面的变化。

2. 试验模型

1）水位控制系统

水位由图 2-24 中的上游水箱控制，水箱底部设有进水阀，避免水流冲击对整个试验的干扰。水箱一侧布置溢流阀，用来控制水头，以便研究渗漏通道的尺寸随水头的变化情况。下游有排水箱，底部有出水阀，结合量筒和秒表测流量。供水系统和试验砂槽相连，中间设隔板，在隔板上均匀布置半径为 0.1cm 的过水孔。考虑到上游水位和过水孔会对砂槽中前段的砂样产生掏空的现象，因此在上侧隔板处设一段厚度为 5cm 的缓冲层（由粒径 1～3cm 的粗砂组成）。

2）砂槽模型

试验模型装置包括供水控制系统、砂槽模型箱、量测系统等。图 2-24 为堤基管涌渗漏通道扩展试验装置图。砂槽模型示意图见图 2-25～图 2-27，图中①～④表示四个截面。

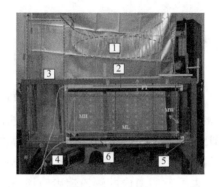

图 2-24　堤基管涌渗漏通道扩展试验装置图

1-测压管；2-紫光灯；3-溢流阀；4-上游水箱；5-下游水箱；6-砂槽

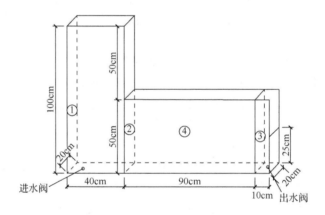

图 2-25　砂槽模型立体结构示意图

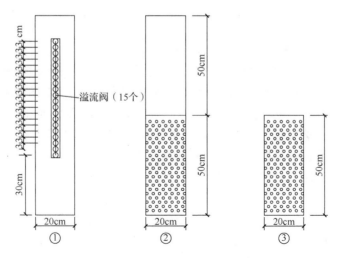

图 2-26　砂槽模型①～③截面局部示意图

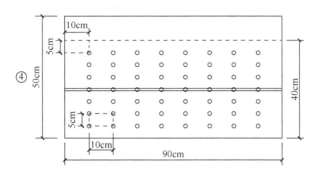

图 2-27　砂槽模型正面测压孔布置示意图

　　砂槽模型箱采用焊接角钢框架和透明光滑的有机玻璃板人工制作而成，具体尺寸如表 2-6 所示。

表 2-6　砂箱模型箱尺寸　　　　（单位：cm）

砂槽尺寸	长（L）	90
	宽（W）	20
	高（H）	50
其他尺寸	预留通道半径（R）	1
	覆盖层厚度（FT）	10

　　3）覆盖层模拟

　　关于覆盖层模型的文献表明，试验中采用不同的覆盖层模拟技术，得到的管涌破坏发展过程也有所不同[22-24]。例如，通过对试验过程砂样的破坏情况对比，柔性覆盖层的抗渗能力要优于刚性覆盖层，并提倡在今后的工程建设中尽量采用柔性覆盖层。此处介绍研究的重点在于预留渗漏通道的扩展收缩变化过程，而非研究出口渗流破坏过程。除预留通道上采用有机玻璃板作为覆盖层方便观察外，其他部分需要采用偏柔性的覆盖层，这样管涌发生的临界坡降较高，可以在试验过程中施加比较大的水力坡降而不至于过早发生渗透破坏。由于水袋模拟覆盖层时水袋薄膜、砂层、玻璃板的交界处存在缝隙，容易发生接触冲刷，因此试验中采用填砂的塑料薄膜袋模拟覆盖层。采用砂袋压重可以在装填时分层压紧压密实，让覆盖层与砂面、模型箱侧壁紧贴。

　　装填砂袋代替的覆盖层时，应先在砂槽的有机玻璃板内侧壁均匀涂抹一层凡士林，然后放上塑料薄膜使其紧贴模型箱内壁，分层填入砂粒并压紧，使砂袋与周边紧密贴合。凡士林可以防止缝隙漏水，同时可以保证砂袋与模型箱内壁发生相对运动。如果有机玻璃板内侧壁有砂粒运移或出现渗透裂缝，在砂袋的重力作用下能观察到发生颗粒的下沉或者坍塌现象，可以较好地模拟实际情形。

4）试验用砂

该试验为缩尺试验，若采用堤基工程中的原状砂，粗颗粒较多会使渗透破坏发生过快，不符合实际情况。试验中砂样采用如表 2-7 所示颗粒级配砂样[25]。

表 2-7　试验颗粒级配及其指标

粒径/mm	分计筛余量/g	分计筛余百分数/%	累计筛余百分数/%	小于该粒径颗粒百分数/%	粒径情况	级配指标
>10	—	—	—	100		
10	1.2	0.12	0.12	99.88		
5	22.7	2.27	2.39	97.61	$d_{10}=1.52$	$C_u=2.47$
2.5	728.7	72.87	75.26	24.74	$d_{30}=2.55$	$C_c=1.14$
0.75	237.4	23.74	99.21	1.00	$d_{60}=3.75$	
<0.75	10.0	1.00	100	0		

5）测量系统

量测系统主要包括砂样渗流场的测压管布置、平均渗流速度测量装置、管涌内部颗粒可视化观测装置（照相机、荧光素钠、紫光灯）和管涌通道扩展尺寸测点的布置。

测压管的布置：在渗流方向上，越靠近渗漏通道的入口周围，水头等势线分布越密集，水头的变化越剧烈。因此，测压管的布置遵循"渗漏通道上游段多布置，下游段少布置"的原则。

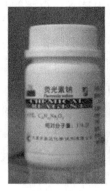

平均渗流速度的测定：采用医用注射器在上游入口处注入荧光素钠（fluorescein sodium），在紫光灯的照射下渗流区与渗漏通道的渗流速度非常明显，两区之间相互影响也变得显而易见，同时可通过荧光剂的运动轨迹估测渗流速度。图 2-28 为荧光素钠及医用注射器。

图 2-28　荧光素钠及医用注射器

管涌通道可视化观测装置：将渗漏通道布置在距离砂槽底部20cm 的高度，在测压管的一侧与测压管对立面各预留一条渗漏通道。在测压管一侧预留渗漏通道是为了监测渗流区与类管流区压力变化。为了清晰地观测渗漏通道的变化，对立面的砂样加工处理成有色砂，加上高清数码相机，能够清晰观测渗漏通道的具体变化。

3．试验方法

1）砂样的填装

试样中应使砂样均匀地分布在砂槽中，参考冯上鑫等[26]和李兴华[27]试验方案采用的填装步骤，并加以改正与细化。

（1）砂样装填前将砂槽与供水控制及测压管系统连接好，打开水龙头向槽内注水，查看模型箱的各个接缝位置是否存在漏水，若无漏水现象则降低槽内水位至离槽底有一定水深。再次检查医用输液器是否正常工作，安装位置是否正确，若无法正常工作立即更换，若正常，进行下一步操作。

（2）保持水箱中有一定水深，向水中分层装填砂样，每层厚度约 5cm，每填一层后均需要使用橡皮锤振捣密实。装填到 20cm 时，在砂槽两侧用粒径为 0.8～1cm 的可溶性粗盐颗粒预设渗漏通道，渗漏通道为直径 1cm 的半圆，继续装填砂样。如此反复装填砂样高度到 40cm 以上为止。图 2-29 为可溶性粗盐颗粒。

图 2-29　可溶性粗盐颗粒

（3）缓慢降低供水箱水位使槽内水自上往下渗透并压密砂样。这是因为底部的砂样最先装填，密实效果比较好。使水位降低至距离槽底 5cm 即可。反复几次即可使得砂样较为密实。同时，在砂样上面放置 10cm 厚的柔性覆盖层，静置 48h，使得柔性覆盖层充分发挥作用。

（4）用环刀在砂槽的两侧分别取样，并称重，求得自然重度，从中取样烘干，求得试样的孔隙比、干重度、浮重度等物理指标，然后填平环刀取样坑。

（5）让砂样全部浸水充分饱和。应该注意，为避免预设渗漏通道坍塌或形状发生较大变化，应该一边观察渗漏通道内水流和砂颗粒运动情况一边缓慢注水，尽量使得通道内的粗盐颗粒缓慢溶解。待预留渗漏通道内的粗盐颗粒完全溶解后，测量测压管和渗漏通道尺寸的变化。

2）试验的一般步骤

（1）在试验开始前。查看整个供水系统的连接线路是否完好，检查各测压管显示的初始水位是否一致，观察预设通道的初始形状，准备好探照灯、量筒、秒表、纸笔等试验用品。

（2）试验过程。按照试验目的打开相应的供水系统。研究上游冲刷对通道扩展的影响时，首先增大总水头差至一定程度，然后保持总水头差不变，开启冲刷控制系统，通过流量计控制进入上游水箱的冲刷流量，逐次增大冲刷流量（每次的增量约 2mL/s）观察通道冲刷情况。研究周边渗流出溢作用对通道扩展的影响时，开始即打开并保持一定的冲刷流量不变，逐次增大总水头差（每次增量约为 10mm）观察通道的变化情况。试验过程中，每当改变试验水力条件时（增大冲刷流量或增大总水头差），都应该等到通道变化稳定时再进行数据读取，一般在操作后约 30min 进行读数。

（3）试验终止。对于冲刷试验，当冲刷流量已增加至流量计最大值且通道截面已无明显变化时即可终止试验；对于出溢试验，当下游水箱逸出流量大增、通道出砂量显著且通道与两侧水箱形成贯通裂缝时即可终止试验，此时总水头差过大超过了砂样的临界坡降，已发生渗透破坏。试验终止时立即停止供水，并降低供水箱水位至略高于槽底位置。揭开通道两侧的覆盖层和上面的玻璃板，观察记录管涌通道的最终变化情况。

3）试验数据测量与记录

试验中每改变一次水力条件，待管涌通道变化情况稳定后需要进行相关数据的测量与记录，主要包括：砂样渗流场的记录（各测压管读数）、上游冲刷流量的测量、砂样周围供水水位桶的进水流量与逸出流量的测量、下游出口流量的测量、通道截面尺寸的测量、通道平均渗流速度的测量等。

4. 渗漏通道扩展的定性与验证试验

1）渗流与水头分布变化

整个试验过程可分成 3 个阶段，如图 2-30 所示。

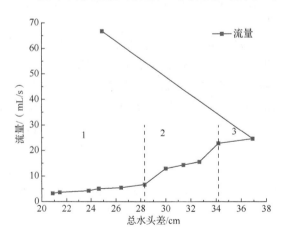

图 2-30　总水头差和流量变化过程

第 1 阶段总水头差从 20.8cm 逐次增大至 28.3cm，流量随总水头差增大近似线性增大，预留通道内无明显的砂粒运动迹象。

第 2 阶段总水头差从 28.3cm 逐次增大到 34.2cm，每次改变总水头差时下游出口均会短暂有砂涌出，约 8min 后涌砂停止。第 2、3 阶段总水头差对应的试验现象可知，第 2 阶段已经有部分砂颗粒运移至渗漏通道出口，即已接近或达到堤基渗透破坏的临界状态。其中，总水头差为 30cm、33cm 时流量基本同第 1 阶段相似为线性趋势，说明渗透破坏仅限于较小范围。

第 3 阶段总水头差从 34.2cm 增大到 37.0cm 后，下游出口左侧出现通道扩展上溯的裂缝，再少量增大总水头差后数秒钟，下游出口涌砂量突然增大，空洞处剧烈翻滚且不断扩大，很快测压管所有读数几乎齐平，总水头差接近初始值。说明砂样已进入渗透破坏状态，各测点水头值及至通道的水力坡降开始下降。由于水平临界坡降小于竖直方向的临界坡降，通道在交界面更容易发生接触冲刷，在覆盖层与砂样的交界面很快形成了贯通的渗流通道。

表 2-8 所示为渗漏通道扩展试验现象。

表 2-8　渗漏通道扩展试验现象

平均总水头差/cm	试验现象
28.3	渗漏通道无明显的涌砂现象
30.0	增大水头后，渗漏通道部分段落开始出现短暂的涌砂，大约 10min 后暂停
34.0	增大水头后，渗漏通道部分段落开始出现短暂的涌砂，大约 6min 后暂停
37.9	增大水头后，渗漏通道开始出现短暂的涌砂，砂颗粒移动到下游附近沸砂，下游渗漏通道尺寸变小，而上游通道继续扩张
24.9	继续增大水头，涌砂量及下游出水量突然增大，下游水箱变得浑浊，砂样出现较大的空洞，实测的水头差急剧减小说明试样已破坏

试验结束后揭开覆盖层砂袋，可观察到砂样已经发生大面积的渗透破坏，如图 2-31 可见，预留通道形状（虚线表示）已发生较大变化，通道的上部发生了明显的塌陷，下游出口处由于出现砂沸现象并且砂样被大面积掏空，砂样顶面左侧砂颗粒流失后有大面积的深坑，并且可观察到此次试验中的渗透破坏现象并不具有对称性，这与砂样的填充质量有关。

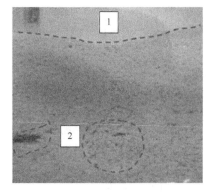

图 2-31　渗漏通道发生渗透破坏

1-塌陷；2-掏空区

2）渗漏通道高度的变化

第 2 阶段和第 3 阶段预设渗漏通道高度的变化分别如图 2-32 和图 2-33 所示。观察水平区域 0～30cm，A、B 线之间为原始预设通道高度为 1cm，C、D 线之间为通道扩展后的尺寸。图 2-32 是在试验第 2 阶段通道截面扩展的尺寸，在 0～18cm 的水平通道尺寸内，通道扩展变化非常明显。通过观察该区域颗粒移动较多，并形成扩展区域。由于通道入口处渗流速度相对较大，与上部颗粒相比，下部颗粒只受冲刷力，重力影响较小，该区域上部掏空比下部更加明显。在第 2 阶段 18～30cm 的水平通道内，由于距水流入口较远、渗流速度较低，前面移动的颗粒堆积形成淤高区域。在第 2 阶段中颗粒出现短暂涌砂，整个过程持续十几分钟，只要不改变水头，整个通道扩展基本不变。

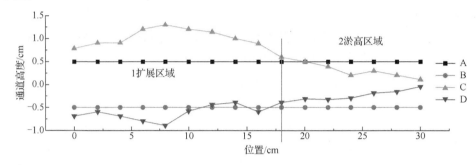

图 2-32　第 2 阶段预设渗漏通道高度的变化

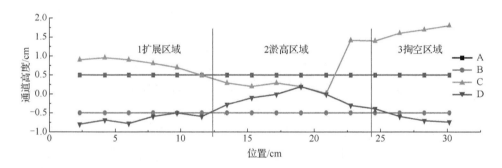

图 2-33　第 3 阶段预设渗漏通道高度的变化

图 2-33 为试验在第 3 阶段通道高度的变化。扩展区域主要集中在 0～10cm 的水平通道内，尽管上游水头大，但通道无法继续扩展。水流形成漩涡从上层覆盖层与填充层之间流失，通道无法继续向后扩展。在 10～22cm 的通道内，通道塌陷，形成淤高区域。22～30cm 通道内颗粒大量流失，下游水箱变浑浊，出现空洞，形成掏空区域。

3）各位置水头与渗流速度变化分析

在垂直方向上，分别在 5cm、10cm、15cm、20cm、25cm、30cm 处注射荧光素钠溶液，来测量从渗入到渗出的渗流速度，其中 15cm 垂直位置为预设渗漏通道的位置，结果如图 2-34 和图 2-35 所示。首先在第一阶段，随着水头的增加，5cm、10cm 位置的渗流速度随水头的增大而增大，直到水头到 30.00cm 进入第 2 阶段，每个位置的渗流速度急速下降，原因是颗粒开始移动，渗流流态紊乱，下游部分有淤高区，只是各位置的渗流速度下降，如图 2-34 亮斑处（图中用线划出）为紫光灯下渗流流态紊乱现象。

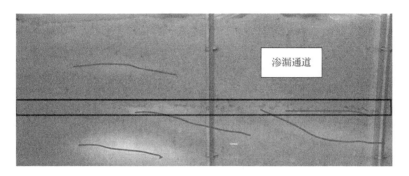

图 2-34　渗流流态紊乱现象

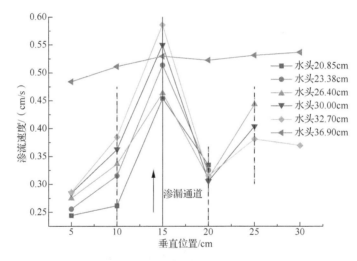

图 2-35　不同水头下垂直方向渗流速度变化

　　预设通道的渗流速度变化与通道的扩展变化有关，当水头为 23.38cm 时，通道的渗流速度为 0.51cm/s，随着水头增大到 26.40cm，试验还未进入第 2 阶段，但通道的渗流速度变小为 0.46cm/s，说明此刻出现通道周围的颗粒已进行了波动，对通道的渗流速度变化产生了干扰，通道周围颗粒寻找新的平衡状态。当水头继续增大为 30.00cm 时进入第 2 阶段，因为第 2 阶段淤高区域对通道渗流速度的增长产生干扰，通道的渗流速度继续增大，但渗流速度增长率相对水头的增长率较小。当水头为 36.90cm 时进入第 3 阶段，由于第 3 阶段砂样破坏，下游形成掏空区域，整个断面渗流速度基本呈线性变化。因为 25cm 和 30cm 位置距离覆盖层近，下游自由面很难到达，所以渗流速度变化不好预测。

　　4）预留渗漏通道水头线变化分析

　　在整个试验阶段，通过测压管测量各水平位置的水头，图 2-36 为无预留渗漏通道的水头线变化，图 2-37 为有预留渗漏通道的水头线变化。从图 2-36 可以清晰看出，随着水头的增大，整个位置的水头基本属于线性变化，直线的斜率也基本保持一致，渗流稳定。

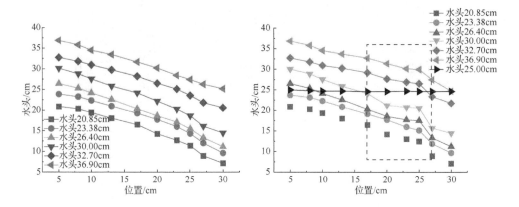

图 2-36　无预留渗漏通道的水头线变化　　　　图 2-37　有预留渗漏通道的水头线变化

　　从图 2-37 可以看出在第 1 阶段，水头基本呈直线，在 25cm 处水头急速下降。水头线在 5～17cm 位置呈线性下降，在 17～27cm 位置有两个波折变化，水头变化进入第 2 阶段。因为通道在 17cm 处开始变小，所以水头线下降，淤高区域形成后水头线平缓下降。在第 3 阶段，砂样被破坏，水头线与下游水位保持一致。通过水头线的变化，对实际工程中寻找渗漏通道的位置提供一种方法，即水头线发生明显波折的位置，很有可能就是渗漏通道的位置。图 2-38 为水头线在渗漏通道发生波折变化的现象。

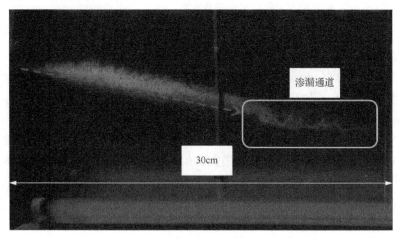

图 2-38　水头线在渗漏通道发生波折变化的现象

2.2.3　渗透破坏过程数值分析

本小节将深入探究不同颗粒配比下的非黏性土渗透破坏现象，建立三组不同粗细颗粒配比的非黏性土数值模型。骨架颗粒与填充颗粒质量比分别设置为3∶1、2∶1、1∶1，在渗流条件不变的情况下，从定性和定量两方面综合分析填充颗粒含量对管涌过程的影响。

1. 数值计算过程

1）试样生成

基于文献调研[28-30]，在此次模拟试验中，通过 FISH 语言编程进行墙体容器建模，反复试算后，建立了 60mm×60mm×120mm 的圆柱体断层模型，模型主视图如图 2-39（a）所示，模型俯视图如图 2-39（b）所示。模型墙体均为不透水的光滑刚性体，刚度略大于颗粒刚度，并删除顶部墙体作为颗粒流失口。

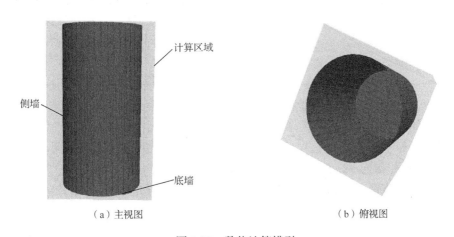

（a）主视图　　　　　　　　　　　　　　（b）俯视图

图 2-39　数值计算模型

本次研究中，忽略了颗粒形状，将其视为完整的球体。圆柱体内部生成两种粒径分别为 0～10mm 和 10～20mm 的随机均匀模型，其中粒径较大的颗粒作为骨架颗粒，粒径较小的颗粒作为填充颗粒。骨架颗粒（粗颗粒）与填充颗粒（细颗粒）的质量比分别设置为3∶1、2∶1 和 1∶1，初始孔隙率为 0.2，当颗粒间的不平衡力趋近于 0 达到稳定时，不同颗粒配比的颗粒数值模型如图 2-40 所示。

从图 2-40 中可以看出，G_{31} 模型中骨架颗粒最多，填充颗粒较少，随着细颗粒含量的增加，骨架颗粒越来越少，填充颗粒越来越密实。三组不同质量比的颗粒数值模型基本信息如表 2-9 所示。

　（a）G_{31}（细颗粒含量 25%）　　　（b）G_{21}（细颗粒含量 33%）　　　（c）G_{11}（细颗粒含量 50%）

图 2-40　不同颗粒配比的颗粒数值模型

表 2-9　颗粒数值模型基本信息表

颗粒模型	粗细颗粒质量比	细颗粒含量/%	颗粒总数/个	接触数量/个
G_{31}	3∶1	25	15561	31616
G_{21}	2∶1	33	20473	72348
G_{11}	1∶1	50	30916	118476

　　由表 2-9 可以看出，随着粗细颗粒质量比的减小，细颗粒含量越来越高，颗粒模型中的颗粒总个数也随之增加，由 G_{31} 的 15561 个颗粒最终增长到 G_{11} 的 30916 个颗粒。接触数量也随着颗粒总个数的增多而迅速增长，G_{31} 接触数量为 31616 个，G_{21} 接触数量为 72348 个，G_{11} 接触数量增长至 118476 个。

　　为了更加直观地看出三组颗粒模型间粗细颗粒的填充状态，导出数值模型纵、横剖面图，如图 2-41～图 2-43 所示。

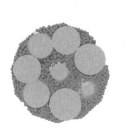

　　　　　　（a）纵剖面图　　　　　　　　　　　　　（b）横剖面图

图 2-41　G_{31} 数值模型剖面图

从 G_{31} 数值模型纵横剖面图中可以看出，模型中骨架颗粒接触紧密，在骨架颗粒孔隙中，有填充细颗粒与骨架颗粒发生接触，也有颗粒处于无效接触或者无接触状态（图 2-41）。

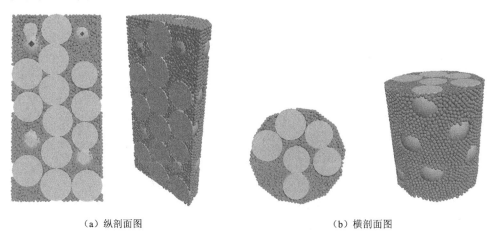

（a）纵剖面图 （b）横剖面图

图 2-42 G_{21} 数值模型剖面图

从 G_{21} 数值模型纵横剖面图中可以看出，模型中骨架颗粒变少，骨架间接触较 G_{31} 组略微松散，在骨架颗粒孔隙中，有填充细颗粒与骨架颗粒发生接触，与 G_{31} 组相比，填充颗粒明显增多（图 2-42）。

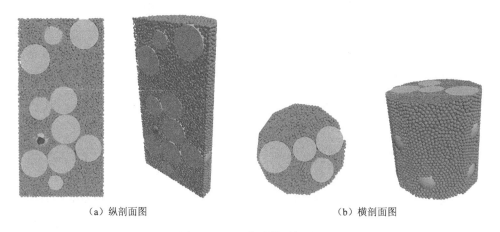

（a）纵剖面图 （b）横剖面图

图 2-43 G_{11} 数值模型剖面图

从 G_{11} 数值模型纵横剖面图中可以看出，模型中骨架颗粒显著变少，骨架间接触较前两组明显松散，细颗粒密实地填充在骨架颗粒孔隙中，与前两组颗粒模型相比，骨架颗粒的孔隙几乎都被填充颗粒充满（图 2-43）。

由图 2-41～图 2-43 的颗粒数值模型剖面图可以看出，随着填充颗粒的增加，在骨架颗粒形成的孔隙中，填充颗粒逐渐填充密实。同时，骨架颗粒也在逐渐减少，因此骨架颗粒间接触也会随之减少。

2）模拟过程

本组数值试验是为了探究不同颗粒配比对蚀溃型管涌的影响，不改变颗粒配比以外的试验条件。仍然设定流体运动方向为自下而上，通过控制压力差的大小运行模拟过程，直至填充物颗粒流失基本稳定。

共设置三组模拟试样，骨架颗粒与填充颗粒质量比分别设置为 3:1、2:1、1:1。0s 时开始向进口边界施加水压力，初始水力梯度为 0.1，每隔 0.1s 增加 0.1 个水力梯度，压力出口边界条件为标准大气压。初始化模型后，设定离散元（discrete element method，DEM）时间步长为 $2.0×10^{-7}$s，计算流体力学（computation fluid dynamic，CFD）时间步长为 $2.0×10^{-5}$s，计算过程中每隔 0.02s 保存一次数据，流体模型及计算时间步长参数设置如表 2-10 所示。试样产生管涌现象后，填充颗粒基本不再迁移时停止加压，最终渗流时间控制在 0.8s。

表 2-10　流体模型及计算时间步长参数表

流体模型参数	选取值
流体网格尺寸	20mm×20mm×20mm
流体密度	1000kg/m^3
动力黏度	$1.01×10^{-3}$Pa·s
DEM 计算时间步长	$2.0×10^{-7}$s
CFD 计算时间步长	$2.0×10^{-5}$s

在不同的粗细颗粒配比下，记录破碎岩体试样随时间的变化情况，并根据颗粒流失量、质量流失率、颗粒间接触关系、试样孔隙率及渗透系数随时间变化，分析细颗粒含量对渗流过程的影响。

2. 颗粒流失量

根据非黏性土试样变质量流失统计函数，可以得到自动记录的模型颗粒流失量，同时将三组试样渗流过程中填充物颗粒流失规律作对比分析（图 2-44）。

从图 2-44 中可以看出，渗流达到临界水力梯度的瞬间，颗粒流失量会瞬间增大。粗细颗粒质量比为 3:1 时，曲线在 t=0.2s 时开始渗流突变，t=0.4s 时达到了稳定状态。粗细颗粒质量比为 2:1 时，曲线在 t=0~0.2s 时颗粒流失缓慢，t=0.2~0.3s 时颗粒流失量略小于质量比 3:1 曲线。这是因为此时水力梯度未达到本组模型的临界状态，当 t=0.3s（i=0.3）时，质量比 2:1 曲线渗流达到临界水力梯度，颗粒流失量骤增；t=0.5s 时颗粒迁移基本停止，渗流达到稳定状态。粗细颗粒质量比为 1:1 时，颗粒流失量变化趋势与粗细颗粒质量比 2:1 曲线基本相同，但

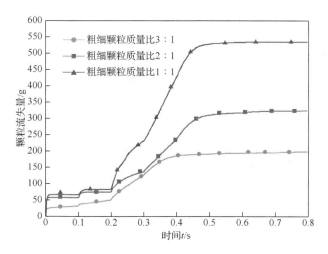

图 2-44　不同粗细颗粒配比下颗粒流失量随时间的变化

颗粒流失量远大于前两组模型，最终总颗粒流失量大约为粗细颗粒质量比 2∶1 曲线的两倍。

　　不同粗细颗粒配比下的非黏性土试样颗粒流失过程，可以通过导出固定时间段的数字图像进行对比分析，如图 2-45 所示。

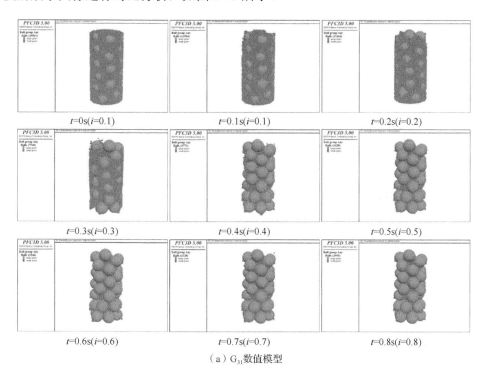

（a）G_{31}数值模型

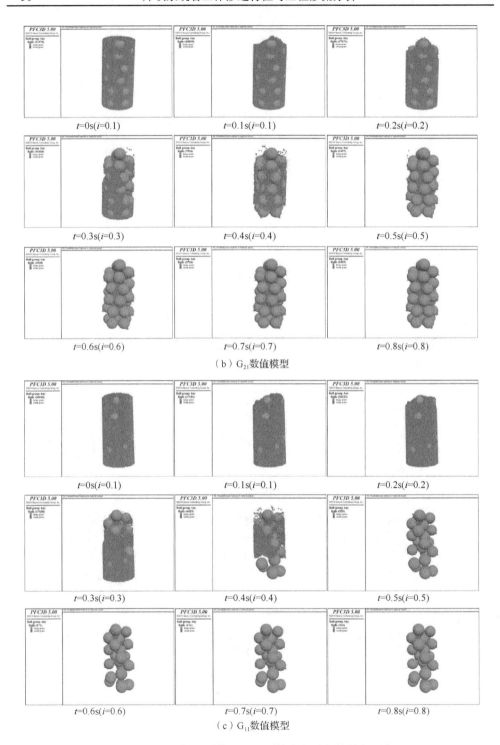

$t=0\mathrm{s}(i=0.1)$　　　　$t=0.1\mathrm{s}(i=0.1)$　　　　$t=0.2\mathrm{s}(i=0.2)$

$t=0.3\mathrm{s}(i=0.3)$　　　　$t=0.4\mathrm{s}(i=0.4)$　　　　$t=0.5\mathrm{s}(i=0.5)$

$t=0.6\mathrm{s}(i=0.6)$　　　　$t=0.7\mathrm{s}(i=0.7)$　　　　$t=0.8\mathrm{s}(i=0.8)$

（b）G_{21}数值模型

$t=0\mathrm{s}(i=0.1)$　　　　$t=0.1\mathrm{s}(i=0.1)$　　　　$t=0.2\mathrm{s}(i=0.2)$

$t=0.3\mathrm{s}(i=0.3)$　　　　$t=0.4\mathrm{s}(i=0.4)$　　　　$t=0.5\mathrm{s}(i=0.5)$

$t=0.6\mathrm{s}(i=0.6)$　　　　$t=0.7\mathrm{s}(i=0.7)$　　　　$t=0.8\mathrm{s}(i=0.8)$

（c）G_{11}数值模型

图 2-45　不同粗细颗粒配比下颗粒流失过程的数字图像

对于 G_{31} 数值模型，骨架颗粒与填充颗粒质量比为 3∶1，即试样中可动颗粒质量比较小。从图 2-45（a）中可以看出，当 $t=0\sim0.2s$ 时，只有模型表层颗粒流失出渗流通道；随着水力梯度 i 的增大（$t=0.2\sim0.4s$），渗流产生突变，颗粒流失量剧增；当 $t=0.4\sim0.8s$ 时，颗粒流失逐渐稳定下来，并形成了渗流通道。整个渗流过程中 G_{31} 数值模型颗粒流失总量为 198.07g。

G_{21} 数值模型中骨架颗粒与填充颗粒质量比为 2∶1，可动颗粒质量较 G_{31} 数值模型增大了 8%。观察图 2-45（b），当 $t=0\sim0.2s$ 时，由于水力梯度较小，仍然只有模型表层部分颗粒流失出渗流通道；当 $t=0.2\sim0.5s$ 时，模型中大部分填充细颗粒随着水流迁移带走；$t=0.5s$ 以后，模型中可动颗粒基本迁移完毕。与 G_{31} 数值模型相比，G_{21} 数值模型内部滞留的填充颗粒较多，这部分颗粒逐渐会演变成模型骨架颗粒的一部分。整个渗流过程中 G_{21} 数值模型颗粒流失总量为 273.01g。

G_{11} 数值模型中骨架颗粒与填充颗粒质量比为 1∶1，可动颗粒质量较 G_{31} 数值模型增大了 25%，较 G_{21} 数值模型增大了 17%。由模型纵横剖面图中可以看出，G_{11} 数值模型中骨架颗粒显著减少，细颗粒密实填充在骨架颗粒中。由图 2-45（c）可以看出，G_{11} 数值模型可动颗粒流失过程与 G_{21} 数值模型相同，但由于前者骨架稀疏，可动颗粒基本全部流失。整个渗流过程中 G_{11} 数值模型颗粒流失总量为 535.38g。

3. 质量流失率

为了更加直观地看出单位时间内模型颗粒流失情况，根据保存的模型文件，导出不同时间节点颗粒流失数据。通过计算给出了不同粗细颗粒配比下质量流失率随时间变化，如图 2-46 所示。可以看出，模型的质量流失率总体上先增大后

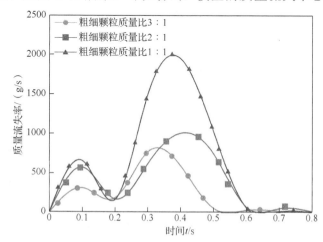

图 2-46 不同粗细颗粒配比下质量流失率随时间的变化

减小，且细颗粒含量越大，最大质量流失率越高。观察质量流失率最高点对比，如图 2-47 所示，可以看出，当粗细颗粒质量比为 3∶1 时，最大质量流失率为 765.99g/s；当粗细颗粒质量比为 2∶1 时，最大质量流失率为 1005.70g/s；当粗细颗粒质量比为 1∶1 时，最大质量流失率为 1950.68g/s，约为前者的两倍。可见模型试样中细颗粒含量越高，颗粒质量流失率越大。骨架颗粒含量较高的样品，其质量流失率较少，发生渗透破坏的可能性也较小。

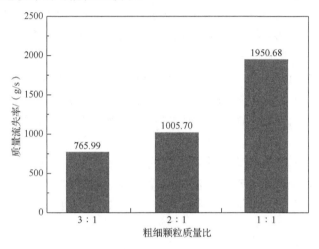

图 2-47　不同粗细颗粒配比下质量流失率最高点对比

根据文献[31]、[32]中的室内试验结果可知，随着 Talbot 指数的增大（骨架颗粒含量增大，填充颗粒含量减少），颗粒的质量流失率随时间衰减缓慢，发生渗透破坏的可能性很小。相反，填充颗粒含量较高的试样，其质量流失率随时间衰减较快，发生管涌的风险较大。这一结论与本小节模拟得出的结果一致。

4. 颗粒间接触关系

从三组非黏性土试样渗流过程中颗粒流失规律可知，质量流失是细颗粒运移的结果，同时细颗粒含量直接影响着颗粒的运移和流失规模，细颗粒含量越高，发生渗透破坏事故的可能性越大。下面将从模型颗粒间接触关系分析粗细颗配比对管涌过程的影响，导出不同粗细颗粒配比下颗粒间力链分布情况，如图 2-48 所示。

在图 2-48 中，粗力链表示骨架颗粒与骨架颗粒间的接触，传递的应力较大；细力链表示填充颗粒与填充颗粒（或骨架颗粒）间的接触，传递的应力较小。粗颗粒承担了模型中大部分应力，形成了骨架颗粒，同时，粗颗粒间的法向接触力相互连接，形成了有锁固作用的"力链网络"。随着模型粗细颗粒质量比的增大，粗颗粒含量减小，细颗粒含量增加，这导致了由粗颗粒组成的力链网络越来越稀

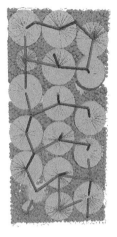

（a）粗细颗粒质量比 3∶1　　　　　（b）粗细颗粒质量比 2∶1　　　　　（c）粗细颗粒质量比 1∶1

图 2-48　不同粗细颗粒配比下颗粒间力链分布情况

疏，渗流时细颗粒被冲走的可能性增加，颗粒流失量随之增大。同时，由于细颗粒含量增加，总接触数量增大，粗颗粒骨架承担的应力也逐渐被细颗粒分解，自由细颗粒含量减少，参与应力传递的细颗粒也越来越多，所以出现渗流突变的临界点也可能会随之增大。

根据非黏性土试样接触数量统计函数，可以得到自动记录的模型接触数量，同时将不同粗细颗粒配比下接触数量随时间的变化规律作对比分析（图 2-49）。

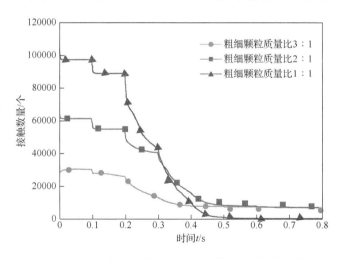

图 2-49　不同粗细颗粒配比下接触数量随时间的变化

从图 2-49 中可以看出，粗细颗粒质量比为 3∶1，在 $t=0\sim0.2$s 时接触数量下降缓慢；$t=0.2\sim0.4s$ 时，进入渗流突变阶段，颗粒接触数量迅速下降；$t=0.4\sim0.8s$ 时，颗粒流失达到了稳定状态，接触数量也基本保持不变。

粗细颗粒质量比为 $2:1$，在 $t=0\sim0.2s$ 时接触数量下降缓慢；$t=0.2\sim0.5s$ 时，颗粒接触数量骤降；$t=0.5\sim0.8s$ 时，颗粒迁移基本停止，接触数量变化也基本达到稳定状态。

粗细颗粒质量比为 $1:1$，接触数量变化规律与其他两条曲线基本相同，但因为力链网络稀疏，颗粒流失量严重，接触数量下降趋势远大于前两组模型，最终接触数量为 373 个。

为了更加直观地对不同粗细颗粒配比下的非黏性土试样模型接触数量变化过程进行观察研究，通过导出固定时间段的数字图像进行对比分析，如图 2-50 所示。

对于 G_{31} 数值模型，骨架颗粒与填充颗粒质量比为 $3:1$，试样中骨架颗粒较多，形成的力链网络比较密实。从图 2-50（a）中可以看出，当 $t=0\sim0.2s$ 时，模型表层的细小力链基本全部断裂消失；随着水力梯度 i 的增大（$t=0.2\sim0.4s$），渗流产生突变，接触数量急剧下降；当 $t=0.4\sim0.8s$ 时，接触数量逐渐稳定。模型四周的接触力链基本断裂消失，只剩下力链网络中间包裹的细小力链。整个渗流过程中 G_{31} 数值模型接触数量由最开始的 31616 个减少到 7108 个。

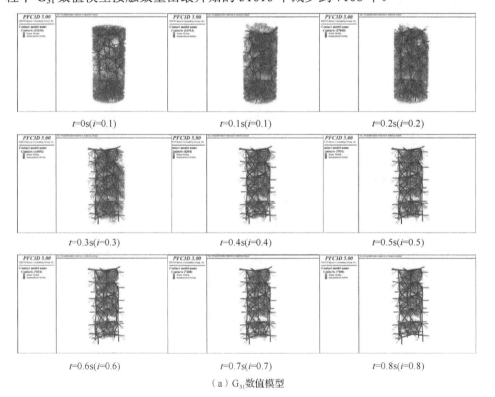

$t=0s(i=0.1)$　　　　　$t=0.1s(i=0.1)$　　　　　$t=0.2s(i=0.2)$

$t=0.3s(i=0.3)$　　　　　$t=0.4s(i=0.4)$　　　　　$t=0.5s(i=0.5)$

$t=0.6s(i=0.6)$　　　　　$t=0.7s(i=0.7)$　　　　　$t=0.8s(i=0.8)$

（a）G_{31} 数值模型

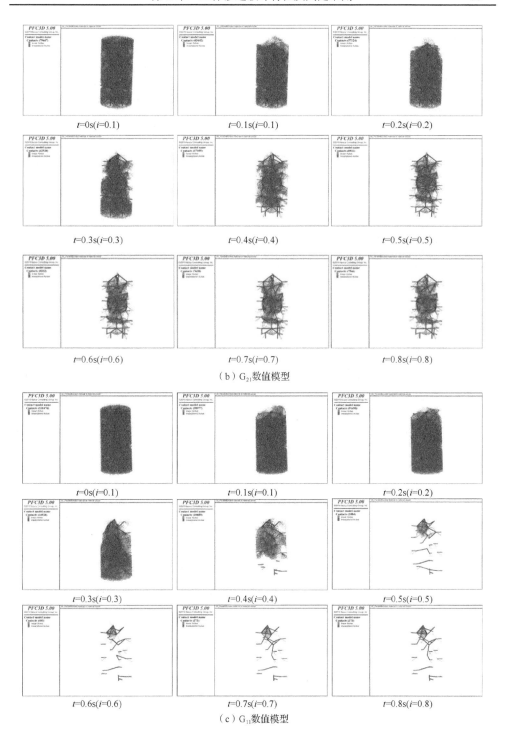

（b）G$_{21}$数值模型

（c）G$_{11}$数值模型

图 2-50 不同粗细颗粒配比下颗粒接触数量变化数字图像

G_{21} 数值模型中骨架颗粒与填充颗粒质量比为 2∶1，由骨架颗粒组成的力链网络较 G_{31} 数值模型略微稀疏。观察图 2-50（b），当 $t=0\sim0.2s$ 时，由于水力梯度较小，仍然只有模型表层的细小力链断裂消失；当 $t=0.2\sim0.5s$ 时，模型中大部分细颗粒力链断裂，接触数量骤减；$t=0.5s$ 以后，模型颗粒接触数量下降非常缓慢，试样内部仍然存在有许多细小力链，与粗力链共同承担模型的应力传递。整个渗流过程中 G_{21} 数值模型接触数量由最开始的 72348 个减少到 11934 个。

G_{11} 数值模型中骨架颗粒与填充颗粒质量比为 1∶1，由图 2-50（c）中可以看出，G_{11} 数值模型的力链网络非常稀疏，颗粒接触数量变化过程与 G_{21} 数值模型非常相似，但由于力链骨架包裹力较弱，不能密实地"锁住"细颗粒，导致可动颗粒基本全部流失，细小力链几乎全部断裂，最终模型中基本只剩下骨架颗粒间组成的粗力链及稀少地转换为骨架的细力链。整个渗流过程中 G_{11} 数值模型接触数量由最开始的 118476 个减少到 373 个。

5. 孔隙率及渗透系数

根据测量记录，管涌发生前后不同粗细颗粒配比下试样的孔隙率均发生了改变，导出历史记录的孔隙率变化过程曲线，如图 2-51 所示。依次导出不同粗细颗粒配比下不同时间节点的渗透系数，如图 2-52 所示。

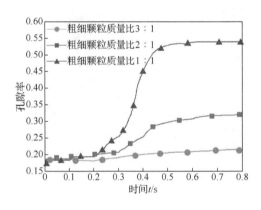

图 2-51　不同粗细颗粒配比下孔隙率随时间的变化

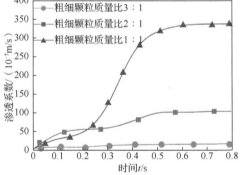

图 2-52　不同粗细颗粒配比下渗透系数随时间的变化

从图 2-51 和图 2-52 可以看出，不同粗细颗粒配比下孔隙率和渗透系数的变化趋势是一致的。孔隙率和渗透系数可以看成是模型颗粒流失量的直接反映，因此图 2-51、图 2-52 与图 2-44 的曲线变化趋势较为相似，即随着模型颗粒的迁移和流失，孔隙率和渗透系数开始缓慢增加，然后迅速增加，最终趋于稳定。细颗粒含量越多，模型孔隙率和渗透系数的增幅越大。当细颗粒含量从 25%增加到 50%时，最终模型孔隙率从 0.2160 增加到 0.5397，渗透系数从 1.777×10^{-6}m/s 增加至 3.3769×10^{-5}m/s。因此，可以通过模型颗粒流失量来推测孔隙率和渗透系数的变化趋势，反之也同样成立。

2.3　渗透破坏判定准则

2.3.1　几何判定准则

国内外对土体渗透稳定性的研究已经做了大量工作，表 2-11 总结了常用的几何判定准则的发展。大多数几何判定准则设定了一个安全界限，少部分几何判定准则区分了渗透稳定性好和渗透稳定性差的土体。

表 2-11　常用的判定土体渗透稳定性的几何准则

适用土料	几何准则	稳定性	参考文献
砂砾石土	$C_u<10$	S	[33]
	$10\leq C_u\leq20$	T	
	$C_u>20$	U	
各类土	$(d_{15c}/d_{85f})<4$	S	[34]
各类土	$(d_{15c}/d_{85f})<5$	S	[35]
粗粒土	$(H/F)_{min}>1$	S	[36]
各类土	粒度分布曲线割线斜率的最小值		[37]
砂砾石土	$0.76\lg(d_{90}/d_{15})+1<d_{90}/d_{60}<1.68\lg(d_{90}/d_{15})+1$	S	[38]
砂砾石土	$110<30/\lg(d_{90}/d_{60})<1000$ 和 $5<15/\lg(d_{20}/d_5)<15$	U	[39]
砂砾石土	$F=15\%$，Kezdi 准则、Kenney 和 Lau 准则收敛	—	
间断级配土	$F<15\%$，Kezdi 准则较为保守和适用	—	[40]
连续级配土	$F>15\%$，Kenney 和 Lau 准则较为保守和适用	—	
各类土	$d_0<(d_{85}/0.42)$	S	[41]
砂砾石土	$D_{c35}/d_{85,SA}\leq1$	S	[42]
砾石土	$1.65\leq(d_{15c}/d_{85f})_{max}\leq12$；$5.6\leq C_u\leq18$	S	[43]
间断级配土	VFR=70%~80%	S	[44]
无黏性土	$P_f\geq100/[4(1-n)]$	S	[45]
无黏性土	$P<25\%$	U	
	$25\%\leq P\leq35\%$	T	[46]
	$P>35\%$	S	

续表

适用土料	几何准则	稳定性	参考文献
各类土	$D_m \leqslant 2.35$	S	[47]
	$2.35 < D_m \leqslant 2.65$	T	
	$D_m > 2.65$	U	
各类土	通过土壤累计收缩尺寸分布判定	—	[48]，[49]

注：S 表示稳定；U 表示不稳定；T 表示过渡；C_u 为粒径不均匀系数；d_{15c} 为粗粒部分 15% 质量分数对应的粒径；d_{85f} 为细粒部分 85% 质量分数对应的粒径；H 为任意粒径 d 对应的质量分数；F 为任意粒径 d 与 4d 之间颗粒对应的质量分数；d_i 为质量分数，i 为对应的粒径；d_0 为毛细管模型的平均直径；D_{c35} 为来自于累计收缩尺寸分布中粗粒部分的收缩粒径；$d_{85,SA}$ 为表面积法测定颗粒尺寸分布中细料部分的代表性粒度；D_m 为粒度分形维数；P 为土体实际细颗粒含量；P_f 为掺和后土料中颗粒的质量分数；n 为孔隙率；VFR 为孔隙填充率（void filling ratio）。

通过整理[50]，这些几何准则大致可分为三类。

（1）第一类是基于特征粒径划分稳定性，准则中的变量包括 d_5、d_{20}、d_{60}、d_{90}、$(H/F)_{min}$、d_{15c}/d_{85f}、C_u、d_{90}/d_{60} 和 d_{20}/d_5 等粒径参数。

Istomina[33]提出用粒径不均匀系数（C_u）作为控制变量来识别砂土的内部稳定性。当不均匀系数大于 20 时，土的破坏形式为管涌；当不均匀系数在 10～20 时，破坏可能是流土及管涌。Kezdi[34]提出了一种基于 Terzaghi 过滤准则的土体内部稳定性识别方法。Kenney 等[36]提出了评价颗粒土内部稳定性的标准。在 $(H/F)_{min}$ 对应的直径 d_0 作为粗细颗粒的区分粒径。Burenkova[38]使用 d_{90}/d_{15} 和 d_{90}/d_{10} 来识别无黏性土和分级土的内部稳定性。Chapuis 等[37]提出了用粒度分布曲线割线斜率的最小值来代替原有稳定性判据的方法。Chi 等[39]对 Burenkova 的标准进行了修改，对于颗粒呈山凹分布的土壤，采用 d_{90}/d_{60} 和 d_{20}/d_5。同年，Li 等[40]对 Kezdi 准则、Kenny 和 Lau 准则基于变量 F（F=比任意粒径 d 更细的颗粒质量分数）之间的比较。另外，许多基于颗粒收缩尺寸分布的方法被提出，以评估土壤潜在的不稳定性[42,48,49]。

（2）第二类是利用细颗粒含量来判定土体内部稳定性。

细颗粒含量对间断级配土的内部稳定性有显著影响，在以前的报道中，有不同方法来划分土壤的粗颗粒和细颗粒。例如，Chang 等[51]在评价土体内部稳定性时，将粗细颗粒的区分粒径定为 0.063mm，认为粒径小于 0.063mm 的细颗粒对土壤的渗透性影响更大。基于这种区别，他们将 131 次内部侵蚀试验中的土壤分为级配良好的土壤和间断级配土壤，每组被分为三类，对于间断级配土，当细颗粒含量小于 10% 时，间断比可以作为控制变量。当细颗粒含量在 10%～35% 变化时，将间断比和细粒含量同时作为控制变量，当细颗粒含量超过 35% 时的间断级配土被认为是内部稳定的。Marot 等[52]发现 Chang 和 Zhang 准则[51]对于黏性砂来说是保守的，由于粒径分布准则忽略了黏性土的类型影响，导致了黏性土的渗透敏感性增高更容易出现失稳，基于以上分析结果，Marot 等[52]建议使用间断比 $G_r < 2.5$

重新评估该准则，如图 2-53 所示。Marot 等[52]比较了 Li 等[40]、Chi 等[39]和 Chang 等[51]的标准得出结论，当细颗粒含量高于 35%时，土壤是稳定的。对于细颗粒含量小于 35%的间断级配土，Chang 和 Zhang 准则较为保守。对于宽级配土而言，可以分为两种情况。当细颗粒含量低于 15%时，可通过 Kenney 和 Lau 准则中的最小值（H/F）$_{\min}$ 来确定。当细颗粒含量在 15%～35%时，采用 Wan 和 Fell 准则[39]对其进行敏感性评价。然而，由于细颗粒粒径的分类方法有所不同，Chang 和 Zhang准则中以粒径小于 0.063mm 的颗粒来定义细颗粒，这是在稳定性判定过程中需要关注的。

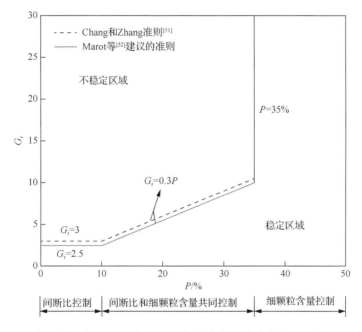

图 2-53　间断级配土的间断比 G_r 与细颗粒含量 P 的关系

刘杰等[53]从颗粒组成评价内部稳定性方面对间断级配砂砾石进行了一系列研究，提出了一个基于细颗粒含量的标准来评价内部稳定性。由于天然砂砾混合料中间粒径不可能完全缺失，有的粒径仍然含有 1%～3%的细颗粒，所以达到最密实状态时，实际细颗粒含量 P 往往大于理论细颗粒含量 P'，其差值取决于粗颗粒和细颗粒粒径之间缺失的粒径级数。因此，他们建议加一试验修正值后，将得到近似于实际情况下混合颗粒最密实的细颗粒含量计算值：

$$P = P' + \Delta P = \frac{\gamma_{d1} n_2}{(1-n_2)\gamma_{s2} + \gamma_{d1} n_2} + \frac{74}{(D_{15}/d_{85})^{1.4}} \qquad (2\text{-}17)$$

式中，P 为实际细颗粒含量；P'为理论细颗粒含量；ΔP 为修正值；γ_{d1} 为细颗粒密度；n_2 为单位粗颗粒孔隙体积；γ_{s2} 为粗颗粒密度。

　　根据该表达式及相关试验结果，给出了以细颗粒含量评价间断级配土内部稳定性的标准如下：

$$\begin{cases} P < 25\%, & \text{内部不稳定} \\ 25\% \leqslant P \leqslant 35\%, & \text{过渡状态} \\ P > 35\%, & \text{内部稳定} \end{cases} \quad (2\text{-}18)$$

　　本节收集了文献中报道的试验数据来验证这一稳定性评估标准。图 2-54 为间断级配土临界水力梯度（i_{cr}）与细颗粒含量（P）的关系。显然，当 $P<25\%$，间断级配土内部不稳定；$20\% \leqslant P \leqslant 25\%$ 时，细颗粒仅充填粗颗粒的孔隙；在此范围之外，P 的不断增加使临界水力梯度迅速增加，此时土壤处于过渡区。从渗透试验结果看出，对于细颗粒含量大于 35% 的土体内部结构是稳定的。

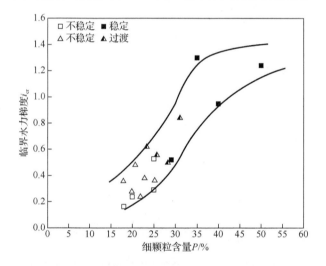

图 2-54　间断级配土临界水力梯度与细颗粒含量的关系

　　毛昶熙[45]详细描述了类似方法。在该方法中，以土壤孔隙率（ϕ）为主要参数，采用细颗粒组分参数 P_f（%）来评价土壤的内部稳定性。

$$\begin{cases} P_f < \dfrac{1}{4(1-\phi)}, & \text{内部不稳定} \\[3mm] P_f \geqslant \dfrac{1}{4(1-\phi)}, & \text{内部稳定} \end{cases} \quad (2\text{-}19)$$

　　对于间断级配土，P_f 等于间断点处通过的质量比（%）。式（2-19）的计算结果与文献[54]、[55]的试验结果一致，表明了该方法的可靠性。总体来看，尽管不同学者对于细颗粒含量的分级标准不尽相同，但当细颗粒含量大于 35% 时，都认为间断级配土内部是偏向于稳定的。但如果细颗粒含量小于 35%，则需要根据实际情况进行判定。

为了研究细颗粒的不同堆积状态对砂砾料渗透变形的影响，田大浪等[56]选择了三种类型的砂砾石土，细颗粒含量为 30%、35% 和 40%，分别对应欠填、满填和过填三种颗粒堆积状态。田大浪等[56]发现，当细颗粒含量为 30% 时，细颗粒处于欠填状态，大部分的细颗粒松散地堆积于粗颗粒骨架间的孔隙中，且供细颗粒运移的渗流通道的控制直径较大，在渗流作用下，细颗粒很容易发生运移，因此累计细颗粒流失量最大。但是由于组成骨架的粗颗粒相互接触，细颗粒的流失不会造成明显的竖向位移。当细颗粒含量为 35% 时，供细颗粒运移的渗流通道的控制直径减小，且细颗粒累积损失较小。同时，土体骨架中粗颗粒之间仍保持接触，细颗粒的流失没有引起明显的竖向位移，这一结论与以往的研究结果一致。当细颗粒含量为 40% 时，细颗粒处于过填状态。此外，土体内部结构的堆积状态，在试样制备和渗透试验完成后，往往以图 2-55 所示的形式存在。部分粗颗粒悬浮在细颗粒基体中，粗颗粒之间的孔隙中填充少量的细颗粒，为颗粒迁移和渗透提供通道。在强水力作用下，细颗粒基质表面的颗粒仍在迁移，并引起渗流变形。在这种情况下，细颗粒流失引起的颗粒群的垂直位移不能忽略。细颗粒试样在过填状态下仍易发生渗流变形，导致沉降变形显著。

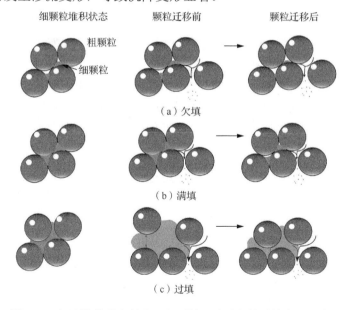

图 2-55　细颗粒的堆积状态及细颗粒迁移引起的结构变形示意图

（3）第三类是一些特定的独立指标，如孔隙填充率（VFR）、孔隙率或粒度分形维数（D_m）等。

Zhang 等[44]提出了一个新的术语——孔隙填充率，从细颗粒通过骨架间的空隙移动这一行为出发进行研究，检测间断级配土在渗流作用下诱发的内部失稳情况。

$$VFR = \frac{V_f}{V_v} \qquad (2\text{-}20)$$

式中，V_f 为细颗粒体积；V_v 为孔隙体积。

室内渗流和边坡模型试验结果表明，当 VFR 从 50%提高到 80%时，材料的内部稳定性显著提高。VFR 的提高可以将土体不稳定的类型从管涌改变为过渡态。当 VFR 提高时，细颗粒流失量显著减少。因此，VFR 能够有效地描述不同水力梯度作用下的间断级配土的内部稳定性。然而，孔隙体积 V_v 不容易测量。Zhang 等[44]在此假设土壤仅由粗颗粒组成，通过计算孔隙比（e_c）来获得孔隙体积（V_v）。

$$e_c = \frac{G_S \times \rho_w}{\rho_d} - 1 \qquad (2\text{-}21)$$

式中，G_S 为土体相对密度；ρ_w 为水流密度；ρ_d 为土体密度。

粗粒间孔隙体积 V_{vc} 为

$$V_{vc} = V_{sc} - e_c \qquad (2\text{-}22)$$

不同学者测量和计算孔隙比的方法不尽相同。Yang 等[57]使用两种方法来确定土样的整体孔隙比。第一种方法是基于试样制备过程中的初始孔隙比测量和固结过程中的体积应变，第二种方法是基于测试结束时的含水率测量。结果表明，两种方法具有较好的一致性[58]。细颗粒的侵蚀会对土壤的力学行为产生不同的影响，因此在分析内部侵蚀时，必须考虑颗粒间的孔隙率。Mitchell 等[59]将粒间孔隙比定义为主砂的孔隙比，而真实孔隙比和细颗粒体积均被认为是粗颗粒之间的有效孔隙比：

$$e_g = \frac{e + FC}{1 - FC} \qquad (2\text{-}23)$$

式中，e_g 为粒间孔隙比；e 为整体孔隙比；FC 为侵蚀颗粒中的细颗粒含量。

Mehdizadeh 等[60]通过分析土体前后的力学行为和几何变化，认为 Mitchell 等[59]提出的粒间孔隙比是评价内部不稳定土侵蚀力学行为的合适指标。侵蚀过程中粗颗粒的重新排列减少了粗颗粒之间的有效孔隙，从而产生了粒间孔隙比，说明控制侵蚀土试样响应的是粒间孔隙比。对于拥有不同孔隙比和残留细颗粒含量，但拥有相同粒径孔隙比的侵蚀试样的力学行为相似，表明该指标对侵蚀行为的预测具有较好的适用性。土体内部侵蚀过程中孔隙比的变化是以细颗粒流失为前提的。尽管 Zhang 等[44]在基于 VFR 概念研究内部稳定性方面有重要发现，但并未从微观角度观察并量化颗粒迁移。在后续的工作中，粒子迁移特性需要结合离散元模拟进行更详细的研究。

段祥宝等[47]在 7 组间断级配砂砾石渗流试验的基础上，考虑细颗粒由小到大逐渐流失的规律，对渗流破坏前后的颗粒质量分布数据进行分析，总结出渗流过程中内部失稳发展的分形规律。粒度分形维数（D_m）通过计算粒度分布曲线斜率的倒数得到。渗透破坏后土体的分形维数降低，这与细颗粒流失后土体的均匀性有关。当 $D_m \leqslant 2.35$ 时，土体内部稳定。$2.35 < D_m \leqslant 2.65$，土体属于过渡带。当 $D_m > 2.65$，土体处于不稳定状态，易因渗漏而发生管涌破坏。对粒度分布曲线进行对数处理后，可以得到一条或多条直线的斜率并计算 D_m，因此，基于 D_m 的方法实质上是粒度特征归一化的结果。除了段祥宝等[47]的研究外，对该方法的研究较少。一方面，作为粒度法的延伸，需要处理大量的数据，直接研究其他粒度参数更有效；另一方面，孔隙分形维数是表征孔隙内部分布的重要参数，这是岩土体分形领域研究的重点。

当根据几何准则证明土壤细颗粒运移的证据存在时，必须应用水力准则来确定孔隙结构中的水动力荷载是否提供了输送细颗粒所需的临界能量。在自然界中，颗粒的迁移和流失是很常见的。一种公认的与地震有关的非线性破坏性地面破坏类型是土壤液化，这是一种土壤在地震破坏引起的应力作用下表现得像液体的现象[61]。地震的扰动显著降低了土体的刚度和强度，从而导致土体内部不稳定[62]。2.3.2 小节将从水力判定准则的角度讨论土体的内部稳定性。

2.3.2　力学判定准则

颗粒的水力流动通常由表征水力荷载的三个参数来描述，即水力梯度、水力剪应力和渗流速度。土体内部侵蚀的开始受水力梯度和土体内部有效应力的影响，颗粒分离引起的孔隙通道堵塞往往伴随着饱和渗透系数的降低。因此，在评价水力负荷时需要综合考虑这些因素的变化。

1. 水力梯度

Kovacs[63]发现，土壤在未能满足几何准则的条件下并不意味着对于侵蚀的高度敏感性，颗粒与颗粒之间的接触力阻碍了颗粒的运动，因此需要一个相对较高的水力梯度来启动它们。使用潜在不稳定材料（如间断级配砂砾石）建造的堤岸和水工结构可能会出现渗透稳定性问题，容易造成结构的早期损坏[57,64,65]。然而，在水力梯度满足施工要求的项目中，使用间断级配土是可以接受的。

确定导致不稳定性启动的临界水力梯度需要通过室内渗透试验确定。室内渗透试验分为水平方向和垂直方向，临界水力梯度可分为水平临界水力梯度和垂直临界水力梯度。当渗流方向向下时，临界水力梯度小于渗流方向向上时的临界水力梯度[66]。水平渗流临界水力梯度一般为垂直向上临界水力梯度的 0.6～0.9 倍。此外，随着土体结构趋于内部稳定，造成渗透破坏的水平临界水力梯度和垂直临界水力梯度的差值逐渐减小。当渗流方向向下时，作用在颗粒上的渗流力与重力方向一致，这是最不利于土体内部稳定的情况[67]。然而，在实际工程中，向上渗流的内部侵蚀远比向下渗流的内部侵蚀更为普遍。在堤坝系统中，内部侵蚀可以归因于渗流方向向上的水力梯度作用于下游侵蚀出口周围的细颗粒，导致细颗粒的流失。因此，评估垂直方向的临界水力梯度对于了解堤防系统的内部稳定性至关重要。目前，针对土体颗粒在渗流作用下的运动进行了大量研究，考虑了渗透系数、细颗粒含量、孔隙流速等因素的影响，建立和发展了计算临界水力梯度的有效理论公式，如表 2-12 所示。

表 2-12　常用的临界水力梯度有效理论公式

材料	流动方向	预测公式	背景	参考文献
无黏性土	垂直向上	$i_{cr} = \dfrac{G_S - 1}{1+e}$	有效应力等于零	[68]
无黏性土	垂直向上	$i_{cr} = (G_S - 1)\dfrac{d_f}{d_f + ed_{eq}}$	—	[69]
	水平渗流	$i_{cr} = (G_S - 1)\dfrac{d_f}{d_f + ed_{eq}}\tan\phi$	—	
无黏性土	垂直向上	$i_{cr} = 2.2(G_S - 1)(1-n^2)\dfrac{d_s}{d_{20}}$	单个颗粒力平衡	[70]
砂砾石	垂直向上	$i_{cr} = \alpha\dfrac{G_S - 1}{1+e}$	—	[54]
无黏性土	垂直向上	$K < 0.01d_{15}^2$ $K > 0.01d_{15}^2;\ i_{ch} = 0.01(d_{15}^2 / K)\cdot i_{cr}$	隆起破坏 潜蚀	[71]
无黏性土	垂直向上	$i_{cr} = \dfrac{7d_s}{d_f}\left[4P_f(1-n)\right]^2$	颗粒运动的临界速度	[45]
	水平渗流	$i_{cr} = \dfrac{2}{3}\cdot\dfrac{7d_s}{d_f}\left[4P_f(1-n)\right]^2$	—	
砂砾石	垂直向上	$i_{cr} = \dfrac{2}{3}(G_S-1)d_f^2 \left/ \left[d_f^2 + \dfrac{\beta}{15}\dfrac{d_{eq}^2 n^2}{(1-n)^2}\right]\right.$	—	[72]
粗粒土	垂直向上	$i_{cr} = \alpha\dfrac{G_S-1}{1+e} + i_{pf}(i_{sf})$	—	[73]
		$i_{pf} = \dfrac{1}{3}\left[\dfrac{\gamma' h_f}{\gamma_w d_1^2 d_{50}^c}\cdot\left(\dfrac{d_1+d_2}{d_1\times d_2}\right)^2\right]\tan\phi$	由于颗粒接触摩擦引起的额外水力梯度	
		$i_{sf} = \dfrac{\sum\limits_{i=1}^{i=n} q_{si}A_{si}}{\gamma_w \Delta y A b}$	由于边界摩擦引起的额外水力梯度	
砂砾石	垂直向上	$i_{cr} = (1-n)(G_S-1)P(d_0)\displaystyle\int_0^1 \dfrac{1}{dp}d_p \left/ \int_0^{P(d_0)} \dfrac{1}{dp}d_p\right.$	颗粒群的力平衡	[74]

续表

材料	流动方向	预测公式	背景	参考文献
无黏性土	垂直向上	$$i_{cr} = \frac{nV_{cr}}{K}$$ $$V_{cr} = \frac{\rho' g d^2 K}{18\mu\alpha' \rho_w K + \rho_w g n d^2}$$	颗粒运动的临界速度 —	[75]

Yang 等[58]发现，在内部稳定的土样中，当发生管涌破坏时土中有效应力等于零。在内部不稳定的土体中，管涌破坏以细颗粒内部侵蚀的形式发生。细颗粒发生侵蚀而粗颗粒骨架保持稳定。以平均值和变异系数作为比较参数，比较了临界水力梯度的不同预测方法。对于内部稳定土，Terzaghi 方法提供了最精确的预测结果和最小的方差。对于内部不稳定土，临界水力梯度的准确预测仍存在相当大的不确定性。以往的研究表明，临界水力梯度预测方法不是面面俱到的，一种预测方法不能适用于所有类型的土壤，这是因为每种预测方法都是建立在一个特定的理论背景上的，而且理论的临界水力梯度与实际观测的临界水力梯度总是存在一定的差异。例如，内部不稳定土在经历内部侵蚀和颗粒迁移发生管涌破坏的过程中，伴有观测到的临界水力梯度小于理论梯度的 1/4~1/3，而内部稳定土在经历流土和管涌时，实测临界水力梯度要大于理论临界水力梯度[54]。Indraratna 等[42]进行了向上渗流试验，观察到内部稳定土呈现隆起流土现象，观测到的临界水力梯度大于理论值。与此同时，不稳定土在较高的相对密度下可转化为内部稳定土，在理论临界水力梯度等于实测值时，土体表现为处于流土至管涌的临界态。

临界水力梯度和几何参数的关系多年来被诸多研究者不断探索。Denadel 等[76]在水平方向上施加单向流动，而不向试样添加任何额外的荷载。他们测量了 30min 内细颗粒流失速率，并用它来确定临界水力梯度。在此基础上，提出了临界水力梯度与几何参数，即 Kenney 和 Lau 准则[36]中指标 $(H/F)_{min}$ 之间的线性关系。Skempton 等[54]等进行了垂直渗流试验，在该试验中，单向流动向上流动并不断增加，直到发生破坏。内部不稳定导致渗流速度不成比例地增加。基于这些观测结果，他们提出 Denadel 等[76]报道的水平流动试验中临界水力梯度和 $(H/F)_{min}$ 之间的线性关系可能并不准确，两者应是非线性关系。该研究的另一个结论是，内应力的分布也是土体稳定性的影响因素。Chi 等[39]认为，临界水力梯度与不均匀系数、$(H/F)_{min}$、细颗粒含量之间没有明确的数学关系。相反，似乎存在一个普遍趋势，即高孔隙率的土壤即使在较低的水力梯度下也容易发生侵蚀。例如，他们通过试验发现疏松的高孔隙率土壤在低于 0.3 的水力梯度下开始侵蚀。土壤密度对临界水力梯度有显著影响。土壤密度越大，临界梯度越大。与细颗粒含量相近的连续级配土相比，间断级配土在相对较低的水力梯度下更容易发生侵蚀。Sibille 等[77]指出需要考虑水力负荷加载的历史，即每个水力梯度阶段的振幅和持续时间。

　　Luo 等[78]提出了一种经验方法来确定复杂应力状态下的临界水力梯度。首先，他们引入了无量纲参数剪应力比，即偏应力与平均有效应力的比值。然后，在相同围压和不同剪应力比下进行 4 次渗透试验，以确定临界水力梯度，4 次试验的临界水力梯度对应图 2-56 中的 A_1、A_2、A_3 和 A_4。通过分段线性插值得到不同剪应力比下的临界水力梯度。该经验方法可应用于筑坝材料为内部不稳定性土建造的高土石坝的设计，可显著减少现场渗透试验次数。即在相同围压下，只需进行 4 次渗透试验和 1 次固结排水三轴压缩试验，即可确定临界水力梯度。

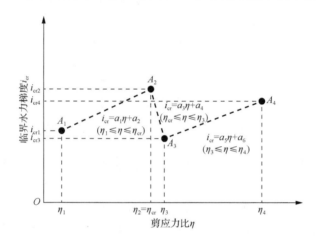

图 2-56　复杂应力状态下临界水力梯度与剪应力比的关系

2. 水力剪应力和围压

　　Reddi 等[79]用式（2-24）表示在长度为 L、半径为 r 的管道中，由水力流动产生的水力剪应力为

$$\tau = \frac{\Delta P}{L} \cdot \frac{r}{2} \tag{2-24}$$

式中，ΔP 为贯穿管道始终的压力坡降；L 为 A 段与 B 段之间的距离；$r=d_0/2$，其中 d_0 为土中粗料的平均孔径。当渗流方向为垂直方向时，水力剪应力的表达式可以重新表示为

$$\tau = \left(\frac{\Delta h \gamma_{\mathrm{w}}}{\Delta z}\right)\frac{r}{2} \tag{2-25}$$

式中，Δh 为截面 A 与 B 之间的水头差；$\Delta z=z_A-z_B$，其中 z_A 与 z_B 分别为截面 A 与 B 高度；γ_{w} 为水的容重。

　　为了将该方法推广到土壤研究中，Khilar 等[80]利用毛细管网络对土壤进行建模，通过考虑毛细管半径和孔隙率，得到了渗透率（k）的表达式。渗透率 k 可与

渗透系数互相表达。Reddi 等[79]将半径 r 代入水力剪应力的表达式得

$$\tau = \left(\frac{\Delta h\gamma_{\mathrm{w}}}{\Delta z}\right)\sqrt{\frac{2K\eta\gamma_{\mathrm{w}}}{n}} \qquad (2\text{-}26)$$

比较潜蚀的临界水力剪应力与地表侵蚀的临界水力剪应力，可以发现潜蚀的临界水力剪应力比地表侵蚀的临界水力剪应力高几个数量级。对于这两种类型的侵蚀，固体和流体交换表面之间存在着极其显著的差异，这可能是造成这些偏差的原因。

Tian 等[81]研究了临界水力剪应力随细颗粒含量的变化。当细颗粒含量小于30%时，将试样分为粗颗粒支撑结构（coarse-particle-supported structure，CPSS）；当细颗粒含量大于 70%时，将试样分为细颗粒支撑结构（fine-particle-supported structure，FPSS）；当细颗粒含量在 30%～70%时，将试样分为过渡粗-细颗粒支撑结构（transitional coarse-fine-particle-supported structure，TCFP）。TCFP 试样的临界水力剪应力最低，内部侵蚀最严重，内部稳定性最低。FPSS 试样中的细颗粒主要控制着细颗粒的结构和性能，临界水力剪应力与细颗粒含量无关。对于 CPSS 试样，随着细颗粒含量的增加，临界水力剪应力略有增加，如图 2-57 所示。

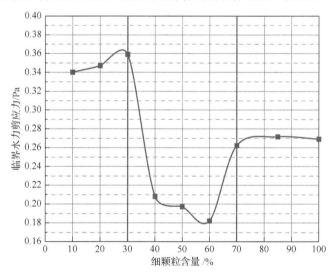

图 2-57　临界水力剪应力随细颗粒含量的变化

针对围压和有效应力对土体稳定性影响，Moffat 等[82]研究了垂直有效应力对内部失稳发生的影响。与以往的许多研究相反，在试样顶部增加 25～175kPa 的额外压力，并在垂直方向施加单向流动，直至发生内部不稳定破坏。临界水力梯度与垂直有效应力呈线性关系。罗玉龙等[83]利用自行设计的渗流-侵蚀-应力耦合管涌试验装置研究了应力状态对管涌过程的影响，在无围压、各向同性加压和三轴

加压三种不同应力状态下进行了试验研究。结果表明，各向同性压力下管涌的临界梯度明显大于无围压状态，略高于三轴围压下的临界梯度；此外，他们发现不同应力状态下的临界水力梯度与围压呈线性变化。蒋中明等[84]研究了完全侧向约束下竖向荷载对渗透变形的影响。在零应力条件下，临界水力梯度为1.26，而在0.1MPa压强下，临界水力梯度显著增大，达到2.06。与零应力条件相比，提高了63.5%。试样的临界水力梯度随着试样所受荷载的不断增大而增大；然而，相对增量并不大。在0.9MPa压强时，临界水力梯度再次显著增大，达到5.33。与零应力条件相比，提高了323%。土体应力状态越高，渗流变形的临界水力梯度越大。Lin等[85]研究了应力水平对潜蚀机制的影响。结果表明，当有效应力较高时，在试验范围内，渗透系数的增量较小，潜蚀引起的细颗粒损失仍然很小。

综上所述，从颗粒接触传递应力的角度来看，当土壤应力较低时，土体的密实度相对较低，粗颗粒与细颗粒接触不紧密。当试验荷载较大时，土体进入较高的应力状态，粗细颗粒相互靠近，作用在粗颗粒上的外力很容易传递给粗颗粒骨架孔隙中的细颗粒。因此，细颗粒的运动受到限制，从而减少在侵蚀过程中细颗粒的损失。

3. 渗流速度

Perzlmaier[86]利用平均渗流速度来表征渗透系数的空间变异性，平均渗流速度表示为达西速度与孔隙率乘以弯曲度的比值，根据无黏性土的粒径计算临界渗流速度。小于0.1mm的颗粒的临界渗流速度约为10^{-3}m/s；对于粒径大于0.1mm的颗粒，临界渗流速度随颗粒尺寸的增大而增大。

张鹏远等[87]使用石英砂和玻璃球两种介质进行土柱渗流试验，分析了渗流速度对水动力机制、颗粒弥散效应、悬浮颗粒在饱和多孔介质中沉积和迁移过程中的加速效应的影响。两种介质中均存在渗流速度临界值。当渗流速度小于该值时，颗粒的沉积主要受重力影响，颗粒容易被捕获在狭窄的孔喉和凹陷中。当渗流速度大于该值时，水动力过程对颗粒运移的影响大。具体来说，拖曳力比重力作用在粒子上的效果更明显。

选择一个适宜的、便于监测的参数对实际大坝现场的渗流侵蚀进行评价至关重要。现有技术可以方便地测试地下水渗流速度，然而，现场渗流量的测试是一项困难的工作。因此，Jiang[88]采用渗流速度作为关键参数。临界渗流速度主要是根据临界渗流量和临界剪应力来计算。临界剪应力和临界渗流速度是两个密切相关的参数。因此，该临界条件下的临界渗流量（Q_{cr}）为

$$Q_{cr} = \frac{\pi d^2}{4} V_{cr} \qquad\qquad (2\text{-}27)$$

临界剪应力为

$$\tau_{cr} = \frac{32\mu}{\pi} \cdot \frac{Q_{cr}}{d^3} \qquad (2\text{-}28)$$

式中，d 为管道直径；μ 为水的动力黏度。

Huang 等[75]将临界渗流速度与临界水力梯度联系起来，在一维向上渗流的条件下，提出了基于土壤颗粒受力平衡和土壤孔隙率分布的颗粒运动理论模型。这种情况下的临界渗流速度表达式可以推导为

$$V_{cr} = \frac{\rho' g d^2 K}{18\mu\alpha\rho_w K + \rho_w g n d^2} \qquad (2\text{-}29)$$

$$i_{cr} = \frac{nV_{cr}}{K} \qquad (2\text{-}30)$$

式中，ρ' 为颗粒在水下的密度；d 为可动颗粒直径；α 为粒子形状的修正因子；ρ_w 为水的密度。

2.3.3　复合判定准则

1. 流体力学包络线法

Li[89]研究了宽级配无黏性土和间断级配无黏性土的内部稳定性。土体内部失稳的发生是由土体级配曲线、有效应力和临界水力梯度共同作用决定的。

从几何准则出发，对于间断级配土，Kezdi 准则在区分稳定级配和不稳定级配方面比较成功。但对于宽级配土，采用 Kenney 和 Lau 准则更为恰当。Kenney 和 Lau 准则在评价间断级土壤（$F > 15\%$）时较为保守。结合这两种方法，找出最关键的级配曲线上的临界点和重叠边界，可以更可靠地评价土体内部稳定性。几何准则决定了土壤对内部失稳的敏感性。

从水力准则出发，流体力学包络线法可以用来评估内部失稳性的开始。根据有效应力随水力梯度的变化规律，确定了流体力学路径。在渗流情况下，流体力学路径接近内部失稳开始发生的边界。这种内部不稳定性的边界称为流体力学包络线。因此，在建立流体力学包络线时需要同时考虑临界水力梯度和有效应力。流体力学的相关指标如下所示：

$$i_c = \frac{\alpha}{1 - 0.5\alpha}(\bar{\sigma}'_{vm} + 0.5\frac{\gamma'}{\gamma_w}), \bar{\sigma}'_{vm} = \frac{\bar{\sigma}'_{vm}}{\gamma_w \Delta z}, \bar{\sigma}'_{vm} = \frac{1}{2}(\sigma'_{t0} + \sigma'_{b0}) \qquad (2\text{-}31)$$

式中，α 为有效应力衰减因子；$\bar{\sigma}'_{vm}$ 为归一化垂直有效应力；Δz 为土层的高度；σ'_{t0} 为顶部土层的有效应力；σ'_{b0} 为底部土层的有效应力。

流体力学路径和流体力学包络线如图 2-58 所示。水力梯度随着归一化平均垂

直有效应力的减小而增大，并逐渐达到内部失稳临界值，如内部失稳的分割线所示。不同竖向有效应力作用下的土体具有不同的梯度增长路径，但是路径发展的斜率保持不变。随着内部侵蚀的进行，水力梯度达到渗透破坏的条件（起伏线）。流体力学包络线是有效应力衰减因子 α 的函数，即流体力学包络线的斜率与 α 成正比，且斜率随 α 的增大而增大。比较 α 与三个几何指标 $[(H/F)_{\min}, d_{15c}/d_{85f}, d_{85f}/d_0]$ 的关系可知，参数 d_{85f}/d_0 考虑了粒径分布、孔隙率和颗粒形状的影响，因此与 α 的相关性最好。因此，有效应力衰减因子可以根据与 d_{85f}/d_0 之间的假设关系来估计，从而建立流体力学指标与几何指标之间的关系，使在已知土壤粒度分布曲线的情况下，评价控制内部失稳发生的条件成为可能。如果在给定的有效应力下，土单元中的水力梯度达到这一边界条件，则预计会引起内部失稳。因此，土的流体力学包络可以由土级配确定，从而实现几何准则和水力准则的耦合评价。

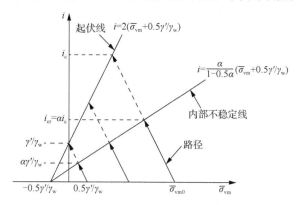

图 2-58　流体力学路径和流体力学包络线

2. 抗侵蚀指数法

工程现场的内部稳定性评估被推荐用于建造或修复堤坝、拦河坝、堰、道路堤防等工程中[90]。在评价土体内部稳定性时，必须考虑以下因素：①采用不同的几何判据分析土体内部稳定性的敏感性。分析结果的解释必须伴随着合理的工程判断。对于复杂的土体结构（变异性和非均匀性），应进行必要的室内试验，以确定其稳定性。②在实际应用中，土体的水动力能、水力梯度、渗流速度均未达到临界值时，可采用不稳定土。Ahlinhan 等[90]虽然认识到在水力判据中分析水动力能的必要性，但并没有提供具体的操作方法。

为了确定内部侵蚀的潜在敏感性，根据室内渗流侵蚀试验的结果，Marot 等[52]提出了一种新的划分土壤内部侵蚀性的分析方法，该方法基于以渗流速度和梯度为函数的渗流耗散能量来进行判别，并且基于三种假设：流体温度假设为常数，系统视为绝热状态，仅考虑稳定状态。能量守恒方程允许将总流量功率表示为从

流体传递到固体颗粒的功率和本体中应力耗散的功率之和。以总流量功率来表征流体负载，表示为

$$P_{\text{flow}} = \left(\gamma_{\text{w}} \Delta z + \Delta P \right) Q \tag{2-32}$$

式中，γ_{w} 为水的密度；Δz 为土壤体积上游部分和下游部分的垂直坐标之差，m；ΔP 为 A 段和 B 段之间的压力坡降之差，N/m²；Q 为流量，m³/s。耗散能量 $E_{\text{flow}}(t)$ 是在持续时间内渗水耗散的瞬时功率的时间积分，如下所示：

$$E_{\text{flow}}(t) = \sum_{0}^{t} P_{\text{flow}}(\Delta t) \Delta t \tag{2-33}$$

通过测定相同的持续时间内累计侵蚀土壤颗粒干质量 M_{ed}，抗侵蚀指数表示为

$$I_{\alpha} = -\lg \left(\frac{M_{\text{ed}}}{E_{\text{flow}}} \right) \tag{2-34}$$

从高抗侵蚀性到高易侵蚀性，土壤的侵蚀性被划分为六类。对应的侵蚀性可表示为：$I_{\alpha} < 2$ 为高度可侵蚀性；$2 \leqslant I_{\alpha} < 3$ 为可侵蚀性；$3 \leqslant I_{\alpha} < 4$ 为中度可侵蚀性；$4 \leqslant I_{\alpha} < 5$ 为中度抗侵蚀性；$5 \leqslant I_{\alpha} < 6$ 为抗侵蚀性；$I_{\alpha} \geqslant 6$ 为高度抗侵蚀性。

如图 2-59 所示，根据对国内外研究现状的总结，本章对于间断级配土的渗透稳定性提出了一套综合评价流程。将几何准则和水力准则联合评价间断级配土的稳定性，几何准则对土体进行稳定和不稳定的初步划分。然后，基于水力负荷利用耗散能量对间断级配土的侵蚀性进一步细分。根据前人的经验总结和本书作者的研究成果，提出一种判定间断级配土渗透稳定性的系统方法，可分为两个步骤：基于几何条件的敏感性评价和基于水力条件的侵蚀性分类。

首先，用几何准则来评价土体的内部稳定性。如果土体满足稳定条件，则认为可用作工程施工材料。针对间断级配土而言，将 Kezdi 准则、Kenney 和 Lau 准则结合是用来评价间断级配土的更成功的方法。如果不满足稳定性要求，则进行进一步的评价。然后，采用水力准则判据进行进一步的评价。在这种情况下，识别出部分或全部三个水力指标（水力梯度、水力剪应力、渗流速度），利用理论公式计算出相应的临界值。基于临界值判定水力负荷的前提是公式中参数容易获取，一般针对单一的试验条件。针对复杂的工程环境，当渗流方法为垂直方向且垂直有效应力可以准确测量时，可以采用流体力学包络线法来表征稳定性，而另一个更为常用的方法是基于水力耗散能量关系，通过渗透试验计算耗散能量和累积侵蚀干质量。对于塑性土，特别是含有伊利石和蒙脱土的土，应使用现场的水或软化水进行渗透试验。在试验过程中，逐步增大水力梯度，直到渗透系数趋于稳定。试验结束时，当渗透系数不变时，可计算侵蚀过程中造成的颗粒累计干质量损失。

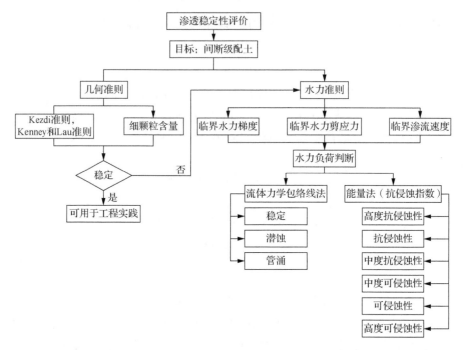

图 2-59　间断级配土的渗透稳定性综合评价流程

通过耗散能量和累计干质量损失的相对位置或者抗侵蚀指数值的大小对土体侵蚀敏感性进行分级。将粒径分布的几何准则与基于耗散能量的水力准则进行比较，可以综合评价土体的内部稳定性。

参 考 文 献

[1] 刘宏泰, 张爱军, 段涛, 等. 干湿循环对重塑黄土强度和渗透性的影响[J]. 水利水运工程学报, 2010(4): 38-42.

[2] 徐文杰, 胡瑞林, 谭儒蛟, 等. 虎跳峡龙蟠右岸土石混合体野外试验研究[J]. 岩石力学与工程学报, 2006, 25(6): 1270-1277.

[3] 孙华飞, 鞠杨, 王晓斐, 等. 土石混合体变形破坏及细观机理研究的进展[J]. 中国科学: 技术科学, 2014, 44(2): 172-181.

[4] 高谦, 刘增辉, 李欣, 等. 露天坑回填土石混合体的渗流特性及颗粒元数值分析[J]. 岩石力学与工程学报, 2009, 28(11): 2342-2348.

[5] XU W J, XU Q, HU R L. Study on the shear strength of soil-rock mixture by large scale direct shear test[J]. International Journal of Rock Mechanics and Mining Sciences, 2011, 48(8): 1235-1247.

[6] 孙华飞, 鞠杨, 行明旭, 等. 基于CT图像的土石混合体破裂-损伤的三维识别与分析[J]. 煤炭学报, 2014, 39(3): 452-459.

[7] 王宇, 李晓. 土石混合体细观分形特征与力学性质研究[J]. 岩石力学与工程学报, 2015, 34(S1): 3397-3407.

[8] 徐文杰, 王永刚. 土石混合体细观结构渗流数值试验研究[J]. 岩土工程学报, 2010, 32(4): 542-550.

[9] 丁秀丽, 李耀旭, 王新. 基于数字图像的土石混合体力学性质的颗粒流模拟[J]. 岩石力学与工程学报, 2010, 29(3): 477-484.

[10] 丁秀丽, 张宏明, 黄书岭, 等. 基于细观数值试验的非饱和土石混合体力学特性研究[J]. 岩石力学与工程学报, 2012, 31(8): 1553-1566.

[11] JU Y, YANG Y, PENG R, et al. Effects of pore structures on static mechanical properties of sandstone[J]. Journal of Geotechnical and Geoenvironmental Engineering, 2013, 139(10): 1745-1755.

[12] 沈辉, 罗先启, 毕金锋. 土石混合体渗透侵蚀特性数值模拟研究[J]. 岩土力学, 2017, 38(5): 1497-1502.

[13] 李杰林, 周科平, 张亚民, 等. 基于核磁共振技术的岩石孔隙结构冻融损伤试验研究[J]. 岩石力学与工程学报, 2012, 31(6): 1208-1214.

[14] 李杰林. 基于核磁共振技术的寒区岩石冻融损伤机理试验研究[D]. 长沙: 中南大学, 2012.

[15] 周科平, 苏淑华, 胡振襄, 等. 不同初始损伤下大理岩卸荷的核磁共振试验研究[J]. 岩土力学, 2015, 36(8): 2144-2150.

[16] 田慧会, 韦昌富, 魏厚振, 等. 压实黏质砂土脱湿过程影响机制的核磁共振分析[J]. 岩土力学, 2014, 35(8): 2129-2136.

[17] 周科平, 李杰林, 许玉娟, 等. 基于核磁共振技术的岩石孔隙结构特征测定[J]. 中南大学学报(自然科学版), 2012, 43(12): 4796-4800.

[18] 刘卫, 邢立. 核磁共振录井[M]. 北京: 石油工业出版社, 2011.

[19] GAO H, LI H. Determination of movable fluid percentage and movable fluid porosity in ultra-low permeability sandstone using nuclear magnetic resonance (NMR) technique[J]. Journal of Petroleum Science and Engineering, 2015, 133: 258-267.

[20] YAO Y, LIU D, CHE Y, et al. Petrophysical characterization of coals by low-field nuclear magnetic resonance (NMR)[J]. Fuel, 2010, 89(7): 1371-1380.

[21] RIOS E H, DE OLIVEIRA RAMOS P F, DE FRANCA MACHADO V, et al. Modeling rock permeability from NMR relaxation data by PLS regression[J]. Journal of Applied Geophysics, 2011, 75(4): 631-637.

[22] 周红星, 曹洪. 双层堤基渗透破坏机制和数值模拟方法研究[J]. 岩石力学与工程学报, 2011, 30(10): 2128-2136.

[23] 周红星. 双层堤基渗透破坏机理和数值模拟研究[D]. 广州: 华南理工大学, 2011.

[24] 周红星, 曹洪, 林洁梅. 管涌破坏机理模型试验覆盖层模拟方法的影响研究[J]. 广东水利水电, 2005(2): 6-7.

[25] 李振, 李鹏, 任瑞英. 黑河土石坝筑坝材料的渗透稳定性[J]. 防渗技术, 2002(2): 9-12.

[26] 冯上鑫, 柴军瑞, 许增光, 等. 基于核磁共振技术研究渗流作用下土石混体细观结构的变化[J]. 岩土力学, 2018, 39(8): 2886-2894.

[27] 李兴华. 堤基渗透破坏过程及管涌通道冲刷扩展的试验研究[D]. 广州: 华南理工大学, 2011.

[28] 刘金泉, 陈卫忠, 郑希华, 等. 考虑质量迁移的全风化花岗岩隧道突水突泥试验[J]. 中国公路学报, 2018, 31(10): 190-196.

[29] 陈家瑞, 浦海, 肖成, 等. 变形历程对破碎岩体水沙渗流特性影响试验研究[J]. 采矿与安全工程学报, 2016, 33(2): 329-335.

[30] MA D, DUAN H, LI X, et al. Effects of seepage-induced erosion on nonlinear hydraulic properties of broken red sandstones[J]. Tunnelling and Underground Space Technology incorporating Trenchless Technology Research, 2019, 91: 102993.

[31] WANG L, KONG H, QIU C, et al. Time-varying characteristics on migration and loss of fine particles in fractured mudstone under water flow scour[J]. Arabian Journal of Geosciences, 2019, 12(5): 1-12.

[32] WU J, HAN G, FENG M, et al. Mass-loss effects on the flow behavior in broken argillaceous red sandstone with different particle-size distributions[J]. Comptes Rendus Mécanique, 2019, 347(6): 504-523.

[33] ISTOMINA V S. Filtration Stability of Soils[M]. Moscow: Gostroizdat, 1957.

[34] KEZDI A. Soil Physics : Selected Topics[M]. Amsterdam: Elsevier, 1979.

[35] SHERARD J L. Sinkholes in dams of coarse, broadly graded soils[C]. Transactions of 13th International Congress on Large Dams, New Delhi, India, 1979, 2: 25-35.

[36] KENNEY T C, LAU D. Internal stability of granular filters: Reply[J]. Canadian Geotechnical Journal, 1986, 22(3): 420-423.

[37] CHAPUIS, ROBERT P. Similarity of internal stability criteria for granular soils[J]. Canadian Geotechnical Journal, 1992, 29(4): 711-713.

[38] BURENKOVA V V. Assessment of suffusion in non-cohesive and graded soils[C]. Proceedings of the 1st International Conference "Geo-Filters", Karlsruhe, Germany 1993.

[39] CHI F W, FELL R. Assessing the potential of internal instability and suffusion in Embankment Dams and their foundations[J]. Journal of Geotechnical and Geoenvironmental Engineering, 2008, 134(3): 401-407.

[40] LI M, FANNIN R J. Comparison of two criteria for internal stability of granular soil[J]. Canadian Geotechnical Journal, 2008, 45(9): 1303-1309.

[41] LI M. Seepage induced instability in widely graded soils[D]. Vancouver: University of British Columbia, 2008.

[42] INDRARATNA B, ISRAR J, RUJIKIATKAMJORN C. Geometrical method for evaluating the internal instability of granular filters based on constriction size distribution[J]. Journal of Geotechnical and Geoenvironmental Engineering, 2015, 141(10): 4015045.

[43] SHEN H, LUO X Q, BI J F. An alternative method for internal stability prediction of gravelly soil[J]. Ksce Journal of Civil Engineering, 2018, 22(4): 1141-1149.

[44] ZHANG F, ZHANG L, LI Y. Investigation of gap-graded soils' seepage internal stability with the concept of void filling ratio[J]. PLOS ONE, 2020, 15(2): e0229559.

[45] 毛昶熙. 管涌与滤层的研究: 管涌部分[J]. 岩土力学, 2005, 26(2): 209-215.

[46] 刘杰. 土石坝渗流控制理论基础及工程经验教训[M]. 北京: 中国水利水电出版社, 2006.

[47] 段祥宝, 刘运化, 杨超, 等. 土体渗透变形及渗透破坏过程中分形特征初探[J]. 水电能源科学, 2013, 31(7): 100-103.

[48] LOCKE M, INDRARATNA B, ADIKARI G. Time-Dependent particle transport through granular filters[J]. Journal of Geotechnical and Geoenvironmental Engineering, 2001, 127(6): 521-529.

[49] INDRARATNA B, RAUT A K, KHABBAZ H. Constriction-based retention criterion for granular filter design[J]. Journal of Geotechnical and Geoenvironmental Engineering, 2007, 133(3): 266-276.

[50] XU Z, YE Y. On the evaluation of internal stability of gap-graded soil: A status quo review[J]. Natural Hazards, 2022, 113: 63-102.

[51] CHANG D S, ZHANG L M. Extended internal stability criteria for soils under seepage[J]. Soils and Foundations, 2013, 53(4): 569-583.

[52] MAROT D, ROCHIM A, NGUYEN H H, et al. Assessing the susceptibility of gap-graded soils to internal erosion: Proposition of a new experimental methodology[J]. Natural Hazards, 2016, 83(1): 365-388.

[53] 刘杰, 谢定松. 砾石土渗透稳定特性试验研究[J]. 岩土力学, 2012, 33(9): 2632-2638.

[54] SKEMPTON A W, BROGAN J M. Experiments on piping in sandy gravels[J]. Geotechnique, 1994, 44(3): 449-460.

[55] 水利水电科学研究院. 科学研究论文集 第 8 集[M]. 北京: 水利出版社, 1982.

[56] 田大浪, 谢强, 宁越, 等. 间断级配砂砾石土的渗透变形试验研究[J]. 岩土力学, 2020, 41(11): 3663-3670.

[57] YANG J, WEI L M, DAI B. State variables for silty sands: Global void ratio or skeleton void ratio?[J]. Soils and Foundations, 2015, 55(1): 99-111.

[58] YANG K H, WANG J Y. Experiment and statistical assessment on piping failures in soils with different gradations[J]. Marine Geotechnology, 2017, 35(4): 512-527.

[59] MITCHELL J K, SOGA K. Fundamentals of Soil Behavior[M]. New York: Wiley, 1976.

[60] MEHDIZADEH A, EVANS R, ARULRAJAH A, et al. Progressive internal erosion in a gap-graded internally unstable soil: Mechanical and geometrical effects[J]. International Journal of Geomechanics, 2017, 18(3): 4017160-4017161.

[61] SHAHRI A A, MOUD F M. Liquefaction potential analysis using hybrid multi-objective intelligence model[J]. Environmental Earth Sciences, 2020, 79(19): 1-17.

[62] KRAMER S. Geotechnical Earthquake Engineering[M]. Upper Saddle Rive: Prentice Hall, 1996.

[63] KOVACS G. Seepage Hydraulic[M]. Amsterdam: Elsevier Science, 1981.

[64] SHAHRI A A, SHAN C, ZLL E, et al. Spatial distribution modeling of subsurface bedrock using a developed automated intelligence deep learning procedure: A case study in Sweden[J]. Journal of Rock Mechanics and Geotechnical Engineering, 2021, 13(6): 11.

[65] KIM H S, CHUNG C K, KIM H K. Geo-spatial data integration for subsurface stratification of dam site with outlier analyses[J]. Environmental Earth Sciences, 2016, 75(2): 168.

[66] RICHARDS K S, REDDY K R. True triaxial piping test apparatus for evaluation of piping potential in earth structures[J]. Geotechnical Testing Journal, 2009, 33(1): 83-95.

[67] LAFLEUR J. Filter testing of broadly graded cohesionless tills[J]. Canadian Geotechnical Journal, 1984, 21(4): 634-643.

[68] TERZAGHI K. Soil mechanics: A new chapter in engineering science[J]. Journal of the Institution of Civil Engineers, 1939, 12(7): 106-141.

[69] 吴良骥. 无粘性土管涌临界坡降的计算[J]. 水利水运科学研究, 1980(4): 90-95.

[70] 刘杰. 土的渗透稳定与渗流控制[M]. 北京: 水利电力出版社, 1992.

[71] MONNET A. Boulance, érosion interne, renard. Les instabilités sous écoulement[J]. Revue Française de Géotechnique, 1998(82): 3-10.

[72] ZHOU J, BAI Y F, YAO Z X. A Mathematical model for determination of the critical hydraulic gradient in soil piping[C]. GeoShanghai International Conference, Shanghai, China, 2010: 239-244.

[73] ISRAR J, INDRARATNA B. Study of critical hydraulic gradients for seepage-induced failures in granular soils[J]. Journal of Geotechnical and Geoenvironmental Engineering, 2019, 145(7): 4019021-4019025.

[74] 吴梦喜, 高桂云, 杨家修, 等. 砂砾石土的管涌临界渗透坡降预测方法[J]. 岩土力学, 2019, 40(3): 861-870.

[75] HUANG Z, BAI Y, XU H, et al. A theoretical model to predict suffusion-induced particle movement in cohesionless soil under seepage flow[J]. European Journal of Soil Science, 2021, 72(3): 1395-1409.

[76] DENADEL H, BAKKER K J. The analysis of relaxed criteria for erosion-control filters[J]. Canadian Geotechnical Journal, 1994, 31(6): 829-840.

[77] SIBILLE L, MAROT D, SAIL Y. A description of internal erosion by suffusion and induced settlements on cohesionless granular matter[J]. Acta Geotechnica, 2015, 10(6): 735-748.

[78] LUO Y L, LUO B, XIAO M. Effect of deviator stress on the initiation of suffusion[J]. Acta Geotechnica, 2020, 15(6): 1607-1617.

[79] REDDI L N, LEE I M, BONALA M V S. Comparison of internal and surface erosion using flow pump tests on a sand-kaolinite mixture[J]. Geotechnical Testing Journal, 2000, 23(1): 116-122.

[80] KHILAR K C, FOGLER H S, GRAY D H. Model for piping-plugging in earthen structures[J]. Journal of Geotechnical Engineering, 1985, 111(7): 833-846.

[81] TIAN D, XIE Q, FU X, et al. Experimental study on the effect of fine contents on internal erosion in natural soil deposits[J]. Bulletin of Engineering Geology and the Environment, 2020, 79(8): 4135-4150.

[82] MOFFAT R A, FANNIN R J. A large permeameter for study of internal stability in cohesionless soils[J]. Geotechnical Testing Journal, 2006, 29(4): 273-279.

[83] 罗玉龙, 速宝玉, 盛金昌, 等. 对管涌机理的新认识[J]. 岩土工程学报, 2011, 33(12): 1895-1902.

[84] 蒋中明, 王为, 冯树荣, 等. 砂砾石土渗透变形特性的应力状态相关性试验研究[J]. 水利学报, 2013, 44(12): 1498-1505.

[85] LIN K, TAKAHASHI A. Experimental investigations on suffusion characteristics and its mechanical consequences on saturated cohesionless soil[J]. Soils & Foundations, 2014, 54(4): 713-730.

[86] PERZLMAIER P. Hydraulic Criteria for Internal Erosion in Cohesionless Soil[M]. Boca Raton: CRC Press, 2007.

[87] 张鹏远, 白冰, 蒋思晨. 孔隙结构和水动力对饱和多孔介质中颗粒迁移和沉积特性的耦合影响[J]. 岩土力学, 2016, 37(5): 1307-1316.

[88] JIANG F. Discussion of the pipe flow model to analyze the critical parameter of seepage erosion forming sinkholes in Liuzhou, China[J]. Bulletin of Engineering Geology and the Environment, 2018, 78(3): 1417-1425.

[89] LI M. Seepage induced failure of widely graded cohesion-less soils[D]. Vancouver: University of British Columbia, 2008.

[90] AHLINHAN M F, KOUBE M B, ADJOVI C E. Assessment of the internal instability for granular soils subjected to seepage[J]. Journal of Geoscience and Environment Protection, 2016, 4(6): 46-55.

第3章　岩体非达西渗流机理及特性

3.1　岩体单裂隙非达西渗流模型

3.1.1　天然裂隙几何形貌特性

天然岩体由完整岩石和裂隙组成，岩石自身强度高且渗透性极低，裂隙往往是岩体发生渗流、变形和破坏的主要场所。水流在裂隙中的流动过程属于计算流体力学的研究范畴，可通过 N-S 方程描述其运动过程。然而 N-S 方程是非线性方程，在大规模天然裂隙中的求解过程极为复杂。随后，学者们在 N-S 方程的基础上提出了简化渗流方程，如斯托克斯方程、雷诺方程和著名的立方定律。立方定律认为，通过裂隙的渗流量与裂隙隙宽的立方成正比，但前提假设包括裂隙面光滑平行、水流为不可压缩等温层流、渗流速度较低等。立方定律本质为达西定律，可快速评估裂隙过流能力和分析裂隙渗流特性。然而，天然裂隙面与立方定律假设偏差较大，水流流态偏离达西渗流，将立方定律直接应用至天然裂隙面时计算误差较大，并且高估裂隙的过流能力。

1. 裂隙面形貌特性

如图 3-1 所示，分析天然裂隙面几何形貌时可从以下几个方面入手。

（1）裂隙面各向异性：裂隙面各向异性取决于凸起结构的高度、形状、倾斜角、大小、排列形式、密度和总体起伏度[1,2]。由于凸起结构的分布具有随机性和离散性，如图 3-1（b）所示，裂隙面不同剖面的轮廓形态差异较大，说明天然裂隙面具有显著的各向异性，这种各向异性将直接影响岩体裂隙渗流及力学特性。

（2）裂隙面粗糙度：针对裂隙面粗糙度的描述，国际岩石力学学会（International Society for Rock Mechanics，ISRM）提出了小尺度（厘米级）和中尺度（米级）裂隙面粗糙度的描述方法[3]，小尺度裂隙面可分为粗糙裂隙面、平滑裂隙面和光滑裂隙面，中尺度裂隙面分为阶梯状裂隙面、波动状裂隙面和平面状裂隙面，如图 3-1（c）所示。试验研究时常基于 ISRM 提出的大尺度裂隙波纹度和小尺度裂隙不均匀性表征裂隙面主要或次要凸起结构，如图 3-1（d）所示，主要凸起结构（即一阶粗糙度）忽略了裂隙面细节，体现了裂隙面轮廓线小倾斜角和高振幅，次要凸起结构（即二阶粗糙度）通过叠加主要凸起结构，体现了裂隙面轮廓线大倾斜角和低振幅[4,5]。

（3）裂隙面分形特性：以 Mandelbrot[6]提出的分形理论为基础，可以发现天然裂隙面具有自相似性和自相仿性。为了使裂隙统计轮廓接近本节研究内容，如图 3-1（e）所示，自相似轮廓可被各向同性地放大[7,8]，同时也有学者认为天然裂隙面的分形特性更加倾向于其自相仿性[5,9,10]。

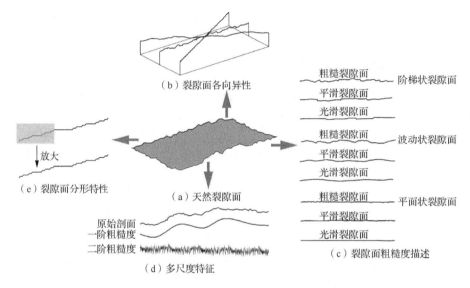

图 3-1　天然裂隙面几何形貌

2. 裂隙内部结构特性

天然裂隙面形貌具有随机性，因此裂隙内部结构特性极为复杂。如图 3-2 所示，与光滑平行裂隙相比，影响天然裂隙面内部结构特性的因素包括接触面积、不均匀隙宽、裂隙面吻合度、空间相关度、充填物、隔离几何空间、粗糙度和曲折度等[11-13]。对于两个非连通且空隙率接近的裂隙，其裂隙宽度和尺寸分布较窄，并且水流对裂隙刚度的敏感性较低，当裂隙承受的法向应力增大时，裂隙隙宽及渗流通道的变化较小[14]。当上下裂隙面大规模相关联时，可认为裂隙吻合度高；当上下裂隙面无论在大尺度还是小尺度均不存在关联性时，可认为裂隙吻合度低[15]。对于高度吻合裂隙，由于裂隙面凸起结构之间的相互补充，裂隙内部存在接触面积和蜿蜒曲折的渗流路径，对于完全吻合且闭合的裂隙，其隙宽值接近 0[16,17]。此外，由于裂隙面相对移动、凸起结构破坏、接触面积和充填物的影响，裂隙内部空间结构分布不均匀，因此天然裂隙往往在长波上吻合度高、短波上吻合度低[18]。接触面积尺度、形状和分布形式严重影响裂隙内部的空间结构，如堵塞连通性空隙、降低有效水力隙宽、增大渗流阻力、导致渗流路径蜿蜒曲折等。

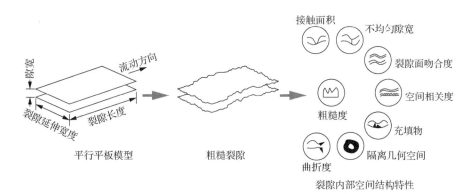

图 3-2 天然裂隙面内部结构特性

3.1.2 裂隙面粗糙度表征及立方定律修正方法统计

裂隙面粗糙度的表征和测量对岩体渗流分析极为重要。粗糙度测量方法一般分为接触式和非接触式。接触式测量仪,如探针仪、滚轴仪、阴影轮廓仪、圆盘倾斜仪等,使用便捷但精度较低,并且会破坏裂隙面;非接触式测量仪,如激光扫描仪、激光轮廓仪、结构光投影技术和测量仪等设备则克服了接触式测量仪的缺点[7,19]。

对于裂隙面粗糙度的定量表征,Barton 等[20]提出了裂隙面粗糙度系数(joint roughness coefficient,JRC)及对应的 10 条对比轮廓线,并且 JRC 值可以很好地应用到裂隙渗流及应力分析中。Barton 等提出的方法为经验法[20,21],除此之外还包括统计法[4,22,23]和分形方法[7,24],各类方法的主要参数综述如表 3-1 所示。大多数粗糙度描述方法以二维轮廓线为基准或获取裂隙面简单参数,不量化粗糙裂隙面的各向异性,并且对采样间隔敏感性较高[25-27]。

表 3-1 裂隙面粗糙度量化的主要参数综述

参数	表达式	描述	参考文献
Z	$Z = z_{max} - z_{min}$	Z 表示峰值粗糙度高度,为最大和最小粗糙度高度之间的差值	[28]
R_a	$R_a = \dfrac{1}{L}\int_0^1 \lvert z_i - z_j \rvert \, dx$	R_a 为采样长度上的平均粗糙度高度	[29]
RMS	$\mathrm{RMS} = \sqrt{\dfrac{1}{n}\int_0^n (z_i - z_j)^2 \, dx}$	RMS 为轮廓的均方根值	[23]
S_{sk}	$S_{sk} = \dfrac{1}{\mathrm{RMS}^3}\int_{-\infty}^{+\infty} z^3 p(z)\,dz$	S_{sk} 表示描述轮廓的谷值和峰值的轮廓的偏度,为轮廓振幅概率密度函数的第三中心矩	[29]
R_{ku}	$R_{ku} = \dfrac{1}{\mathrm{RMS}^4}\int_{-\infty}^{+\infty} z^4 p(z)\,dz$	R_{ku} 表示描述轮廓锐值的峰度系数,为第四个中心矩轮廓振幅概率密度函数	[29]
Z_2	$Z_2 = \sqrt{\dfrac{1}{L}\int_0^L \left(\dfrac{dx}{dz}\right)^2 dx}$	Z_2 为轮廓一阶导数的均方根,其值越大表示断裂面越粗糙	[3]

参数	表达式	描述	参考文献
Z_{2s}	$Z_{2s} = \left\{ \dfrac{1}{L_x L_y} \int_0^{L_x} \int_0^{L_y} \left[\left(\dfrac{\partial z}{\partial x} \right)^2 + \left(\dfrac{\partial z}{\partial y} \right)^2 \right] \mathrm{d}x\mathrm{d}y \right\}^{\frac{1}{2}}$	Z_{2s} 表示 Z_2 的三维等效性，为表面梯度的均方根	[3]
Z_3	$Z_3 = \sqrt{ \dfrac{1}{L} \int_0^L \left(\dfrac{\mathrm{d}^2 z}{\mathrm{d}x^2} \right)^2 \mathrm{d}x }$	Z_3 为轮廓二阶导数的均方根	[23]
θ_p	$\theta_p = \tan^{-1} \left(\dfrac{1}{L} \int_0^L \left\| \dfrac{\mathrm{d}z}{\mathrm{d}x} \right\| \mathrm{d}x \right)$	θ_p 为剖面的平均倾角	[3]
θ_s	$\theta_s = \dfrac{1}{n} \sum_1^n (a_k)_i$	θ_s 为整个曲面的平均三维角度	[3]
R_L	$R_L = \dfrac{1}{L} \int_0^L \sqrt{ 1 + \left(\dfrac{\mathrm{d}z}{\mathrm{d}x} \right)^2 }$	R_L 表示线性粗糙度系数，为实际二维轮廓长度与标称外形长度的比率	[3]
R_S	$R_S = \dfrac{A_t}{A_n}$	R_S 表示表面粗糙度系数和 R_L 的三维等效性，为实际断裂面面积与标称面积之比	[3]
T_s	$T_s = R_s \cos \varphi$	T_s 表示曲面弯曲系数，为实际断裂比率面积到四个极值点形成的表面积	[3]
BAP	$\mathrm{BAP} = \dfrac{S_b}{S_t}$	BAP 表示亮度区域占比，为亮度区面积与总面积的比值，其值越大断裂面越粗糙	[7]
ACF	$\mathrm{ACF} = \dfrac{1}{L} \int_0^1 z_x z_{x+\mathrm{d}x} \mathrm{d}x$	ACF 表示描述粗糙度高度分布的自相关函数	[23]
SF	$\mathrm{SF} = \int_0^L (z_x - z_{x+\mathrm{d}x})^2 \mathrm{d}x$	SF 表示描述断裂面变化的结构函数	[7]
PSD	$\mathrm{PSD} = \dfrac{1}{L} \left\| \int_0^L z(x) \exp(-i2\pi fx) \mathrm{d}x \right\|^2$	PSD 表示功率谱密度函数，用于描述信号的振幅和间距粗糙度	[30]
PZ	$\mathrm{PZ} = Z_2^* \sqrt{P_f / L_p}$	PZ 是考虑剪切方向、倾角和振幅的统计参数剖面高度	[4]
D_{R1}	$D_{R1} = \sqrt{ \dfrac{1}{n-1} \sum_{i=1}^n (\theta_i - \overline{\theta})^2 }$	D_{R1} 是一个可以表征尺度效应的一维黎曼色散参数，D_{R1} 值较大表示断裂面越粗糙	[31]
JRC	—	JRC 表示接缝粗糙度系数，范围为 $0 \sim 20$，JRC 值较大表示断裂面越粗糙	[21]
H	—	H 表示从 0 到 1 的赫斯特指数，H 值越大表示断裂越平滑表面	[8]
D	$D = E - H$	D 表示欧几里得维数 E（轮廓 $E=2$，曲面 $E=3$）和赫斯特指数 H 之差的分形维数	[8]
$\dfrac{\theta_{max}^*}{C+1}$	—	该参数为特定方向上的最大视倾角与表示为 $C+1$ 的拟合参数之比，能评估三维粗糙度和断裂面各向异性	[25]

　　虽然由于天然裂隙面形貌和裂隙内部结构特性的影响，将立方定律应用至天然裂隙时计算误差较大，但是立方定律形式简单，便于在大规模天然裂隙面中应用。因此，诸多学者致力于维持立方定律的原有函数形式，并进行修正。修正方

法主要用于建立机械隙宽（裂隙实际平均隙宽，e_m）和水力隙宽（立方定律反算的等效隙宽，e_h）之间的经验表达式，如表 3-2 所示。

表 3-2　基于几何修正的机械隙宽和水力隙宽之间的经验表达式

参考文献	表达式	修正	描述
[32]	$e_h^2 = \dfrac{e_m^2}{m_1}, m_1 = 1 + 17\left(\dfrac{y}{2e_m}\right)^{1.5}$	m_1	m_1 表示与粗糙度 y 向的大小相关的系数
[33]	$e_h^2 = \dfrac{e_m^2}{m_2}, m_2 = 1 + 8.8\left(\dfrac{y}{2e_m}\right)^{1.5}$	m_2	m_2 表示与粗糙度 y 向的大小相关的系数
[34]	$e_h = e_m\left[1 - 0.9\exp\left(-0.56\dfrac{e_m}{\sigma_E}\right)\right]^{1/3}$	σ_E	σ_E 表示可变孔径在机械上的标准偏差孔径
[35]	$e_h^3 = e_m^3\dfrac{1-C}{1+C}$	C	C 表示分数接触比
[36]	$e_h^2 = \dfrac{e_m^2}{m_3}, m_3 = 1 + 20.5\left(\dfrac{y}{2e_m}\right)^{1.5}$	m_3	m_3 表示与粗糙度 y 向的大小相关的系数
[37]	$e_h = \dfrac{e_m^2}{JRC^{2.5}}$	JRC	JRC 表示接缝粗糙度系数
[38]	$e_h = e_m\left(1 + \dfrac{\sigma_E}{e_m^2}\right)^{-1/2}$	σ_E	—
[39]	$e_h^3 \approx e_m^3\left(1 - 1.5\dfrac{\sigma_{apert}^2}{e_m^2} + \cdots\right)(1 - 2C)$	σ_{apert} 和 C	σ_{apert} 表示平均机械孔径的标准偏差
[40]	$e_h = \dfrac{e_m\langle e_m\rangle}{\tau^{1/3}}$	$\langle e_m\rangle$ 和 τ	$\langle e_m\rangle$ 表示真实孔径调和平均值，τ 表示曲折性
[41]	$e_h^3 = e_m^3\left[1 - \dfrac{1.13}{1 + 0.191(2e_m/\sigma_{apert})^{1.93}}\right]$	σ_{apert}	—
[42]	$e_h = e_m\left(1 - 1.5\dfrac{\sigma_{apert}}{e_m}\right)^{1/3}(1 - 2.4C)^{1/3}$	σ_{apert} 和 C	—
[12]	$e_h = \dfrac{e_m^2}{JRC^{2.5}}\left(u_s \leqslant 0.75u_{sp}\right)$ $e_h = e_m^{1/2}JRC_{mob}\left(u_s \leqslant 0.75u_{sp}\right)$	JRC 和 JRC_{mob}	u 表示剪切位移，u_{sp} 表示峰值剪切位移，JRC_{mob} 表示 JRC 调动值
[43]	$e_h = e_m\dfrac{B + 1 - B\cos\left(2\theta_q\right)}{1 + b\left(e_m/S_0\right)^{-1.5}}$	B 和 b	B 和 b 表示取决于几何特性的断裂系数；θ_q 表示剪切方向和流动之间的角度方向；S_0 表示初始断裂的标准偏差
[44]	$e_h^3 = e_m^3\left(1 - 1.0\dfrac{\sigma_{apert}}{e_m}\right)\left(1 - \dfrac{\sigma_{apert}}{e_m}\dfrac{\sqrt{\sigma_{slope}}}{10}\sqrt{Re}\right)$	σ_{apert} 和 σ_{slope}	σ_{slope} 表示断裂面局部坡度的标准偏差
[45]	$e_h = e_m\left[\left(1 - 0.03d_{mc}^{-0.565}\right)^{JRC_a}\right]^{1/3}$	d_{mc}、JRC_a	d_{mc} 表示最小闭合距离；JRC_a 表示平均值上部和下部岩石断裂剖面的 JRC 值

续表

参考文献	表达式	修改	描述
[46]	$e_{\mathrm{h}}=e_{\mathrm{m}}\left(1-2.25\dfrac{\sigma_{\mathrm{E}}}{e_{\mathrm{m}}}\right)^{1/3}$ $e_{\mathrm{h}}=\dfrac{e_{\mathrm{m}}}{1+Z_{2}^{2.25}}\ (Re<1)$	Z_2	Z_2 定义为轮廓一阶导数的均方根
[11]	$e_{\mathrm{h}}=e_{\mathrm{m}}\left(1-1.1C\right)^{4}\left(1+\dfrac{2}{D_{\Delta}^{*}}\right)^{3/5}$	D_{Δ}^{*} 和 C	D_{Δ}^{*} 表示断裂模型的相对分维
[47]	$e_{\mathrm{h}}=\dfrac{e_{\mathrm{m}}}{1+Z_{2}^{2.5}+\left(0.00006+0.004Z_{2}^{2.5}\right)\left(Re-1\right)}\ (Re\geq1)$ $e_{\mathrm{h}}^{3}=e_{\mathrm{m}}^{3}\left(0.94-5.0\dfrac{\sigma_{\mathrm{s}}^{2}}{e_{\mathrm{m}}^{2}}\right)$	σ_{s}	σ_{s} 表示不同机械孔径的标准偏差
[48]	$e_{\mathrm{h}}=\alpha+\beta e_{\mathrm{m}}\left(u_{\mathrm{s}}<u_{\mathrm{sp}}\right)$ $e_{\mathrm{h}}=\alpha\exp\left(\beta e_{\mathrm{m}}\right)\left(u_{\mathrm{s}}>u_{\mathrm{sp}}\right)$	α 和 β	α 和 β 表示表面与损伤相关的拟合系数和形成沟槽材料

3.1.3　二维天然裂隙流态模拟及分析

1. 建模过程

采用流体力学计算方法求解 N-S 方程，获得裂隙内部的渗流场分布是目前模拟裂隙流态的常用手段。由于天然裂隙面具有自相仿性，因此可通过 W-M（Weierstrass-Mandelbrot）函数生成随机二维裂隙。W-M 函数不引入随机变量，保证了裂隙的可重复性，其表达形式为[49]

$$Z(x)=G^{(D-1)}\sum_{n=n_{\min}}^{\infty}\frac{\cos(2\pi\gamma^{n}x)}{\gamma^{(2-D)n}} \tag{3-1}$$

式中，$Z(x)$ 为剖面高度，x 为剖面位移坐标；G 为尺度常数；D 为分形维数；γ 为决定剖面频率密度（即凹凸体）的参数，一般设置为 1.5，以保证随机性；$n_{\min}$ 为最低截止频率，由样本长度（L_{s}）决定，$\gamma^{n_{\min}}=1/L_{\mathrm{s}}$。$G$ 和 D 可通过式（3-2）获得[50]：

$$\sigma=\left[\frac{G^{2(D-1)}}{2\ln\gamma}\frac{1}{4-2D}\left(\frac{1}{\omega_{\mathrm{l}}^{4-2D}}-\frac{1}{\omega_{\mathrm{h}}^{4-2D}}\right)\right]^{0.5} \tag{3-2}$$

式中，ω_{l} 和 ω_{h} 分别为低截止频率和高截止频率，分别设为 5 和 10。ω_{l} 与样品长度有关，ω_{h} 与测量仪器的分辨率有关。

针对二维天然裂隙，D 取值范围一般为 1～1.5[51]，将 D 分别设为 1.1、1.2、1.3、1.4 和 1.5，利用 W-M 函数生成的裂隙剖面如图 3-3 所示。从图 3-3 中可以看出，不同分形维数的裂隙轮廓线具有相似的波动幅度，该波动幅度即为裂隙的主要粗糙度。裂隙粗糙度越大，其次要粗糙度占比越明显，曲线波动频率越高。裂隙次要粗糙度也是造成非线性渗流的主要因素[52]，这是本小节介绍的重点。

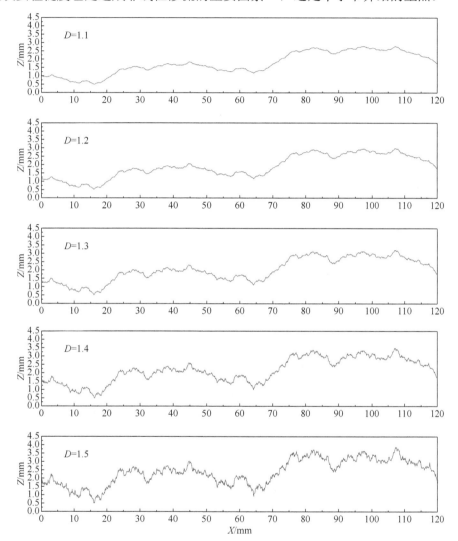

图 3-3　利用 W-M 函数生成分形维数 D 为 1.1～1.5 的裂隙剖面

随着分形维数的增加，高频反射的二次粗糙度细节增加，
并增加了沿高度位置（Z）和长度方向（X）的几何复杂度

2. 裂隙隙宽分布规律

断裂模型的边界条件如图 3-4（a）所示。假设裂隙初始隙宽（e_0）为 0.1mm，由于剪胀效应的影响，错动布置时隙宽会发生明显变化。如图 3-4（b）所示，设计

剪胀角分别为 30°及 45°，错动位移（d_s）分别为 0.5mm、1.0mm、1.5mm、2.0mm、2.5mm 和 3.0mm。不同位移处机械隙宽计算公式为[53]

$$e_m = e_0 + \Delta b_s + \Delta b_n \qquad (3\text{-}3)$$

式中，e_m 为机械隙宽；e_0 为初始隙宽；Δb_s 为剪切变形导致的隙宽变化；Δb_n 为法向变形造成的隙宽变化。

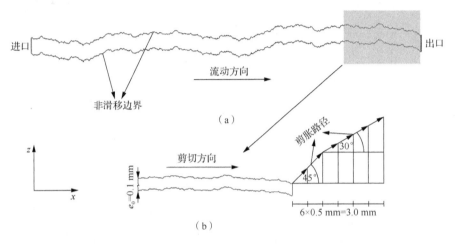

图 3-4　断裂模型的边界条件（a）和考虑剪胀原理二维裂隙图（b）

不同分形维数和错动位移下裂隙隙宽与频率分布关系如图 3-5 所示，图中 E 为模型宽度。以 $D_{1.1\text{-}0.5}$ 为例，1.1 表示裂隙分形维数，0.5 表示错动位移。从图 3-5 中可以看出，裂隙分形维数越大，裂隙越粗糙，错动位移对隙宽分布标准差（σ_s）的影响越大，对隙宽的平均值的影响较小。σ_s 表征隙宽值的分散程度，σ_s 越大表明裂隙几何形状越复杂。

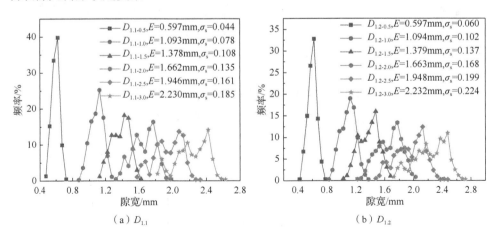

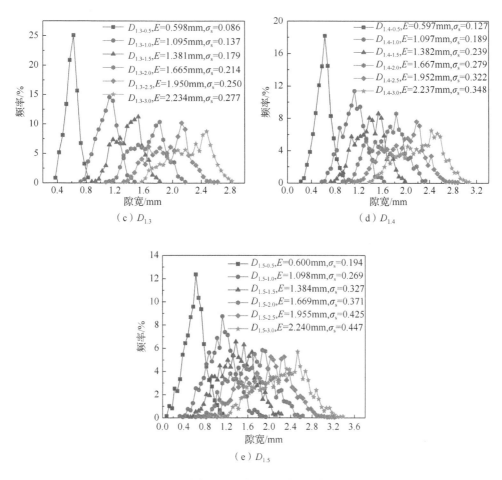

图 3-5　不同分形维数和错动位移下裂隙隙宽与频率分布关系

3．计算结果与分析

以错动位移为 1.0mm、2.0mm 和 3.0mm 为例，图 3-6 给出了不同错动位移和压力梯度下分形维数与流量的关系。计算结果表明，相同条件下，裂隙分形维数越大、裂隙表面越粗糙，渗流量越低，说明裂隙过流能力随其粗糙度的增大而显著降低。此外，渗流量随压力梯度的变化趋势符合达西定律的基本规律，然而渗流量与压力梯度之间呈现明显的非线性变化过程。例如，当压力梯度由 1kPa/m 增大到 50kPa/m 时，渗流量变化远大于当压力梯度由 50kPa/m 增大到 100kPa/m 时的渗流量变化，压力梯度较低时对渗流量的影响最为敏感。

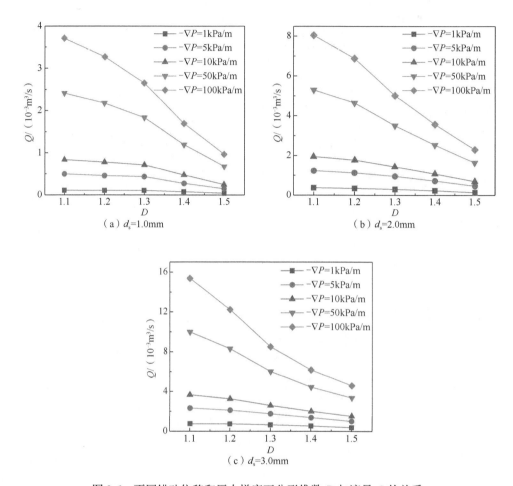

图 3-6　不同错动位移和压力梯度下分形维数 D 与流量 Q 的关系

　　以分形维数为 1.2 和 1.5 为例，错动位移为 1.0mm、2.0mm 和 3.0mm 时，裂隙截面渗流速度 u_x 分布如图 3-7 所示。以 $D_{1.2-1.0}$ 为例，表示裂隙分形维数为 1.2，错动位移为 1.0mm。结果表明，裂隙粗糙度较小时（$D_{1.2}$）裂隙内部渗流速度分布近乎对称，接近平行裂隙模型中的抛物线分布形式。当裂隙粗糙度较大时（$D_{1.5}$），裂隙内部渗流速度分布复杂，压力梯度越大，渗流速度分布越紊乱。在接近裂隙壁面时由于水流漩涡的产生，水流方向发生了变化，渗流速度会出现负值。从图 3-7（d）和（f）中可以看出，随着错动位移的增大，负渗流速度值及位置会发生较大变化。从图 3-8 中可以看出，随着压力梯度的增大，漩涡尺寸不断增大，渗流有效通道逐渐束窄。

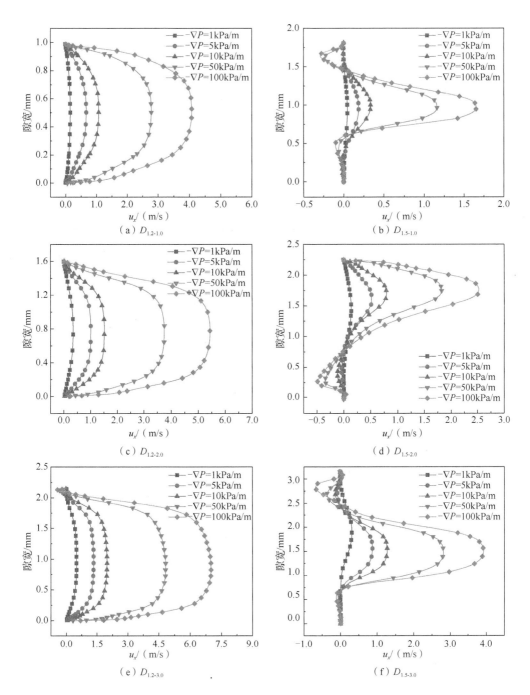

图 3-7　不同压力梯度和错动位移下 $D_{1.2}$ 和 $D_{1.5}$ 裂隙内部渗流速度分布结果

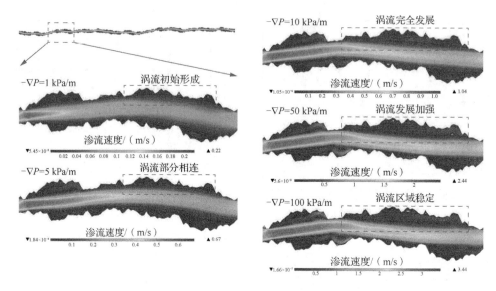

图 3-8　不同压力梯度下微观流动行为的变化（见彩图）

3.2　剪切作用下单裂隙渗流流态

3.2.1　渗流-剪切耦合试验及立方定律修正

1. 试验过程与材料

为了降低成本并且保证试验的可重复性，试样采用 α 型高强度石膏、水、缓凝剂，按质量为 $1 : 0.25 : 0.005$ 的比例配制，试样的物理力学性能见表 3-3。上下部试样示意图如图 3-9 所示[54]，试样直径为 200mm，高度为 75mm。试样表面为沿剪切方向的规则齿状，角度为 $30°$。上下试样中心设有直径为 8mm 的进水口，保证水流以辐射状通过上下部试样之间的裂隙面。

表 3-3　试样的物理力学性能

物理力学性能	单位	数值
密度	g/cm³	2.066
抗压强度	MPa	38.80
弹性模量	GPa	28.70
泊松比	—	0.23
内凝聚力	MPa	5.3
内摩擦角	(°)	60

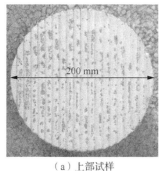
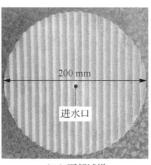

（a）上部试样　　　　　　（b）下部试样　　　（c）上部和下部试样的初始剪切状态

图 3-9　上下部试样示意图

试验仪器采用 TJXW-600 微处理器控制耦合剪切流试验装置，如图 3-10 所示[54]。该装置可通过液压伺服油源提供高达 600kN 的剪切荷载和法向荷载，最大渗流压力可达 3MPa。法向位移和剪切位移通过拉线位移传感器测量，剪切过程中可采集法向位移、剪切位移、剪切应力、渗流量等数据。试验过程中恒定法向应力为 1.91MPa，恒定水压力分别为 0.2MPa、0.4MPa、0.6MPa 和 0.8MPa。试验过程中，首先加载法向应力至稳定值；其次，通水至出水流量恒定；最后，开始剪切，当剪切位移达到 32mm 时试验结束。

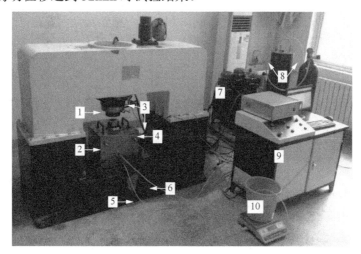

图 3-10　TJXW-600 微处理器控制耦合剪切流试验装置

1-法向加载轴；2-剪切盒；3-位移传感器；4-切向加载轴；
5-进水口；6-出水口；7-伺服油源；8-水压系统；9-控制台；10-电子秤

2. 试验结果与分析

试验过程中，裂隙法向位移（Δu）、实测渗流量（Q_e）、立方定律反算渗流量

（Q_c）与实测渗流量（Q_e）比值变化随剪切位移（δ）变化分别如图 3-11 和图 3-12 所示。图 3-11 和图 3-12（a）结果表明，峰值剪切位移之前法向位移与实测渗流量变化明显，结构面破坏之后二者逐渐趋于稳定。此外，水压力对渗流量结果影响较大，对法向位移影响微弱。剪切过程中裂隙隙宽（即机械隙宽）可通过式（3-3）计算得到[55]。

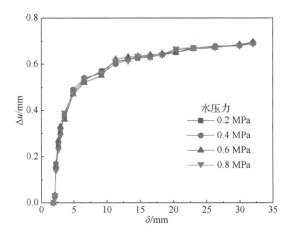

图 3-11　裂隙法向位移 Δu 随剪切位移 δ 变化

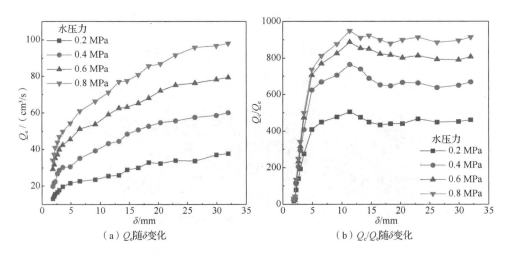

（a）Q_e 随 δ 变化　　　　　　　　（b）Q_c/Q_e 随 δ 变化

图 3-12　Q_e 和 Q_c/Q_e 随剪切位移 δ 变化

剪切发生时法向荷载固定，因此由法向荷载变化引起的裂隙隙宽变化 u_n 可忽略，其值为零[44]。e_0 可通过初始流量与立方定律反算得到，即初始水力隙宽，值为 0.201mm。Δu 为试验过程中测得的法向位移变量。

图 3-12（b）结果表明，Q_c/Q_e 值远大于 1，说明立方定律严重偏离了试验结

果，高估了裂隙的过流能力。同时 Q_c/Q_e 随 δ 的变化趋势说明，结构面破坏时立方定律与试验结果之间的误差不再增大而趋于稳定。结果还表明，水压力越大，Q_c/Q_e 越大，立方定律误差越大，并且当水压力以 0.2MPa 为增幅变化时，立方定律计算精度对低水压力更加敏感。

立方定律为线性方程，忽略了水流的惯性力，在高水压力作用下水流惯性力随渗流速度的增大而作用显著，导致立方定律计算误差不断增大。以 Forchheimer 定律为基础，实测渗流量与压力梯度之间的关系如图 3-13 所示。结果表明，Forchheimer 定律能很好地描述剪切过程中裂隙渗流流态的变化过程，进一步说明高水压力作用下裂隙渗流为明显的非线性流，水流惯性力作用明显。

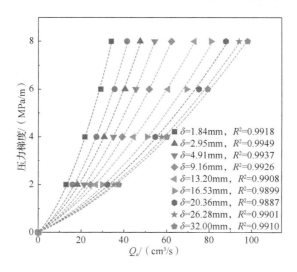

图 3-13 基于 Forchheimer 定律的裂隙实测渗流量与压力梯度关系

上述结果表明，立方定律与试验结果偏差较大，其计算误差受水压力和结构面破坏程度影响显著，基于试验结果，可通过建立机械隙宽（e_m）与水力隙宽（e_h）之间的关系对立方定律进行修正。峰值剪切位移前后 e_m 与 e_h 的关系如图 3-14 所示，其数学关系如下：

$$e_h = \begin{cases} \alpha + \beta e_m, \delta < \delta_p \\ \alpha e^{\beta e_m}, \delta > \delta_p \end{cases} \quad (3-4)$$

式中，α 和 β 为拟合系数；δ 为剪切位移；δ_p 为峰值剪切位移。

图 3-14 结果表明，充填物导致有效渗流通道的减小，e_m 大于 e_h。同时，式（3-4）的数学形式表明，当 e_m 趋于 0 时，$e_h > 0$，说明试验过程中无论机械隙宽多小，裂隙不能完全闭合，水流在细微的连通裂隙中进行渗流。这与 Durham 等[56]的研究

成果规律相同，Durham 等发现即使法向应力达 160MPa，岩体裂隙仍能观察到渗流现象的发生。此外，式（3-5）中拟合系数 α 和 β 随水力梯度的变化规律及拟合关系如图 3-15 所示。

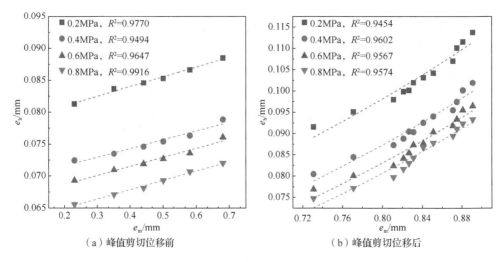

（a）峰值剪切位移前　　　　　　　　（b）峰值剪切位移后

图 3-14　峰值剪切位移前后机械隙宽 e_m 与水力隙宽 e_h 关系

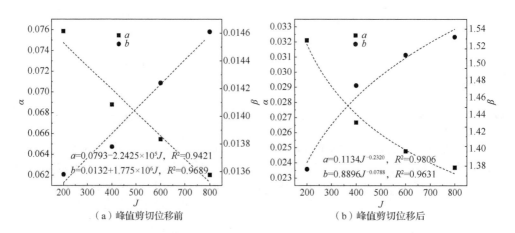

（a）峰值剪切位移前　　　　　　　　（b）峰值剪切位移后

图 3-15　峰值剪切位移前后拟合系数 α 和 β 随水力梯度 J 变化结果图

3.2.2　三维裂隙渗流流态模拟与分析

1. 裂隙结构面破坏之前

为了分析不同剪切状态下裂隙渗流流态，采用 COMSOL Multiphysics 5.2a 软件流体力学模块，构建裂隙初始剪切位置及峰值剪切位置三维计算模型。三维模型包括上下部试件之间的空隙，裂隙隙宽分布示意图如图 3-16 所示。由于试验过程中无法测量裂隙之间的接触面积，因此建模时假设初始隙宽均匀分布，模型隙宽值为裂隙初始水力隙宽。模型进水口为流速边界，渗流速度通过渗流量与过流面积计算得到；模型出水口为压力边界，值为 0。

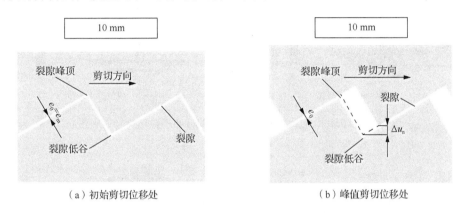

（a）初始剪切位移处　　　　　　　　　（b）峰值剪切位移处

图 3-16　裂隙隙宽分布示意图

渗流量模型计算值与试验实测值对比如图 3-17 所示。结果表明，二者渗流量计算结果接近，说明数值模型计算结果接近试验结果，计算精度较高。

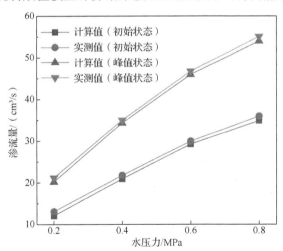

图 3-17　渗流量模型计算值与试验实测值对比

水压力分别为 0.2MPa、0.4MPa、0.6MPa 和 0.8MPa 时，初始剪切条件和峰值剪切条件下模型流线分布模拟结果如图 3-18～图 3-21 所示。结果表明，由于裂隙空间的各向异性，流线以非轴对称形式分布，这与立方定律的假定大相径庭。在峰值剪切位移处裂隙隙宽分布差异增大，导致流线凌乱稀疏。

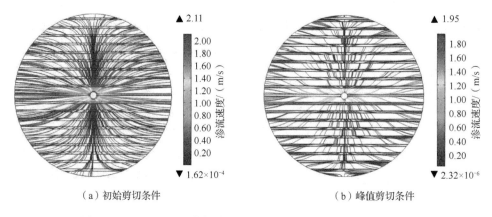

（a）初始剪切条件　　　　　　　　　　　　（b）峰值剪切条件

图 3-18　0.2MPa 水压力条件下模型流线分布模拟结果（见彩图）

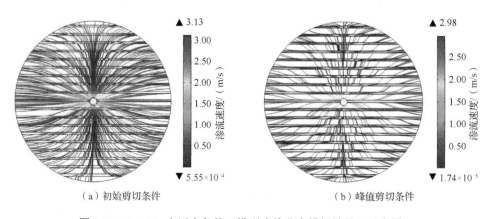

（a）初始剪切条件　　　　　　　　　　　　（b）峰值剪切条件

图 3-19　0.4MPa 水压力条件下模型流线分布模拟结果（见彩图）

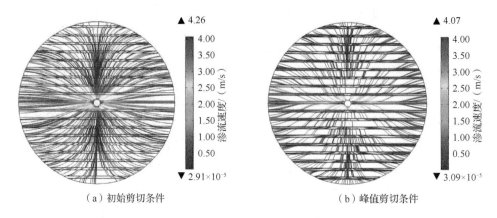

（a）初始剪切条件　　　　　　　　　　　　（b）峰值剪切条件

图 3-20　0.6MPa 水压力条件下模型流线分布模拟结果（见彩图）

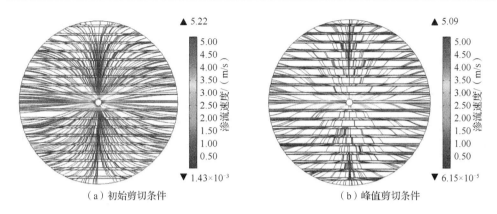

（a）初始剪切条件　　　　　　　　　　　　　　（b）峰值剪切条件

图 3-21　0.8MPa 水压力条件下模型流线分布模拟结果（见彩图）

　　为了进一步分析裂隙渗流速度分布结果，将裂隙面划分为 11 个流动方向，如图 3-22（a）所示。各流动方向曲折率（τ）及裂隙面最大倾角（θ_{max}）变化如图 3-22（b）所示。其中，曲折率指渗流实际路径长度与试件半径的比值[57]。从图 3-22（b）中可以看出，对比试验所选试件，以 90° 流动方向为轴，曲折率对称分布。曲折率相等的流动方向最大倾角各不相同。裂隙面凸起密度和形状对曲折率和最大倾角影响较大。

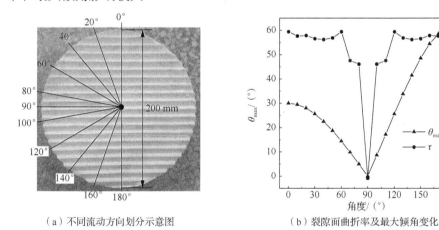

（a）不同流动方向划分示意图　　　　　（b）裂隙面曲折率及最大倾角变化

图 3-22　裂隙面几何特性

　　水压力分别为 0.2MPa、0.4MPa、0.6MPa 和 0.8MPa 时，初始剪切条件和峰值剪切条件下模型各流动方向渗流速度分布如图 3-23～图 3-26 所示。结果表明，不同流动方向渗流速度分布差异较大，说明裂隙渗流存在显著的各向异性。由于能量损失和流体扩散的影响，不同方向渗流速度随径向距离的增大不断降低。此外，渗径及能量损失随曲折率的增大而增大，渗流速度则随之降低。随着裂隙面曲折率的增大，渗流速度演化曲线波动幅度和频率增大。对于曲折率相等的流动方向，裂隙面最大倾角越大，渗流速度曲线相位提前，说明较大的裂隙面起伏度降低了裂隙过流能力和渗流速度，加剧了流体的能量损失。同时，由于隙宽的不均匀分布，峰值剪切条件模型中裂隙内渗流速度绝对值的变化更为剧烈。

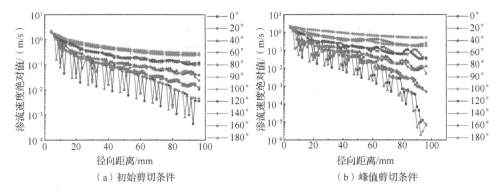

（a）初始剪切条件　　　　（b）峰值剪切条件

图 3-23　0.2MPa 水压力条件下模型各流动方向渗流速度分布

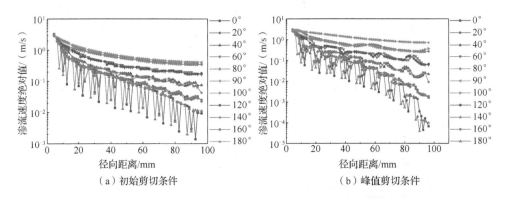

（a）初始剪切条件　　　　（b）峰值剪切条件

图 3-24　0.4MPa 水压力条件下模型各流动方向渗流速度分布

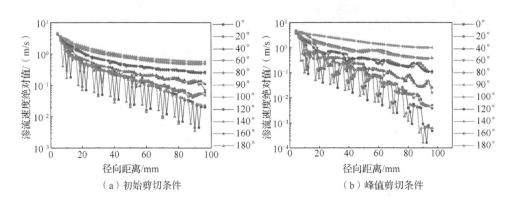

（a）初始剪切条件　　　　（b）峰值剪切条件

图 3-25　0.6MPa 水压力条件下模型各流动方向渗流速度分布

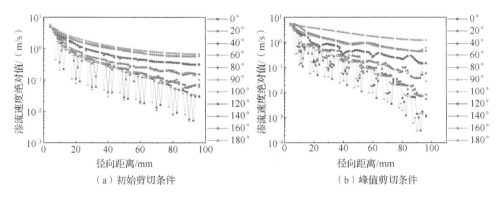

（a）初始剪切条件　　　　　　　　　　　　（b）峰值剪切条件

图 3-26　0.8MPa 水压力条件下模型各流动方向渗流速度分布

高水压力将增大各个流向的渗流速度，而对流线分布影响较小。将单个流向的渗流速度分解为径向渗流速度（radial velocity，RV）及垂直径向渗流速度（vertical radial velocity，VVR）。以水压力为 0.6MPa 为例，0°、90° 和 180° 流向径向渗流速度和垂直径向渗流速度分布结果如图 3-27 所示。结果表明，RV 大于 VVR，在 90° 流动方向上 RV 与 VVR 最为接近，VVR 随裂隙面粗糙度的降低而降低，并且 RV、VVR 受裂隙面曲折率和最大倾角的共同影响。

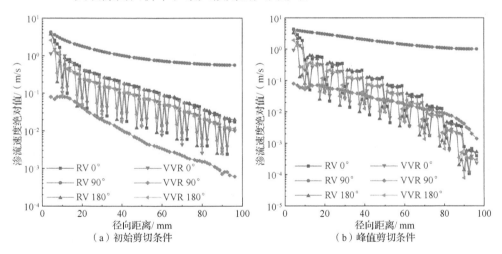

（a）初始剪切条件　　　　　　　　　　　　（b）峰值剪切条件

图 3-27　0°、90°、180° 流向径向渗流速度和垂直径向渗流速度分布结果

2. 裂隙结构面破坏之后

峰值剪切位移处和试验结束时，试样裂隙面及充填物形态如图 3-28 所示。结果表明，峰值剪切位移处裂隙面结构齿被完全破坏，充填物不断被研磨，试验结束时呈粉末状。试验过程中裂隙面粗糙度不断降低，因此图 3-12（b）中 Q_c/Q_e 逐渐趋于稳定，立方定律计算精度不再降低。

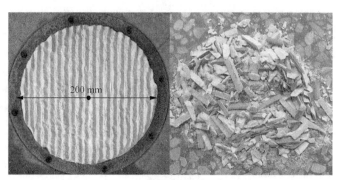

（a）峰值剪切位移处

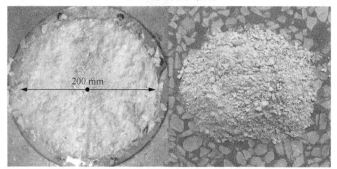

（b）试验结束时

图 3-28　剪切过程试样裂隙面及充填物形态

　　为了分析不同形状及尺寸充填物影响下渗流流态，建立简化二维数值模型。模型长度为 100mm，进水口为渗流速度边界，出水口为 0 渗流压力边界。不同尺寸及形态充填物影响下裂隙内部渗流速度分布结果如图 3-29 所示。流线结果表明，水流在充填物附近形成绕流及漩涡，充填物尺寸越大，绕流现象及漩涡尺寸越大。不同计算剖面流体渗流速度分布结果如图 3-30 所示。结果表明，漩涡内部渗流速度大幅降低并趋于 0，有效渗流通道随之束窄。

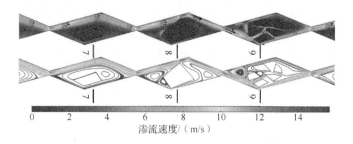

图 3-29　不同尺寸及形态充填物影响下裂隙内部渗流速度分布结果（见彩图）

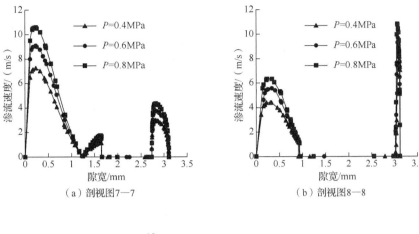

(a) 剖视图7—7　　　　　　　　　(b) 剖视图8—8

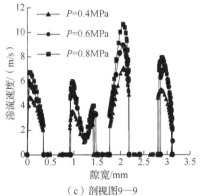

(c) 剖视图9—9

图 3-30　不同计算剖面流体渗流速度分布结果

3.3　破碎岩体渗流特性试验

3.3.1　破碎岩体非达西渗流试验方法及过程

1. 试样制备

本节所用变质砂岩岩样取自引汉济渭三河口工程区断层带，岩样天然密度为 2511kg/m³。将岩样破碎筛分后的破碎岩体粒径范围分为 6 个等级：2.5～5mm，5～8mm，8～10mm，10～12mm，12～15mm，15～20mm。不同粒径范围的破碎岩体试样如图 3-31 所示。

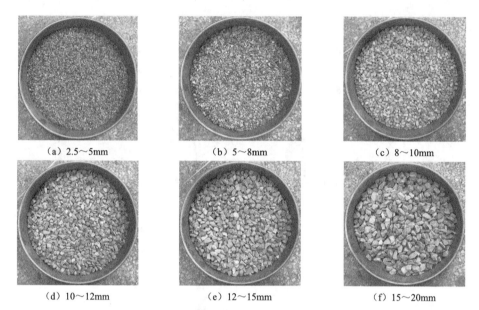

　　　(a) 2.5～5mm　　　　　　　　(b) 5～8mm　　　　　　　　(c) 8～10mm

　　　(d) 10～12mm　　　　　　　　(e) 12～15mm　　　　　　　　(f) 15～20mm

图 3-31　不同粒径范围的破碎岩体试样

图中圆盘直径为 30mm

　　破碎岩体试样采用 Talbot 级配理论进行配比，试样总质量确定时，上述 6 种粒径范围试样质量可通过式（3-5）计算[58,59]：

$$\frac{M}{M_t} = \left(\frac{d}{D}\right)^{\eta} \times 100\% \qquad (3-5)$$

式中，d 为当前所选粒径直径；D 为试样最大粒径直径；M 为直径小于等于 d 的试样质量；M_t 为试样总质量；η 为 Talbot 系数。

　　为了获得较为全面的级配分布结果，本节取 η 值分别为 0.2、0.4、0.6、0.8 和 1。破碎岩体试样总质量为 1200g，根据式（3-5）可得到不同 η 值对应的各级粒径范围破碎岩样质量，如表 3-4 所示。不同 η 值对应的破碎岩体试样如图 3-32 所示。

表 3-4　不同 η 值对应各级粒径范围破碎岩样质量

η值	不同粒径范围破碎岩样质量/g						总质量/g
	2.5～5mm	5～8mm	8～10mm	10～12mm	12～15mm	15～20mm	
0.2	909	90	46	39	49	67	1200
0.4	689	143	78	69	91	130	1200
0.6	522	170	99	92	127	190	1200
0.8	396	181	113	108	156	246	1200
1	300	180	120	120	180	300	1200

（a）η=0.2　　　　（b）η=0.4　　　　（c）η=0.6

（d）η=0.8　　　　（e）η=1

图 3-32　不同 η 值对应的破碎岩体试样

不同 η 值对应破碎岩体试样粒径级配曲线如图 3-33 所示，从图 3-32 中试样和图 3-33 中粒径分布曲线可以看出，η 值越大，试样大颗粒岩体累计占比越大。

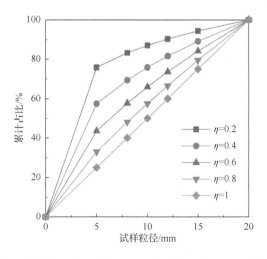

图 3-33　不同 η 值对应破碎岩体试样粒径级配曲线

2. 渗流试验设备

破碎岩体渗流试验设备及主要部件如图 3-34 所示。试验设备包括水压系统、渗流系统、法向加压系统和测量系统。水压系统为试验提供稳定渗流压力，渗流系统用于填充破碎岩体并完成渗流过程，法向加压系统对试样进行侧限压缩以改变试验孔隙率，测量系统用于观测流量值。

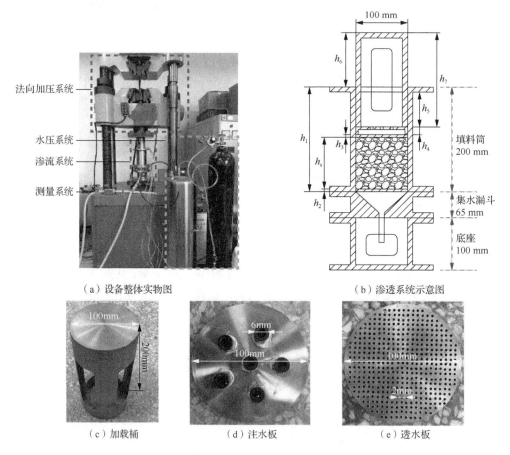

图 3-34　破碎岩体渗流试验设备及主要部件

法向加压系统采用 WAW-1000 型微机控制电液伺服万能试验机，最大试验力为 1000kN。水压系统由氮气瓶及水箱组成，通过高压氮气提供稳定水压力。测量系统由电子流量计组成，其测量范围为 10～100L/min，测量精度为 ±1%。渗流系统主体自上而下由填料筒、集水漏斗和底座组成。根据美国材料与试验协会和国际岩石力学学会的建议[60,61]，破碎岩体试样粒径至少为最大碎石粒径的 5 倍。本节破碎岩体最大粒径为 20mm，因此取填料筒内径为 100mm［图 3-34（b）］。填料筒自上而下分别为注水板（h_4 段，高 15mm）、透水板（h_3 段，高 5mm）、破碎岩体（h_s 段）及透水板（h_2 段，高 5mm）。其中，加载桶、注水板和透水板实物图如图 3-34（c）～（e）所示。加载桶外径 100mm，高 200mm（h_7 段）、与法向加压系统中的加载轴直接接触，将法向力传递至破碎岩体。透水板直径100mm，设有 6 个直径为 6mm 的梅花形注水孔与进水管连接，以保证水流均匀穿过破碎岩体，透水板侧面设有 O 形橡胶圈保证密封。透水板直径为100mm，并均匀布置直径为 2mm 的小孔滤石过水，透水板分别置于破碎岩体顶部及底部。

3. 渗流试验方法

本节主要以室内试验为基础分析压力梯度/水力梯度、试样级配及孔隙率对破碎岩体渗透特性的影响。其中，压力梯度/水力梯度通过水压力控制，水压力分别取 0.25MPa、0.5MPa、0.75MPa、1MPa 和 1.25MPa。试样级配可通过 Talbot 系数控制，分别取 η 值为 0.2、0.4、0.6、0.8 和 1。孔隙率则通过加载法向力对试样进行侧限压缩，调整试样高度进行控制。将均匀搅拌后的试样自然盛放置填料筒中，孔隙率可通过式（3-6）计算[58,62]：

$$\varphi_s = \frac{V_s - V_A}{V_s} = 1 - \frac{V_A}{V_s} \tag{3-6}$$

式中，φ_s 为破碎岩体试样孔隙率；V_s 为料桶中试样在自然状态下的体积；V_A 为同质量试样原岩体积。

式（3-7）中 V_s 即料桶断面面积与料桶中试样高度［图 3-34（b）中 h_s］的乘积，V_A 为试样质量与原岩密度之比。通过转换式（3-6）可表示为[58,62]

$$\varphi_s = 1 - \frac{m_s}{\rho_{ors}\pi r^2 h_s} \tag{3-7}$$

式中，m_s 为试样质量，1200g；ρ_{ors} 为试样原岩密度，2511kg/m³；r 为料桶半径，50mm。

根据图 3-34（b）中渗流设备的设计结构和细部尺寸，可得到 h_s 计算公式如下：

$$h_s = h_1 - h_2 - h_3 - h_4 - h_5 \tag{3-8}$$

代入各部件尺寸后可得到：

$$h_s = h_6 - 25 \qquad\qquad (3\text{-}9)$$

为了避免试验过程中试样破损，影响级配分布，经过测试不同级配试样在极限侧限压缩状态下 h_6 值分布在 19.8～19.9cm，在料桶中自然状态下 h_6 值分布在 13.3～13.4cm。为了统一控制变量，试验过程中 h_6 分别取值为 13.2cm、12.9cm、12.6cm、12.3cm 和 12.0cm，对应孔隙率分别为 0.431、0.415、0.397、0.379 和 0.359。以最小孔隙率（0.359）为例，对试验后的试样烘干筛分，得到试验前后不同 η 值对应各粒径区间破碎岩样质量对比如图 3-35 所示。

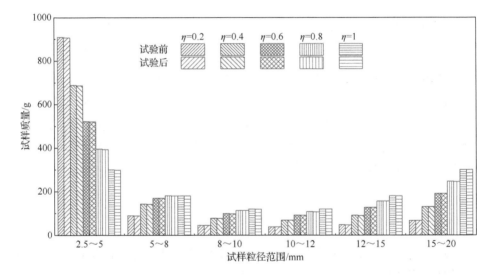

图 3-35　试验前后不同 η 值对应各粒径范围试样质量分布对比

从图 3-35 可以看出，试验前后不同粒径范围试样质量无明显变化，说明最大压缩状态下试样未发生破碎，试样级配未发生变化，其余孔隙率试样在试验过程中也不会出现级配变化的情况。此外，试验时水流温度为 20℃左右，水流动力黏滞系数为 $1.005 \times 10^{-3} \text{N·s/m}^2$，密度为 998.2kg/m³。以控制变量为试验方案设计思路，试验方案如表 3-5 所示，共 125 组试验。试验过程中，首先将配置好的试样浸水静置 12h 至饱和状态；其次，将试样搅拌均匀倒入填料筒；设备装配完毕后将试验压缩至设定高度；最后，通水依次改变水压力并测量流量结果。当试样设计高度发生变化时重新填料进行试验。为了减小试验误差，每组试验进行三次并取平均值。

表 3-5　试验方案

试样编号	试样高度/mm（孔隙率）	水压力/MPa	η值
1~5	132（0.431）	0.25	0.2 0.4 0.6 0.8 1
6~10	132（0.431）	0.50	0.2 0.4 0.6 0.8 1
11~15	132（0.431）	0.75	0.2 0.4 0.6 0.8 1
16~20	132（0.431）	1.00	0.2 0.4 0.6 0.8 1
21~25	132（0.431）	1.25	0.2 0.4 0.6 0.8 1
26~30	129（0.415）	0.25	0.2 0.4 0.6 0.8 1
31~35	129（0.415）	0.50	0.2 0.4 0.6 0.8 1
36~40	129（0.415）	0.75	0.2 0.4 0.6 0.8 1
41~45	129（0.415）	1.00	0.2 0.4 0.6 0.8 1
46~50	129（0.415）	1.25	0.2 0.4 0.6 0.8 1
51~55	126（0.397）	0.25	0.2 0.4 0.6 0.8 1
56~60	126（0.397）	0.50	0.2 0.4 0.6 0.8 1
61~65	126（0.397）	0.75	0.2 0.4 0.6 0.8 1
66~70	126（0.397）	1.00	0.2 0.4 0.6 0.8 1
71~75	126（0.397）	1.25	0.2 0.4 0.6 0.8 1

续表

试样编号	试样高度/mm（孔隙率）	水压力/MPa	η值
76~80	123（0.379）	0.25	0.2 0.4 0.6 0.8 1
81~85	123（0.379）	0.50	0.2 0.4 0.6 0.8 1
86~90	123（0.379）	0.75	0.2 0.4 0.6 0.8 1
91~95	123（0.379）	1.00	0.2 0.4 0.6 0.8 1
96~100	123（0.379）	1.25	0.2 0.4 0.6 0.8 1
101~105	120（0.359）	0.25	0.2 0.4 0.6 0.8 1
106~110	120（0.359）	0.50	0.2 0.4 0.6 0.8 1
111~115	120（0.359）	0.75	0.2 0.4 0.6 0.8 1
116~120	120（0.359）	1.00	0.2 0.4 0.6 0.8 1
121~125	120（0.359）	1.25	0.2 0.4 0.6 0.8 1

3.3.2　破碎岩体非达西渗流分析

1.　基于 Forchheimer 定律的试验结果分析

通过对不同孔隙率 φ 及 η 值的破碎岩体试样进行渗流试验,可得到压力梯度与渗流量关系如图 3-36 所示。所有试验结果均表明,渗流量与压力梯度之间呈现明显的非线性关系,并且压力梯度越大,同等增幅压力梯度对应的渗流量增量越来越小。水压力越大介质过流能力越弱,达西定律也不再适用。高渗压使得水流流态偏离线性状态的主要原因在于压力梯度越大,渗流速度越大,水流惯性力随渗流速度的增大而增大,并对水流流态起主导作用。作为 N-S 方程中的唯一非线性来源,惯性力越大,Forchheimer 定律中 BQ^2 项占比越大。此外,图 3-36 中压力梯度-渗流量关系曲线可通过 Forchheimer 定律的函数形式进行回归分析,结果表明压力梯度-渗流量之间的函数关系高度符合 Forchheimer 定律。

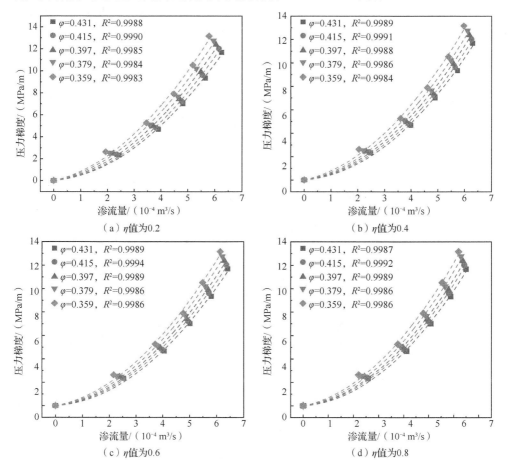

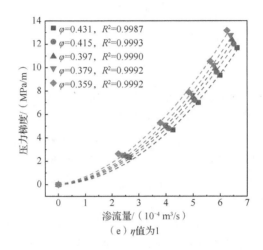

（e）η值为1

图 3-36　不同孔隙率和级配下压力梯度与渗流量关系

图 3-36 进一步说明，压力梯度-渗流量曲线趋势受破碎岩体孔隙率及级配的共同影响。以 Forchheimer 定律为基础对压力梯度-渗流量曲线进行回归分析，可得到不同试验方案下线性项系数 A 和非线性项系数 B 随破碎岩体孔隙率及 η 值变化的三维分布如图 3-37 所示。结果表明，线性项系数和非线性项系数均随孔隙率及 η 值的增大而减小，并且变化幅度较大。当孔隙率由 0.359 增大至 0.431 时，线性项系数的最大降幅为 68.96%，最小降幅为 64.01%；非线性项系数的最大降幅为

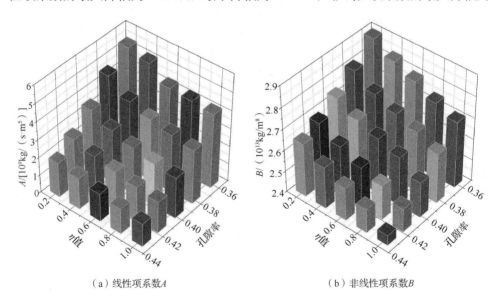

（a）线性项系数A　　　　　　　　　　（b）非线性项系数B

图 3-37　Forchheimer 定律线性项系数 A 及非线性项系数 B 随破碎岩体
孔隙率及 η 值变化的三维分布图

9.78%，最小降幅为 8.48%。当 η 值由 0.2 增大至 1 时，线性项系数的最大降幅为 33.26%，最小降幅为 23.20%；非线性项系数的最大降幅为 7.73%，最小降幅为 6.40%。从图 3-37 中可以看出，线性项系数及非线性项系数受破碎岩体孔隙率及 η 值影响较大，说明破碎岩体颗粒形态和孔隙结构对 Forchheimer 定律参数的取值影响显著，确定岩体自身性质与 Forchheimer 定律各参数之间的数学关系对 Forchheimer 定律的应用有着重要意义。

2. 破碎岩体渗透率及非达西渗流系数计算模型

从式（3-10）和式（3-11）可以看出，渗透率仅受线性项系数 A 的影响，与 A 成反比。非达西渗流系数仅受非线性项系数 B 的影响，与 B 成正比。以图 3-37 为基础，结合式（3-10）和式（3-11），图 3-38 和图 3-39 进一步给出了破碎岩体孔隙率及非达西渗流系数随试样孔隙率及级配的变化规律[63]。

$$A = \frac{\mu}{kA_s} \tag{3-10}$$

$$B = \frac{\beta\rho}{A_s^2} \tag{3-11}$$

式中，k 为介质渗透率；A_s 为过流面积；β 为非达西渗流系数，代表惯性力的大小。

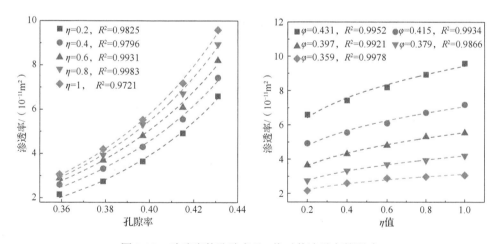

图 3-38　破碎岩体孔隙率及 η 值对其渗透率的影响

渗透率代表破碎岩体允许水流通过的能力，与岩体孔隙结构和几何特性密切相关。如图 3-38 所示，破碎岩体渗透率取值同时受孔隙率及 η 值的影响，孔隙率和 η 值取值越大，岩体渗透率越大，并且岩体渗透率与孔隙率及 η 值之间呈现明显的非线性关系。当破碎岩体孔隙率变大时，其内部渗流通道变多并且连通性变强，岩体渗透能力随之增强。当破碎岩体孔隙率由 0.359 增大至 0.431 时，其渗透率将增大 2.7～3.2 倍。由于破碎岩体形态复杂多变，当 η 值变大时，粗颗粒岩体增多，碎石之间的填充率降低，同样导致渗流通道变多且连通性增强，致使岩体渗透率随其 η 值的增大而增大。当破碎岩体 η 值由 0.2 增大至 1 时，其渗透率将增大 1.30～1.53 倍。破碎岩体渗透率与孔隙结构之间的关系极为复杂，渗透率不仅与孔隙大小有关，还与孔隙的连通性及闭合程度有关。当孔隙连通性较差或者为闭合式孔隙时，孔隙大小的变化对渗透率的影响则较小。

此外，对图 3-38 中数据进行回归分析，可得到渗透率与孔隙率和 η 值之间的非线性回归模型如下：

$$k = a_{k1}e^{b_{k1}\varphi_s} \tag{3-12}$$

$$k = a_{k2}e^{b_{k2}} \tag{3-13}$$

式中，a_{k1}、a_{k2}、b_{k1} 和 b_{k2} 为不同公式的回归系数。

试验过程中，非达西渗流系数随破碎岩体孔隙率及 η 值的变化规律如图 3-39 所示。同样，破碎岩体非达西渗流系数受其孔隙率及 η 值的综合影响，岩体孔隙率及 η 值越大，其非达西渗流系数越小。由于破碎岩体透水能力随孔隙率及 η 值的增大而增强，渗流速度也随之增大。

$$\frac{\nabla P}{L} = \frac{\mu}{k}u + \beta\rho u^2 \tag{3-14}$$

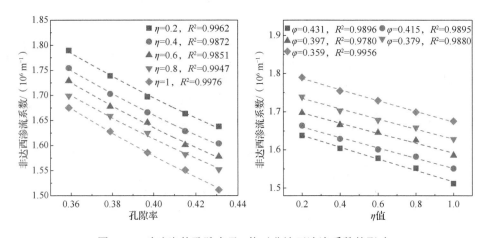

图 3-39　破碎岩体孔隙率及 η 值对非达西渗流系数的影响

从式（3-14）可以看出，当压力梯度固定时，渗流速度越大、β 值越小，并且 β 是渗流速度的二次项系数，渗流速度变化对 β 取值极为敏感。从图 3-39 中分析可知,当孔隙率由 0.359 增大至 0.431 时,非达西渗流系数减小了 8.48%～9.77%,当 η 值由 0.2 增大至 1 时,非达西渗流系数减小了 6.37%～7.77%。

同样,通过非线性回归模型对图 3-39 中的数据点进行分析,可得到破碎岩体非达西渗流系数与孔隙率和 η 值之间的非线性关系如下:

$$\beta = a_{\beta 1}\varphi_s^{b_{\beta 1}} \tag{3-15}$$

$$\beta = a_{\beta 2}e^{b_{\beta 2}\eta} \tag{3-16}$$

式中,$a_{\beta 1}$、$a_{\beta 2}$、$b_{\beta 1}$ 及 $b_{\beta 2}$ 为不同公式的回归系数。

确定破碎岩体渗透率和非达西渗流系数对 Forchheimer 定律的应用具有重要意义,从分析结果可以看出,岩体孔隙率和 η 值对 k 和 β 的取值影响较大,并且 k 与 φ_s 及 η、β 与 φ_s 及 η 值之间呈现出拟合度较高的非线性关系。因此,通过多元回归分析建立渗透率和非达西渗流系数与孔隙度和 η 值之间的综合关系切实可行,并且有助于 Forchheimer 定律的应用。根据前文分析结果,本节采用的多元非线性分析基本函数形式如下:

$$Y = a_1 e^{\alpha_2 X_1} X_2^{\alpha_3} \tag{3-17}$$

式中,Y 为因变量;X_1、X_2 为自变量;α_i 为回归系数(i=1、2、3、4)。

为了便于计算,将式(3-17)两边同时取自然对数,可得到其加法形式:

$$\ln Y = \ln \alpha_1 + \alpha_2 X_1 + \alpha_3 \ln X_2 \tag{3-18}$$

基于式(3-12)～式(3-16),经过转换之后用于确定渗透率、非达西渗流系数与岩体孔隙率、η 值之间计算模型的函数形式如下:

$$k = a_{km}e^{b_{k1}\varphi_s}\eta^{b_{k2}} \tag{3-19}$$

$$\beta = a_{\beta m}\varphi_s^{b_{\beta 1}}e^{b_{\beta 2}\eta} \tag{3-20}$$

式中,$a_{km}=a_{k1}a_{k2}$;$a_{\beta m}=a_{\beta 1}a_{2\beta 1}$。

对式(3-19)及式(3-20)两边同时取自然对数,得其线性形式:

$$\ln k = \ln a_{km} + b_{k1}\varphi_s + b_{k1}\ln\eta \tag{3-21}$$

$$\ln \beta = \ln a_{\beta m} + b_{\beta 1}\ln\varphi_s + b_{\beta 2}\eta \tag{3-22}$$

通过对试验数据和分析结果进行整理,可得到用于式(3-21)和式(3-22)的多元回归分析计算表,如表 3-6 所示。

表 3-6　渗透率和非达西渗流系数与孔隙率和 η 值多元回归分析计算表

序号	φ_s	η值	$k/(10^{-11}\mathrm{m}^2)$	β/m^{-4}	序号	φ_s	η值	$k/(10^{-11}\mathrm{m}^2)$	β/m^{-4}
1	0.431	0.2	6.59	1637967	14	0.379	0.6	3.70	1934530
2	0.415	0.2	4.92	1663571	15	0.359	0.6	2.92	2099454
3	0.397	0.2	3.65	1697119	16	0.431	0.8	8.93	1512035
4	0.379	0.2	2.75	1738688	17	0.415	0.8	6.71	1657442
5	0.359	0.2	2.36	1789648	18	0.397	0.8	5.31	1801858
6	0.431	0.4	7.22	1603650	19	0.379	0.8	3.93	1948179
7	0.415	0.4	5.55	1628607	20	0.359	0.8	2.97	2124596
8	0.397	0.4	4.30	1665850	21	0.431	1	9.88	1530227
9	0.379	0.4	3.32	1702704	22	0.415	1	7.18	1661180
10	0.359	0.4	2.48	1754390	23	0.397	1	5.53	1813819
11	0.431	0.6	8.10	1577753	24	0.379	1	4.20	1972959
12	0.415	0.6	6.09	1600869	25	0.359	1	3.07	2144796
13	0.397	0.6	4.80	1645611	—	—	—	—	—

　　以表 3-6 结果为基础，通过 SPSS 软件进行多元线性回归分析计算，随后将式（3-21）和式（3-22）转换为乘法形式，可得到式（3-19）和式（3-20）中回归系数取值及 R^2，进而得到破碎岩体渗透率和非达西渗流系数计算模型如下：

$$k = \mathrm{e}^{14.91\varphi_s - 29.54} \cdot \eta^{0.237} \quad R^2 = 0.9960 \tag{3-23}$$

$$\beta = \frac{\mathrm{e}^{13.894 - 0.085\eta}}{\varphi_s^{0.508}} \cdot \quad R^2 = 0.9970 \tag{3-24}$$

　　通过式（3-23）和式（3-24）求解 Forchheimer 定律中的线性项系数 A 和非线性项系数 B，即可对 Forchheimer 定律进行修正。

3. 水流流态判别方法

　　对某种介质中的流体渗流过程进行分析时，采用达西定律还是非达西渗流理论的关键点在于判断流体属于达西流还是非达西流。雷诺数（Re）常用于判断流体流态，其表现形式如下[64]：

$$Re = \frac{\rho D u}{\mu} \tag{3-25}$$

式中，D 为特征长度。

　　雷诺数的物理含义是流体惯性力与黏滞力的比值，雷诺数较大，表明流体中惯性力起主导作用。通过雷诺数判断流体的流动状态时需引进临界雷诺数（Re_c）表示达西流与非达西流的临界点，当 $Re > Re_c$ 时可认为流体属于非达西流。然而，渗流介质不同，临界雷诺数也不同，因此通过雷诺数判断流态时需要事先确定介质临界雷诺数。此外，计算雷诺数时最大难点在于如何确定特征长度。明渠流和管道流中将 D 取为渠道或者管道湿周，裂隙渗流中 D 常被认为是裂隙平均宽度。水流在多孔介质中的渗流也可认为是管道流或者裂隙流，其具体形式取决于渗流通道的形状，然而多孔介质的渗流通道极为复杂并且难以探测。因此，有学者取多孔介质的特征长度为孔隙直径或者颗粒直径，取孔隙直径更为合理，但相比之下颗粒直径容易测量。然而，以岩土体为例，颗粒直径不变岩土体密实度降低时，渗流通道必然束窄，以颗粒直径为特征长度计算得到的雷诺数偏差较大。

由于上述问题的存在，Green 等[65]将式（3-25）中的特征长度定义为渗透率和非达西渗流系数的乘积，基于此思路 Ma 等[66]定义 Forchheimer 数如下：

$$Fo = \frac{k\beta\rho u}{\mu} \tag{3-26}$$

式中，Fo 为 Forchheimer 数。

Fo 的物理含义同样表示惯性力与黏滞力的比值，Fo 越大说明惯性力作用越大，N-S 方程及 Forchheimer 定律中非线性项作用越明显，水流流态也更加偏离达西流。同样，通过 Fo 判断流体流态时需要确定其临界 Fo_c。确定临界 Fo 之前需要引入非达西影响系数，其表示由惯性力造成的压力损失和总压力损失的比值[67]。以式（3-14）为基础并结合 Fo 的定义，可将非达西影响系数表示如下[67]：

$$E = \frac{\beta\rho u^2}{\frac{\mu}{k}u + \beta\rho u^2} = \frac{Fo}{1+Fo} \tag{3-27}$$

式中，E 为非达西影响系数。

一般认为 $E=10\%$ 是水流流态从达西流转变为非达西流的临界点，对应 Fo_c 为 0.11，并且与介质性质无关，因此仅需计算出介质中水流在不同状态下的 Forchheimer 数并与 0.11 对比，便可判断出水流是否为达西流。结合式（3-27）及本节试验及其分析结果，不同压力梯度作用下，水流通过不同孔隙率和 η 值的破碎岩体时，Fo 的分布结果如图 3-40 所示。图 3-40 表明，随着破碎岩体孔隙率、η 值及渗流压力梯度的增大，Fo 增幅明显并且规律性强。从前文分析可以看出，破碎岩体渗透率与孔隙率和 η 值正相关，因此孔隙率和 η 值的增大将间接导致渗流速度的增大，渗流压力梯度增大将直接导致渗流速度的增大。由于 Forchheimer 定律中黏滞力与渗流速度成正比，惯性力与渗流速度二次方成正比，因此渗流速度增大时惯性力的增幅大于黏滞力的增幅，同时惯性力的主导地位也越来越明显，Forchheimer 定律中 BQ^2 项的占比越来越大。此外，孔隙率和 η 值在间接影响渗流速度的同时，直接影响孔隙结构和渗流通道宽度。从雷诺数的定义和计算角度分析可知，破碎岩体孔隙率和 η 值越大，其渗流通道越宽，优势渗流通道越大，计算雷诺数时特征长度越大。在渗流速度和特征长度的共同影响下，雷诺数随着孔隙率和 η 值的增大而增大，因此水流惯性力逐渐起主导作用。此外，从 Fo 的数学形式不难看出，Fo 与渗流速度、非达西渗流系数和渗透率成正比。前文分析结果表明，非达西渗流系数与破碎岩体孔隙率和 η 值成反比，结合图 3-40 中 Fo 随孔隙率和 η 值的变化规律可以判断，当孔隙率和 η 值增大时，ku 增加量大于 β 的减小量。此外，图 3-40 结果表明，本节 125 组试验均可观察到非达西流，Fo 最小值为 1.03，远大于临界值 0.11，进一步说明达西定律无法适用于高压力梯度作用下的强透水多孔介质渗流分析。

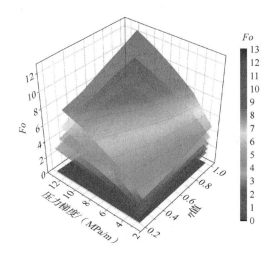

图 3-40　不同压力梯度下 η 值和孔隙率作用下 Fo 分布图（见彩图）

图中曲面对应不同孔隙率，自上而下依次为 $\varphi_s=0.431$，$\varphi_s=0.415$、$\varphi_s=0.397$、$\varphi_s=0.379$、$\varphi_s=0.359$；图中最底部平面为 $Fo=0.11$，表示 Fo_c

3.3.3　达西定律修正及推广

虽然非达西流广泛存在于裂隙及多孔介质中，通过达西定律描述其渗流过程时偏差较大，但是达西定律物理意义明确，形式简单并且是大多数渗流分析软件的基础理论。达西定律认为，渗流量与压力梯度之间成正比，渗透系数与二者之间的直线斜率成正比。以图 3-36（a）中孔隙率为 0.431 的试验结果为例，为了符合达西定律的函数形式，将原图中的坐标轴互换可得到渗流量随压力梯度的变化曲线（图 3-41）。基于微分思想，可将图 3-41 中压力梯度与渗流量之间的关系曲面划分为无限多的直线段，认为每个直线段之间压力梯度与渗流量之间的关系满足达西定律，其中直线段的斜率即代表渗透系数的相关函数，划分的直线段越多，

计算精度越高。从图 3-41 中可以
看出,对于非达西流采用达西定律
分段拟合时,渗透系数随着压力梯
度的增大而降低,并且通过改变渗
透系数可以使达西定律满足分段
后的非达西流。因此,通过建立渗
透系数的相关函数对达西定律进
行修正,使其适用于非达西流,具
有切实可行的理论依据,并且这种
思想已广泛应用于对立方定律的
修正中。

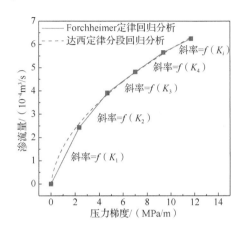

图 3-41　Forchheimer 定律和达西定律分析对比

$\varphi = 0.431$,　$\eta = 0.2$；K_i 为不同阶段渗透系数

　　目前,诸多学者开展了针对裂
隙介质渗透率的修正研究,现有成
果均表明,即使裂隙介质自身的孔
隙结构未发生变化,其透水特性随着渗流速度或者压力梯度的增大而降低,并且
称渗流速度为 0 时介质渗透率为原始渗透率,当渗流速度增大时的渗透率称为渗
流速度依赖渗透率或者非达西渗透率。根据渗透率的定义可知,多孔介质渗透率
的大小仅与其孔隙结构和形态有关,是介质自身的性质,而不会随着流体发生改
变。因此,认为渗流发生过程中介质渗透率随流体渗流速度或者压力梯度的增大
而降低似乎存在歧义。渗透系数由渗流介质本身及流体状态共同决定,因此本节
将水流流态为非达西流时介质渗透系数定义为非达西等效渗透系数,并将其应用
至多孔介质渗流分析。通过分析非达西等效渗透系数与破碎岩体渗透率、Talbot 系
数和水力梯度（与压力梯度同等含义的量纲为 1 的数）之间的关系,建立其计算
模型,对达西定律进行修正和推广。

　　图 3-42 给出了不同孔隙率和 η 值下,破碎岩体非达西等效渗透系数随水力梯
度的变化。从图 3-42 中可以看出,随着水力梯度的增大,非达西等效渗透系数呈
非线性趋势降低,并且拟合曲线斜率绝对值逐渐减小,说明随着水力梯度的无限
增大非达西等效渗透系数降幅越来越小。从前文分析可知,大水力梯度作用下的
高速水流中惯性力起主导作用,局部能量损失增大的同时水流流态也越来越偏离
达西流,导致达西定律严重高估介质的过流能力,因此图 3-42 曲线斜率随水力梯
度的增大而降低,非达西等效渗透系数逐渐降低。试验过程中,当水压力由
0.25MPa 增大至 1.25MPa 时,非达西等效渗透系数最小变幅为 40.01%,最大为
49.84%。岩体孔隙率和 η 值增大对非达西等效渗透系数的影响主要包括两部分,
即增大的渗透率导致非达西等效渗透系数增大,增大的水流惯性力导致非达西等
效渗透系数减小。

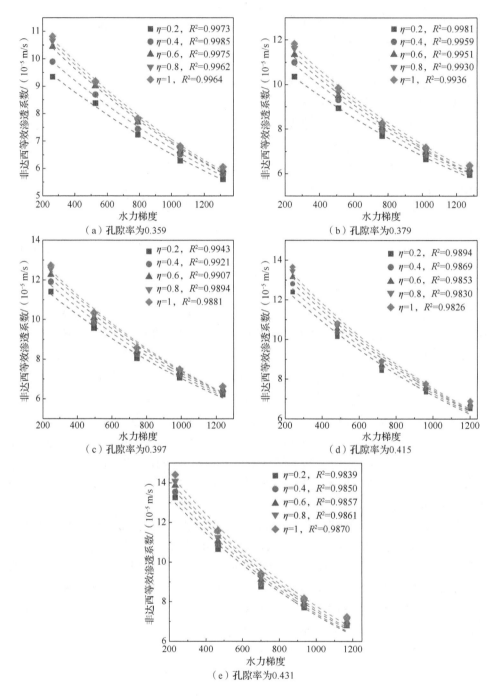

图 3-42　非达西等效渗透系数随水力梯度的变化

对图 3-42 中试验数据进行回归分析可得到非达西等效渗透系数与水力梯度之间的关系：

$$K_{n-d} = a_{K_{n-d}} \mathrm{e}^{b_{K_{n-d}} J} \tag{3-28}$$

式中，K_{n-d} 为非达西等效渗透系数；$a_{K_{n-d}}$ 和 $b_{K_{n-d}}$ 为回归系数，与介质孔隙率和 η 值有关。

图 3-43 给出了式（3-28）中回归系数 $a_{K_{n-d}}$ 和 $b_{K_{n-d}}$ 随破碎岩体孔隙率和 η 值的变化结果。图 3-43 中结果表明，$a_{K_{n-d}}$ 和 $b_{K_{n-d}}$ 与 η 值之间呈现出明显的非线性关系，可构建非线性回归模型。$a_{K_{n-d}}$ 和 $b_{K_{n-d}}$ 与孔隙率采用线性和非线性回归模型时均有较高的拟合度，为了便于后续多元回归分析，认为 $a_{K_{n-d}}$ 和 $b_{K_{n-d}}$ 与孔隙率之间为非线性关系。

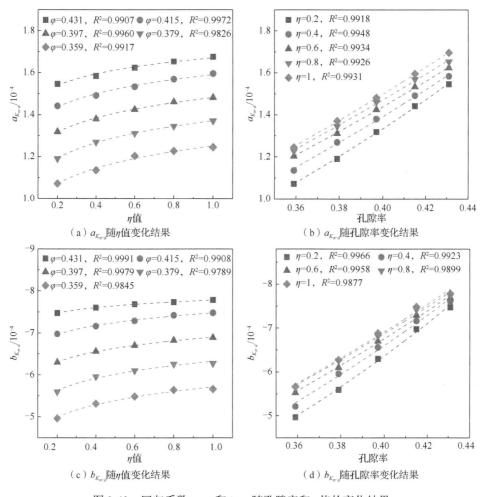

（a）$a_{K_{n-d}}$ 随 η 值变化结果　　　　　（b）$a_{K_{n-d}}$ 随孔隙率变化结果

（c）$b_{K_{n-d}}$ 随 η 值变化结果　　　　　（d）$b_{K_{n-d}}$ 随孔隙率变化结果

图 3-43　回归系数 $a_{K_{n-d}}$ 和 $b_{K_{n-d}}$ 随孔隙率和 η 值的变化结果

通过对图 3-43 中的数据点进行回归分析，可得到 $a_{K_{n-d}}$ 和 $b_{K_{n-d}}$ 与孔隙率和 η 值的关系如下：

$$a_{K_{n-d}} = a_{aK1}\varphi_s^{b_{aK1}} , \quad a_{K_{n-d}} = a_{aK2}\eta^{b_{aK2}} \tag{3-29}$$

$$b_{K_{n-d}} = a_{bK1}\varphi_s^{b_{bK1}} , \quad b_{K_{n-d}} = a_{bK2}\eta^{b_{bK2}} \tag{3-30}$$

式中，a_{aK1}、b_{aK2}、a_{bK1} 和 a_{bK2} 为回归系数。

以非线性多元回归理论为基础［式（3-17）及式（3-18）］，可分别建立 $a_{K_{n-d}}$ 和 $b_{K_{n-d}}$ 与孔隙率和 η 值之间的多元回归模型如下：

$$a_{K_{n-d}} = a_{aKm}\varphi_s^{b_{aK1}}\eta^{b_{aK2}} \tag{3-31}$$

$$b_{K_{n-d}} = a_{bKm}\varphi_s^{b_{bK1}}\eta^{b_{bK2}} \tag{3-32}$$

式中，$a_{aKm} = a_{aK1}a_{aK1}$；$a_{bKm} = a_{bK1}a_{bK1}$。

为了便于计算，对式（3-31）及式（3-32）两边同时取自然对数，得其线性形式：

$$\ln a_{K_{n-d}} = \ln a_{aKm} + b_{aK1}\ln\varphi_s + b_{aK2}\ln\eta \tag{3-33}$$

$$\ln b_{K_{n-d}} = \ln a_{bKm} + b_{bK1}\ln\varphi_s + b_{bK2}\ln\eta \tag{3-34}$$

通过对试验数据和分析结果进行整理，可得到用于式（3-28）及式（3-29）的多元回归分析计算表，如表 3-7 所示。

表 3-7　回归系数 $a_{K_{n-d}}$ 和 $b_{K_{n-d}}$ 与孔隙率和 η 值多元回归分析计算表

序号	φ_s	η值	$a_{K_{n-d}}$/10^{-4}	$b_{K_{n-d}}$/10^{-4}	序号	φ_s	η值	$a_{K_{n-d}}$/10^{-4}	$b_{K_{n-d}}$/10^{-4}
1	0.431	0.2	1.55	−7.47	14	0.379	0.6	1.31	−6.10
2	0.415	0.2	1.44	−6.98	15	0.359	0.6	1.20	−5.53
3	0.397	0.2	1.32	−6.30	16	0.431	0.8	1.65	−7.73
4	0.379	0.2	1.19	−5.60	17	0.415	0.8	1.57	−7.42
5	0.359	0.2	1.07	−4.96	18	0.397	0.8	1.46	−6.82
6	0.431	0.4	1.58	−7.60	19	0.379	0.8	1.35	−6.26
7	0.415	0.4	1.49	−7.16	20	0.359	0.8	1.23	−5.64
8	0.397	0.4	1.38	−6.56	21	0.431	1	1.70	−7.78
9	0.379	0.4	1.27	−5.96	22	0.415	1	1.60	−7.48
10	0.359	0.4	1.14	−5.21	23	0397	1	1.48	−6.88
11	0.431	0.6	1.62	−7.69	24	0.379	1	1.37	−6.27
12	0.415	0.6	1.53	−7.29	25	0.359	1	1.24	−5.66
13	0.397	0.6	1.43	−6.70	—	—	—	—	—

以表 3-7 结果为基础，通过 SPSS 软件进行多元线性回归分析计算，随后将式（3-33）和式（3-34）转换为乘法形式，可得到式（3-31）和式（3-32）中回归系数及 R^2，进而得到式（3-28）回归系数 $a_{K_{n-d}}$ 和 $b_{K_{n-d}}$ 的回归模型如下：

$$a_{K_{n-d}} = \mathrm{e}^{-7.186} \varphi_s^{1.769} \eta^{0.075} \quad R^2 = 0.9930 \tag{3-35}$$

$$b_{K_{n-d}} = \mathrm{e}^{-5.486} \varphi_s^{1.949} \eta^{0.057} \quad R^2 = 0.9863 \tag{3-36}$$

综合式（3-28）、式（3-35）和式（3-36）可得到非达西等效渗透系数分析模型如下：

$$K_{n-d} = a_{K_{n-d}} \mathrm{e}^{b_{K_{n-d}} J} \tag{3-37}$$

$$a_{K_{n-d}} = \mathrm{e}^{-7.186} \varphi_s^{1.769} \eta^{0.075} \tag{3-38}$$

$$b_{K_{n-d}} = \mathrm{e}^{-5.486} \varphi_s^{1.949} \eta^{0.057} \tag{3-39}$$

通过 Forchheimer 定律进行渗流分析时首先需要对水流流态进行判断，当水流流态为达西流而依旧采用 Forchheimer 定律，则会低估介质的过流能力。因此，当渗流过程中水流流态出现达西流与非达西流之间相互转换时，需要设定流态判定标准并切换 Forchheimer 定律与达西定律，这将无疑增大计算难度。通过式（3-37）～式（3-39）对达西定律修正后，达西定律的数学形式未发生变化。在小水力梯度作用下，水流流态为达西流时，式（3-37）～式（3-39）计算得到的非达西等效渗透系数即为传统达西渗透系数。同时，式（3-37）～式（3-39）将直接切换至达西渗流模型。对于本节试验而言，破碎岩体在松散状态下和极限压缩状态下孔隙率的变化范围为 0.359～0.431，而自然界中破碎岩体级配多变，去除 $\eta=0$ 和 1 的两个极值，此时式（3-37）～式（3-39）中回归系数 $a_{K_{n-d}}$ 的取值范围为 0.000109～0.000168；$b_{K_{n-d}}$ 的取值范围为 -0.000794～-0.000514，非达西等效渗透系数与水力梯度的关系可表达为

$$K_{n-d} = k\mathrm{e}^{-0.000794 \sim -0.000514 J}, k = 0.000109 \sim 0.000168 \tag{3-40}$$

3.4　岩体裂隙网络渗流模型

3.4.1　裂隙分级及判断

进行岩体裂隙网络渗流模型建模时，需要对岩体中的断层、断裂、软弱夹层、褶皱、裂隙、节理和孔隙等构造进行分类，选定合适的渗流模型。根据规模和渗透性可将各种裂隙和孔隙分为四级，并通过水量平衡原理建立各级介质之间的联系。

1. 一级真实裂隙网络

工程区岩体中经常存在规模较大的断层、断裂和软弱夹层，其特征为规模大且分布稀疏。这类裂隙的倾向、倾角、宽度、延展度、力学和水力学性能可通过实测地质资料获得，由其组成的裂隙网络为一级真实裂隙网络。

2. 二级随机裂隙网络

对于尚不能按等效连续介质处理的具有随机分布特性的次一级裂隙，可依据窗口测量等资料，采用 Monte-Carlo 模拟技术生成随机裂隙网络[68]，称为二级随机裂隙网络。

生成二维随机裂隙网络时，首先要进行结构面现场调查，要求对调查区内每个结构面的形态、产状、延展度、密度和张开度进行测量，从而获得结构面的特征参数。为了分析结构面发育的规律性，常将结构面按产状进行分组，然后分组进行统计分析。结构面分组和优势方位的确定可运用聚类法。结构面各要素的概率分布函数通常假定为正态分布、对数正态分布、负指数分布和均匀分布。按结构面聚类分析的结果，分别求出结构面各要素概率模型的各种参数（均值、标准差等），建立结构面概率模型。最后，通过计算机产生随机数，产生符合上述概率模型的随机变量，来模拟结构面各要素及分布，从而产生岩体的二级随机裂隙网络系统。

对于生成的二级随机裂隙网络，可结合一级真实裂隙网络及边界情况将二级随机裂隙分为连通裂隙和非连通裂隙两大类。将连通裂隙并入一级真实裂隙网络渗流分析中，而将非连通裂隙的影响计入由一级真实裂隙网络和二级连通裂隙切割成的岩块的渗透系数张量中。

3. 三级等效连续介质体系

对于规模较小、数量众多且分布密集的小裂隙（如风化节理等），因为裂隙切割的岩体的表征体单元和岩体尺寸相比很小，所以可按等效连续介质及渗透系数张量理论进行处理，形成三级等效连续介质体系。岩体三级等效连续介质体系各向异性的渗透系数张量的计算，可采用裂隙统计学方法或压（抽）水试验法。现场的压（抽）水试验确定的渗透系数张量已包括了岩块（即四级连续介质体系）各向同性的渗透系数，也可能包括样区内大裂隙的影响。

4. 四级连续介质体系

对于岩块内的孔隙网络，可以按多孔连续介质渗流理论处理，形成四级连续介质体系。四级连续介质体系各向同性的渗透系数可以通过完整岩块的室内渗透试验确定。

3.4.2　随机裂隙模拟

1. 基于 Monte-Carlo 法的裂隙网络模拟

Monte-Carlo 法将统计过程所确定的物理状况用随机数学进行模拟，是一种随机模拟方法，也是一种随机抽样试验方法[69]。其基本思路：为了求解数学、物理、工程技术等方面的问题，首先建立一个概率模型或随机过程，使其参数等于问题的解，其次通过对模型或过程的观察或抽样试验来计算所求参数的统计特征，最后给出所求解的近似值，解的精度可用估计值的标准差来表示。Monte-Carlo 法模拟岩体结构的过程恰好与现场测量统计过程相反。现场测量统计是根据岩体结构形式推求结构面几何参数分布形式，即建立结构的概率模型的过程。Monte-Carlo法是上述过程的逆过程，即根据实测统计确立的结构面几何参数概率模型，求服从这种模型的几何图形[70]。

裂隙网络模拟的程序是首先进行野外岩体露头的裂隙测量，包括裂隙间距、隙宽、迹长、倾向和倾角等；其次，求裂隙几何要素的概率密度分布函数关系；最后，采用 Monte-Carlo 法模拟出切合实际的裂隙网络系统[71-73]，具体过程如下：

（1）结构面现场调查。要求对调查区（窗口样区）内的每一个结构面的形态、产状（走向、倾向、倾角）、延展度、密度及张开度进行测量，获得这些特征参数。

（2）结构面聚类分析。为了分析结构面发育的规律性，结构面常按产状进行分组，再对分组进行统计分析，为结构面分布概率模型的建立提供依据。可采用玫瑰图及聚类法进行结构面的分组和优势方位的确定。

（3）结构面概率模型的建立。结构面各要素的概率分布函数通常假定为正态分布、对数正态分布、负指数分布及均匀分布。按结构面聚类分析结果，分组求出结构面各要素概率模型的各种参数（均值、标准差等），从而建立起结构面分布的概率模型，以便进行模拟。

（4）Monte-Carlo 法模拟。通过计算机生成的随机数，进行产生符合上述结构面分布概率模型的随机变量，来模拟各组结构面各要素及分布，组合各组形成岩体的裂隙网络系统。

2. 裂隙网络图形处理

1）连通裂隙网络图

在实际岩体系统中，裂隙网络并非完全连通，特别是一些阻水断层的存在，影响了水流的连续，形成了非连通裂隙网络。水流在非连通裂隙中不会产生定向流动，对渗透性的影响可忽略不计。根据野外裂隙统计资料，Monte-Carlo 法模拟生成的裂隙网络必然会有非连通的情况[74]。为了进行裂隙岩体的渗流分析，研究内部各节点水头随时间变化的规律，本节需要对 Monte-Carlo 法模拟生成岩体裂隙网络图形进行以下处理：

（1）如果生成的裂隙有部分在边界面之外，则将边界面之外的部分删除；如果裂隙完全位于边界外，则将此裂隙删除。

（2）所生成的裂隙网络可能有非连通的情况，此时把不满足条件的独立裂隙（即死端裂隙）和非连通裂隙删除，形成连通的裂隙网络，使得每一条裂隙都是与其他裂隙或边界交割，并且裂隙必须通过相互交割并沟通到边界[75]。

2）图形处理及剖分

对 Monte-Carlo 法模拟的裂隙网络图进行处理，首先获得图形信息，即将图形读入 Visual Basic 应用程序下的图片控件 picture box 中，进而生成连通的裂隙网络图。自动剖分即快速实现图形的单元划分，并获得单元信息[76]。自动剖分后在图形中显示节点和线元的编码，并输出连通裂隙网络图的各节点和线元信息，保存数据在文本节件内。其操作思路如下：

（1）获得 Monte-Carlo 法模拟的裂隙网络图的 Auto CAD 交换文件的图形信息，读入 picture box 中进行处理。

（2）将图形中的孤立线段去掉，即处理裂隙网络图形中的独立裂隙和死端裂隙。

（3）寻求所有与边界相交的直线，并建立以该直线为根的树，按深度优化搜索数的查找算法遍历全图来寻求所有通路[77]。

（4）处理裂隙端出的多余裂隙。

（5）对得到的连通裂隙图进行节点和线元的自动编号。为寻求一一对应（即一个固定线元编号对应两个固定节点号），同样采用深度优先搜索法遍历全图进行序列编号。

（6）保存处理后的图形为 Auto CAD 交换文件，依然可以在 Auto CAD 中显示；保存数据在文本节件中，得到连通裂隙网络图的各个节点和线元信息（节点的坐标、线元与节点的对应关系），为进行岩体裂隙网络渗流分析及耦合分析提供可靠的数据。

3.4.3　坝基裂隙岩体渗流分析

某工程坝址区 20m×20m 取样范围内共有三组裂隙，经现场调查、结构面类聚分析[73]，得出的几何参数概率模型和统计数据如表 3-8 所示。利用 Monte-Carlo法进行岩体二维裂隙网络模拟[78-82]，结果如图 3-44 所示。因非连通裂隙对渗流场影响较小[73]，为减少计算量，可删除非连通裂隙，得到岩体二维裂隙网络连通图如图 3-45 所示。

表 3-8　裂隙组几何参数概率模型和统计数据

裂隙组	倾向/(°)		迹长/m		间距/m		断距/m		隙宽/m
	平均值	标准差	平均值	标准差	平均值	标准差	平均值	标准差	平均值
1	88	6	1.8	0.2	3.8	0.5	2.3	0.3	0.001
2	47	4	3.2	0.3	4.2	0.3	2.6	0.2	0.001
3	165	7	2.9	0.2	4.5	0.4	3.1	0.2	0.001
分布	正态		正态		负指数		负指数		均匀

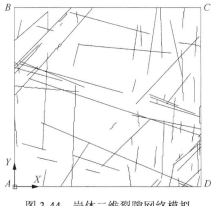

图 3-44　岩体二维裂隙网络模拟

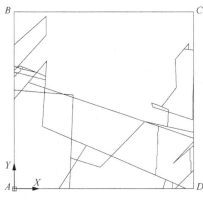

图 3-45　岩体二维裂隙网络连通图

假定 AB 边界水位变动；CD 边界水位固定，水位为 10m；BC、AD 边界为零流量边界，弹性释水系数为 $6×10^{-5}$，裂隙深度为 1m。使 AB 边界初始水位为 50m，水位以速度 0.2m/d（水位上升 50d）、1m/d（水位上升 10d）、20m/d（水位上升 4d）三种工况假定 AB 边界水位上升情况。初始条件下和三种工况下的渗流场水头等值线见图 3-46。

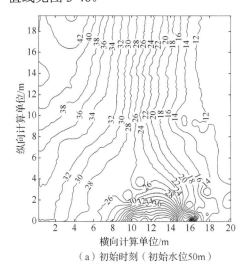

（a）初始时刻（初始水位50m）

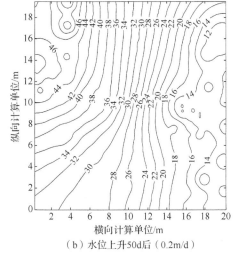

（b）水位上升50d后（0.2m/d）

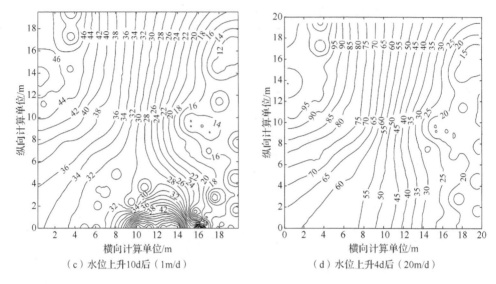

（c）水位上升10d后（1m/d）　　　　（d）水位上升4d后（20m/d）

图3-46　*AB* 边界初始水位为50m时三种工况下的渗流场水头等值线（单位：m）

　　使 *AB* 边界初始水位为100m，水位以速度0.2m/d（水位下降50d）、1m/d（水位下降10d）、22.5m/d（水位下降4d）三种工况假定 *AB* 边界水位降情况。初始条件下和三种工况下的渗流场水头等值线见图3-47。

　　由图3-46和图3-47可看出，水位上升、下降后所产生的渗流场水头等值线与初始情况下的渗流水头等值线相差较大。①水位由初始50m上升至60m情况下，上升速度0.2m/d与1m/d所产生的渗流场水头等值线在下游裂隙密集处有所变化，见图3-46（a）～（c）。②水位由初始100m下降至90m情况下，0.2m/d下降速度与1m/d所产生的渗流场水头等值线有微小差别，见图3-47（a）～（c）。③水位由初始50m以20m/d速度升至130m时，岩体内部左边界内水头均远小于左边界

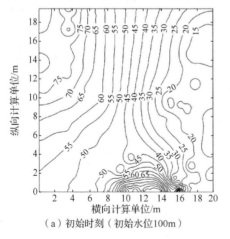

（a）初始时刻（初始水位100m）

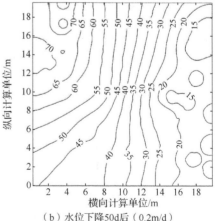

（b）水位下降50d后（0.2m/d）

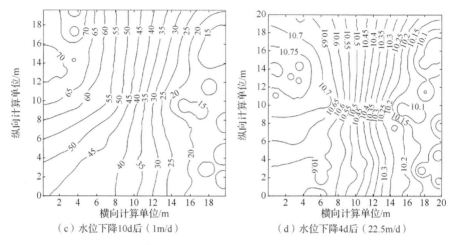

（c）水位下降10d后（1m/d）　　　　　　　（d）水位下降4d后（22.5m/d）

图 3-47　*AB* 边界初始水位为100m时三种工况下的渗流场水头等值线（单位：m）

点水头（该时刻，左边界点水头为130m），实际最大水头约110m，见图3-46（d）。
④水位由初始100m以22.5m/d速度降低至10m时，岩体内部左边界内水头均大
于左边界点水头（该时刻，左边界点水头为10m），实际最大水头约10.83m，见
图3-47（d）。水位上升或下降后，岩体左边界内水头与左边界水头并不连续，存
在明显的边界内部水头变化滞后现象。

参 考 文 献

[1] ZHOU H W, XIE H. Anisotropic characterization of rock fracture surfaces subjected to profile analysis[J]. Physics
Letters A, 2004, 325(5): 355-362.

[2] ZHANG Q, LUO S, MA H, et al. Simulation on the water flow affected by the shape and density of roughness
elements in a single rough fracture[J]. Journal of Hydrology, 2019, 573: 456-468.

[3] BELEM T, HOMAND-ETIENNE F, SOULEY M. Quantitative parameters for rock joint Surface roughness[J]. Rock
Mechanics and Rock Engineering, 2000, 33(4): 217-242.

[4] WANG C, WANG L, KARAKUS M. A new spectral analysis method for determining the joint roughness coefficient
of rock joints[J]. International Journal of Rock Mechanics and Mining Sciences, 2019, 113: 72-82.

[5] WAN G M T, MITCHEL T M, MERED ITH T, et al. Influence of gouge thickness and grain size on permeability of
macrofractured basalt[J]. Journal of Geophysical Research: Solid Earth, 2016, 121(12): 8472-8487.

[6] MANDELBROT B B. The Fractal Geometry of Nature San Francisco[M]. New York: W H Freeman and Company,
1982.

[7] GE Y, KULATILAKE P H S W, TANG H, et al. Investigation of natural rock joint roughness[J]. Computers and
Geotechnics, 2014, 55: 290-305.

[8] FARDIN N, STEPHANSSON O, JING L. The scale dependence of rock joint surface roughness[J]. International
Journal of Rock Mechanics and Mining Sciences, 2001, 38(5): 659-669.

[9] JU Y, DONG J, GAO F, et al. Evaluation of water permeability of rough fractures based on a self-affine fractal model and optimized segmentation algorithm[J]. Advances in Water Resources, 2019, 129: 99-111.

[10] JIN Y, DONG J, ZHANG X, et al. Scale and size effects on fluid flow through self-affine rough fractures[J]. International Journal of Heat and Mass Transfer, 2017, 105: 443-451.

[11] CHEN Y, LIANG W, LIAN H, et al. Experimental study on the effect of fracture geometric characteristics on the permeability in deformable rough-walled fractures[J]. International Journal of Rock Mechanics and Mining Sciences, 2017, 98: 121-140.

[12] OLSSON R, BARTON N. An improved model for hydromechanical coupling during shearing of rock joints[J]. International Journal of Rock Mechanics and Mining Sciences, 2001, 38(3): 317-329.

[13] HAKAMI E. Aperture distribution of rock fractures[J]. Kung/Tekniska Hogskolan, 1995, 27(6): 1-22.

[14] PYRAK-NOLTE L J, MORRIS J P. Single fractures under normal stress: The relation between fracture specific stiffness and fluid flow[J]. International Journal of Rock Mechanics and Mining Sciences, 2000, 37(1): 245-262.

[15] BROWN S R, SCHOLZ C H. Closure of rock joints[J]. Journal of Geophysical Research: Solid Earth, 1986, 91(B5): 4939-4352.

[16] DEVELI K, BABADAGLI T. Experimental and visual analysis of single-phase flow through rough fracture replicas[J]. International Journal of Rock Mechanics and Mining Sciences, 2015, 73: 139-155.

[17] WANG J S Y, NARASIMHAN T N, SCHOLZ C H. Aperture correlation of a fractal fracture[J]. Journal of Geophysical Research Atmospheres, 1988, 93(B3): 2216-2224.

[18] THOMPSON M E, BROWN S R. The effect of anisotropic surface roughness on flow and transport in fractures[J]. Journal of Geophysical Research: Solid Earth, 1991, 96(B13): 21923.

[19] TATONE B S A, GRASSELLI G. Quantitative measurements of fracture aperture and directional roughness from rock cores[J]. Rock Mechanics and Rock Engineering, 2012, 45(4): 619-629.

[20] BARTON N R, CHOUBEY V. The shear strength of rock joints in theory and practice[J]. Rock Mechanics, 1977, 10(1): 1-54.

[21] BARTON N. Review of a new shear-strength criterion for rock joints[J]. Engineering Geology, 1973, 7(4): 287-332.

[22] LI Y, ZHANG Y. Quantitative estimation of joint roughness coefficient using statistical parameters[J]. International Journal of Rock Mechanics and Mining Sciences, 2015, 77: 27-35.

[23] TSE R, CRUDEN D M. Estimating joint roughness coefficients[J]. International Journal of Rock Mechanics and Mining Sciences & Geomechanics Abstracts, 1979, 16(5): 303-307.

[24] MANDELBROT B B, PASSOJA D E, PAULLAY A J. Fractal character of fracture surfaces of metals[J]. Nature, 1984, 308: 721-722.

[25] TATONE B S A, GRASSELLI G. A method to evaluate the three-dimensional roughness of fracture surfaces in brittle geomaterials[J]. Review of Scientific Instruments, 2009, 80(12): 106-181.

[26] TATONE B S A, GRASSELLI G. A new 2D discontinuity roughness parameter and its correlation with JRC[J]. International Journal of Rock Mechanics and Mining Sciences, 2010, 47(8): 1391-1400.

[27] LIU R, YU L, JIANG Y, et al. Recent developments on relationships between the equivalent permeability and fractal dimension of two-dimensional rock fracture networks[J]. Journal of Natural Gas Science and Engineering, 2017, 45: 771-785.

[28] CHEN Y, ZHOU J, HU S, et al. Evaluation of Forchheimer equation coefficients for non-Darcy flow in deformable rough-walled fractures[J]. Journal of Hydrology, 2015, 529: 993-1006.

[29] THOMAS T R. Characterization of surface roughness[J]. Precision Engineering, 1981, 3(2): 97-104.

[30] GADELMAWLA E S, KOURA M M, MAKSOUD T M A, et al. Roughness parameters[J]. Journal of Materials Processing Technology, 2002, 123(1): 133-145.

[31] RASOULI V, HARRISON J P. Assessment of rock fracture surface roughness using Riemannian statistics of linear profiles[J]. International Journal of Rock Mechanics and Mining Sciences, 2010, 47(6): 940-948.

[32] LOMIZE G. Flow in Fractured Rock[M]. Moscow: Gosemergoizdat, 1951.

[33] LOUIS C, MAINI Y N. Determination of in-situ hydraulic parameters in jointed rock[J]. International Society of Rock Mechanics Proceedings, 1970, 1: 235-245.

[34] PATIR N, CHENG H S. An average flow model for determining effects of three-dimensional roughness on partial hydrodynamic lubrication[J]. Journal of Lubrication Technology, 1978, 100(1): 12-17.

[35] WALSH J B. Effect of pore pressure and confining pressure on fracture permeability[J]. International Journal of Rock Mechanics and Mining Sciences & Geomechanics Abstracts, 1981, 18(5): 429-435.

[36] CRUZ P T, QUADROS E F, FO D C, et al. Evaluation of opening and hydraulic conductivity of rock discontinuities[C]. 23rd Symposium on Rock Mechanics, Berkeley, USA, 1982: 769-777.

[37] BARTON N, BANDIS S, BAKHTAR K. Strength, deformation and conductivity coupling of rock joints[J]. International Journal of Rock Mechanics and Mining Sciences & Geomechanics Abstracts, 1985, 22(3): 121-140.

[38] RENSHAW, CARL E. On the relationship between mechanical and hydraulic apertures in rough-walled fractures[J]. Journal of Geophysical Research: Solid Earth, 1995, 100(B12): 24629-24636.

[39] ZIMMERMAN R W, BODVARSSON G S. Hydraulic conductivity of rock fractures[J]. Transport in Porous Media, 1996, 23(1): 1-30.

[40] WAITE E M, SHEMIN G, et al. A new conceptual model for fluid flow in discrete fractures: An experimental and numerical study[J]. Journal of Geophysical Research: Solid Earth, 1999, 104(B6): 13049-13059.

[41] KOJIMATSUKI, LEE J J, SAKAGUCHI K. Size effect in flow conductance of a closed small-scale hydraulic fracture in granite[J]. Geothermal Science and Technology, 1999, 6(1/4): 113-138.

[42] YEO W. Effect of contact obstacles on fluid flow in rock fractures[J]. Geosciences Journal, 2001, 5(2): 139-143.

[43] MATSUKI K, KIMURA Y, SAKAGUCHI K, et al. Effect of shear displacement on the hydraulic conductivity of a fracture[J]. International Journal of Rock Mechanics and Mining Sciences, 2010, 47(3): 436-449.

[44] XIONG X, LI B, JIANG Y, et al. Experimental and numerical study of the geometrical and hydraulic characteristics of a single rock fracture during shear[J]. International Journal of Rock Mechanics and Mining Sciences, 2011, 48(8): 1292-1302.

[45] RASOULI V, HOSSEINIAN A. Correlations developed for estimation of hydraulic parameters of rough fractures through the simulation of JRC flow channels[J]. Rock Mechanics and Rock Engineering, 2011, 44(4): 447-461.

[46] LI B, JIANG Y J. Quantitative estimation of fluid flow mechanism in rock fracture taking into account the influences of JRC and Reynolds number[J]. Journal of MMIJ, 2013, 129(7): 479-484.

[47] XIE L Z, GAO C, REN L, et al. Numerical investigation of geometrical and hydraulic properties in a single rock fracture during shear displacement with the Navier-Stokes equations[J]. Environmental Earth Sciences, 2015, 73(11): 7061-7074.

[48] CAO C, XU Z, CHAI J, et al. Radial fluid flow regime in a single fracture under high hydraulic pressure during shear process[J]. Journal of Hydrology, 2019, 579: 124142.

[49] ZHANG C, SHI M, PETERSON G P, et al. Role of surface roughness characterized by fractal geometry on laminar flow in microchannels[J]. Physical Review E, 2009, 80(2): 26301.

[50] COUSINS T A, GHANBARIAN B, DAIGLE H. Three-dimensional lattice boltzmann simulations of single-phase permeability in random fractal porous media with rough pore—solid interface[J]. Transport in Porous Media, 2018, 122(3): 527-546.

[51] DEVELI K, BABADAGLI T. Quantification of natural fracture surfaces using fractal geometry[J]. Mathematical Geology, 1998, 30(8): 971-998.

[52] DOU Z, SLEEP B, ZHAN H, et al. Multiscale roughness influence on conservative solute transport in self-affine fractures[J]. International Journal of Heat and Mass Transfer, 2019, 133: 606-618.

[53] HUANG N, LIU R, JIANG Y. Numerical study of the geometrical and hydraulic characteristics of 3D self-affine rough fractures during shear[J]. Journal of Natural Gas Science and Engineering, 2017, 45: 127-142.

[54] CAO C, XU Z, CHAI J, et al. Mechanical and hydraulic behaviors in a single fracture with asperities crushed during shear[J]. International journal of geomechanics, 2018, 18(11): 4018141-4018148.

[55] ESAKI T, DU S, MITANI Y, et al. Development of a shear-flow test apparatus and determination of coupled properties for a single rock joint[J]. International Journal of Rock Mechanics and Mining Sciences, 1999, 36(5): 641-650.

[56] DURHAM W B, BONNER B P. Self-propping and fluid flow in slightly offset joints at high effective pressures[J]. Journal of Geophysical Research: Solid Earth, 1994, 99(B5): 9391-9399.

[57] WALSH J B, BRACE W F. The effect of pressure on porosity and the transport properties of rock[J]. Geophysical Research, 1984, 89(B11): 9425-9431.

[58] 马丹. 破碎岩体的水-岩-沙混合流理论及时空演化规律[D]. 北京: 中国矿业大学, 2017.

[59] 王路珍, 陈占清, 孔海陵, 等. 渗透压力和初始孔隙度对破碎泥岩变质量渗流影响的试验研究[J]. 采矿与安全工程学报, 2014, 31(3): 462-468.

[60] ULUSAY R. The ISRM suggested methods for rock characterization, testing and monitoring: 2007—2014[J]. Springer International Publishing, 2014, 15(1): 47-48.

[61] ASTM. Standard Practice for Making and Curing Concrete Test Specimens in the Lab C31C31M-21[S]. West Conshohochen, PA, US Department of Defense, 2013.

[62] MA D, REZANIA M, YU H, et al. Variations of hydraulic properties of granular sandstones during water inrush: Effect of small particle migration[J]. Engineering Geology, 2017, 217: 61-70.

[63] EL-ZEHAIRY A A, NEZHAD M M, JOEKAR-NIASAR V, et al. Pore-network modelling of non-Darcy flow through heterogeneous porous media[J]. Advances in Water Resources, 2019, 131: 103378.

[64] 张志昌, 李国栋, 李治勤. 水力学(上册)[M]. 北京: 中国水利水电出版社, 2011.

[65] GREEN L, DUWEZ P. Fluid flow through porous metals[J]. Journal of Applied Mechanics, 1951, 18(1): 39-45.

[66] MA H, RUTH D W. The microscopic analysis of high forchheimer number flow in porous media[J]. Transport in Porous Media, 1993, 13(2): 139-160.

[67] ZENG Z, GRIGG R. A criterion for non-Darcy flow in porous media[J]. Transport in Porous Media, 2006, 63(1): 57-69.

[68] 陈剑平, 肖树芳, 王清. 随机不连续面三维网络计算机模拟原理[M]. 长春: 东北师范大学出版社, 1995.

[69] 王岩. Monte Carlo 方法应用研究[J]. 云南大学学报(自然科学版), 2006(S1): 23-26.

[70] 黄运飞, 冯静. 计算工程地质学[M]. 北京: 兵器工业出版社, 1992.

[71] 尹彦波, 李爱兵, 袁节平, 等. 岩体结构面二维网络模拟的计算机辅助技术研究[J]. 采矿技术, 2006(4): 19-22.

[72] 杨继清. 关于岩体结构网络模拟的计算机辅助研究[D]. 昆明: 昆明理工大学, 2005.

[73] 柴军瑞. 大坝工程渗流力学[M]. 拉萨: 西藏人民出版社, 2001.

[74] 仵彦卿, 张倬元. 岩体水力学导论[M]. 成都: 西南交通大学出版社, 1995.

[75] 黄勇, 周志芳. 岩体渗流模拟的二维随机裂隙网络模型[J]. 河海大学学报(自然科学版), 2004(1): 91-94.

[76] 田景成, 刘晓平, 唐卫清, 等. 钢结构中节点图的自动标注算法[J]. 计算机辅助设计与图形学学报, 1999(3): 210-213.

[77] 吴明建, 沈致和. 深度优先搜索在给水管网计算中的应用[J]. 合肥工业大学学报(自然科学版), 2005, 28(6): 665-667.

[78] 方涛, 柴军瑞, 胡海浪, 等. Monte Carlo 方法在岩体裂隙结构面模拟中的应用[J]. 露天采矿技术, 2007(1): 7-9.

[79] 马宇, 赵阳升, 段康廉. 岩体裂隙网络的二维分形仿真[J]. 太原理工大学学报, 1999, 30(5): 29-32.

[80] 徐钟济. 蒙特卡罗方法[M]. 上海: 上海科学技术出版社, 1985.

[81] SHREIDER J A. Method of statistical testing: Monte Carlo method[J]. International Statistical Institute, 1964, 33(2): 327-328.

[82] METROPOLIS N C, ULAM S M. The Monte Carlo method[J]. Journal of the American Statistical Association, 1949, 44(247): 335-341.

第4章 区域尺度渗流场计算关键问题

4.1 地下洞室群工程渗流场边界定位与取值

对于潜水井而言,抽排水过程势必会造成地下水位的下降,并且离工程区越远,地下水下降幅度越小。以此可定义潜水井的影响半径,渗流场计算边界应该取在影响半径附近。将潜水井替换为地下洞室群,同样会引起地下水位的变化,但目前缺少关于由洞室群引起的地下水下降范围研究,以及在此基础上的地下洞室群渗流场模型范围研究。

抽水蓄能电站地下洞室群往往埋深大、水文地质环境复杂且工程区边界条件类型较多。本节以抽水蓄能电站地下洞室群为研究对象,统计56座现运行抽水蓄能电站的工程特性,分析确定地下洞室群渗流场模型范围时面临的问题;揭示地下洞室群渗流场计算结果随模型范围的演化规律,定义地下洞室群对渗流场的影响范围,确定地下洞室群影响范围的主要影响因素;建立包含地下洞室群渗流量、渗流场模型范围和各影响因素的数学模型,创新地下洞室群影响范围和渗流场模型范围的确定方法。

无论研究对象是哪种工程或建筑物,建立渗流场计算模型时首先要确定模型范围,定位计算边界。渗流场模型计算边界可定位在研究区域内的分水岭、山谷、河流、湖泊和人工湖等位置,然而当上述地质条件不存在时,计算边界位置的选定往往靠经验决定[1-4]。例如,《碾压式土石坝设计规范》(SL 274—2020)中建议,当工程区相对不透水层较远时,库区上、下游和左、右岸渗流场模型范围不宜小于最大坝高的2倍[5]。经验取值尚无明确的解释和理论支撑。

由达西定律可知,流量由过流断面面积、介质渗透系数和水力梯度共同决定[2,6,7]。当研究对象确定时,过流断面面积及介质渗透系数可通过工程及水文地质特性获得,水力梯度一般由计算断面与计算边界的距离和水头差决定。对于某特定工程和计算部位,过流断面面积和介质渗透系数固定不变,模型边界水位和位置直接影响渗流场计算结果。因此,通过数值模拟方法计算地下洞室群渗流场时,如果模型范围选取不当、计算边界定位不合理,会导致地下洞室群渗流场计算结果与实际情况相差较大[8-12]。

地下水动力学中完整潜水井的理论研究涉及模型范围对渗流场计算结果的影响[13-17]。如图 4-1（a）所示，假定研究区域地层为均质多孔介质，潜水井工作时大量地下水渗入井内并以恒定流量被抽走。地下水位此时为空间漏斗状，漏斗平面图为圆形，此时潜水井轴线距漏斗边缘的距离为潜水井的影响半径。潜水井影响半径与其他工程及水文地质参数之间的关系可通过 Dupuit 公式进行描述[18]：

$$(2h_0 - s_\text{w})s_\text{w} = \frac{Q_\text{w}}{\pi K} \ln \frac{R_\text{w}}{r_\text{w}} \tag{4-1}$$

式中，h_0 为含水层厚度；s_w 为井内水位降深；Q_w 为潜水井流量；R_w 为潜水井影响半径；r_w 为潜水井半径；K 为含水层渗透系数。

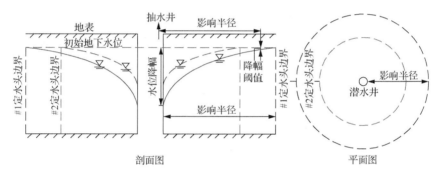

（a）潜水井与影响半径

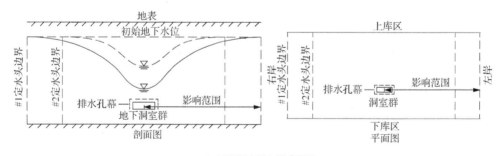

（b）地下洞室群与影响范围

图 4-1　定水头边界位置不同时地下水位剖面及平面示意图

以图 4-1（a）为例建立渗流场计算模型，由式（4-1）可知，假设 h_0、Q_w、K、r_w 等参数固定并且初始水位恒定不变，当图 4-1（a）中定水头边界由#1 移动至#2 时，R_w 和 s_w 值随之减小，潜水井所造成的地下水降深、下降范围以及生态压力将被低估。因此，为了避免地下水位下降对计算边界的影响，定水头边界与潜水井轴线之间的距离和模型范围应大于等于井的影响半径。抽水蓄能工程区范围广、边界复杂，以抽水蓄能电站地下洞室群为例，如图 4-1（b）所示，由于厂房系统和排水系统内壁均为潜在逸出边界，当把图 4-1（a）中的潜水井替换为地下洞室群时，地下水下降漏斗依然存在。与潜水井的不同之处在于抽水蓄能电站工程区内常有稳定的地表水补给源，如上水库、下水库或河道等。当左、右岸地形无限延伸时，由地下洞室群造成的地下水降落漏斗在平面图上接近矩形[图 4-1（b）]。在此基础上，本节将地下洞室群周围地下水的降落范围定义为洞室群影响范围，同样代表地下洞室群对渗流场的影响范围。与潜水井的影响半径类似，当定水头边界由#1 移动到#2 时[图 4-1（b）]，由洞室群引起的地下水下降范围及水位降深将同样被低估。

综上所述，无论进行地下洞室群还是潜水井的渗流场分析，准确地预估地下洞室群影响范围和潜水井影响半径，合理地选定模型范围，对保证计算结果的准确性极为重要。对于潜水井而言，影响半径位置处的水位降深理论值趋于无限小，影响半径理论值趋于无限大。为了便于应用，如图 4-1（a）所示，设定影响半径处地下水降幅阈值，通过降幅阈值与 s_w 之间的比值可确定潜水井 R_w 值，有学者建议该比值范围为 0.001～0.1[17,19]。然而，目前关于地下洞室群影响范围的研究相对稀缺，渗流场模型范围对计算结果的影响机理尚未明确，因此有必要开展相关研究，为渗流场模型范围的选定提供理论支撑。

4.1.1　已建抽水蓄能电站工程特性统计分析

由于所处地理位置和工程需求不同，抽水蓄能地下洞室群尺寸、发电水头和工程区地下水走势也各不相同。表 4-1 收集了世界范围内 56 座现运行抽水蓄能电站洞室群两岸地形坡比（i_t）、最大发电水头（hydraulic head maximum）（H_{ymax}）和主厂房尺寸信息。如表 4-1 所示，大部分电站洞室群左、右两岸地形起伏变化较大。如图 4-2 和表 4-1 所示，洞室群两岸地形延伸形式及统计结果可划分为四类：①26.7%的右岸地形抬升至山脊，26.7%的左岸地形抬升至山脊；②53.6%的右岸地形下降至河谷，62.5%的左岸地形下降至河谷；③7.2%的右岸地形下降至平缓地带，5.4%的左岸地形下降至平缓地带；④12.5%的右岸地形平缓延伸，5.4%的左岸地形平缓延伸。

表 4-1　56 座现运行抽水蓄能电站洞室群两岸地形坡比（i_t）、最大发电水头（H_{ymax}）和主厂房尺寸统计结果

序号	抽水蓄能电站	国家	右岸地形	左岸地形	H_{ymax}/m	宽度/m	高度/m	长度/m
1	Kuhtai	奥地利	抬升至山脊 i_t=0.629，L_p=0.74km	抬升至山脊 i_t=0.787，L_p=0.85km	400	—	—	—
2	Limberg II	加拿大	抬升至山脊 i_t=0.633，L_p=2.20km	抬升至山脊 i_t=0.546，L_p=1.50km	290	34	50	100
3	Coo-Trois-Ponts	比利时	下降至河谷 i_t=0.372，L_p=1.20km	下降至河谷 i_t=0.401，L_p=1.90km	270	27	40	128
4	Chaira	保加利亚	抬升至山脊 i_t=0.321，L_p=2.50km	下降至河谷 i_t=0.211，L_p=3.80km	650	22	43	111
5	白莲河	中国	下降至平缓地带 i_t=0.121	下降至河谷 i_t=0.102，L_p=2.50km	210	22	51	147
6	广州	中国	下降至河谷 i_t=0.435，L_p=3.70km	下降至河谷 i_t=0.328，L_p=3.30km	514	20	44	149
7	黑麋峰	中国	下降至河谷 i_t=0.481，L_p=0.88km	下降至河谷 i_t=0.263，L_p=0.91km	295	27	60	136
8	明湖	中国	下降至平缓地带 i_t=0.090	下降至河谷 i_t=0.224，L_p=4.30km	316	21	46	127
9	泰安	中国	下降至平缓地带 i_t=0.078	下降至平缓地带 i_t=0.069	225	25	54	280
10	天荒坪	中国	下降至河谷 i_t=0.158，L_p=2.53km	下降至河谷 i_t=0.188，L_p=3.51km	610	20	46	194
11	西龙池	中国	下降至河谷 i_t=0.329，L_p=3.07km	下降至河谷 i_t=0.503，L_p=2.85km	624	22	49	150
12	宜兴	中国	下降至河谷 i_t=0.189，L_p=2.41km	下降至平缓地带 i_t=0.295	353	22	52	155
13	张河湾	中国	下降至河谷 i_t=0.163，L_p=5.21km	下降至河谷 i_t=0.284，L_p=2.63km	300	24	50	152
14	呼和浩特	中国	下降至河谷 i_t=0.040，L_p=2.33km	下降至河谷 i_t=0.356，L_p=0.91km	521	24	50	152
15	仙居	中国	下降至河谷 i_t=0.402，L_p=3.22km	平缓延伸	544	26	55	176
16	蒲石河	中国	下降至河谷 i_t=0.060，L_p=3.31km	抬升至山脊 i_t=0.222，L_p=1.30km	330	23	54	140
17	仙游	中国	抬升至山脊 i_t=0.053，L_p=0.74km	下降至河谷 i_t=0.076，L_p=1.31km	470	24	67	162
18	洪屏	中国	下降至河谷 i_t=0.439，L_p=2.4 km	下降至河谷 i_t=0.178，L_p=2.81km	540	22	49	157
19	响水洞	中国	抬升至山脊 i_t=0.097，L_p=0.71km	下降至河谷 i_t=0.133，L_p=1.51km	218	25	56	175
20	宝泉	中国	平缓延伸	抬升至山脊 i_t=0.719，L_p=0.25km	510	23	50	101

续表

序号	抽水蓄能电站	国家	右岸地形	左岸地形	H_{smax}/m	宽度/m	高度/m	长度/m
21	Dlouhe Strane	捷克	下降至河谷 i_t=0.394, L_p=3.05km	下降至河谷 i_t=0.340, L_p=1.93km	545	27	52	120
22	La Coche	法国	下降至河谷 i_t=0.526, L_p=1.82km	下降至河谷 i_t=0.295, L_p=2.84km	930	12	30	64
23	Le Cheylas	法国	下降至河谷 i_t=0.277, L_p=6.03km	下降至河谷 i_t=0.331, L_p=3.11km	490	—	—	—
24	Revin	法国	下降至河谷 i_t=0.333, L_p=1.12km	下降至河谷 i_t=0.035, L_p=4.12km	240	17	41	114
25	Grand Maison	法国	抬升至山脊 i_t=0.485, L_p=2.25km	抬升至山脊 i_t=0.474, L_p=2.11km	905	16	40	160
26	Super Bissorte	法国	抬升至山脊 i_t=0.459, L_p=1.62km	抬升至山脊 i_t=0.392, L_p=1.32km	1164	16	40	90
27	Montezic	法国	下降至河谷 i_t=0.110, L_p=2.52km	平缓延伸	416	25	40	145
28	Goldisthal	德国	下降至河谷 i_t=0.410, L_p=1.67km	下降至河谷 i_t=0.206, L_p=1.85km	—	26	49	137
29	Hornbergbecken	德国	下降至河谷 i_t=0.218, L_p=1.93km	下降至河谷 i_t=0.285, L_p=1.05km	1000	20	33	219
30	Markersbach	德国	下降至河谷 i_t=0.147, L_p=1.44km	下降至河谷 i_t=0.230, L_p=2.74km	288	24	44	149
31	Waldeck	德国	下降至河谷 i_t=0.315, L_p=2.05km	下降至河谷 i_t=0.203, L_p=4.12km	336	34	50	105
32	Siah Bishe	伊朗	抬升至山脊 i_t=0.444, L_p=0.98km	抬升至山脊 i_t=0.328, L_p=1.10km	505	27	46	126
33	Lago Delio	意大利	抬升至山脊 i_t=0.366, L_p=2.83km	抬升至山脊 i_t=0.312, L_p=3.65km	720	21	60	172
34	Entracque Chiotas	意大利	抬升至山脊 i_t=0.503, L_p=1.28km	抬升至山脊 i_t=0.801, L_p=1.78km	1048	—	—	—
35	Anapo (Solarino)	意大利	平缓延伸	下降至河谷 i_t=0.124, L_p=3.58km	335	20	40	155
36	Edolo	意大利	下降至河谷 i_t=0.199, L_p=4.62km	抬升至山脊 i_t=0.301, L_p=2.01km	—	16	47	175
37	Provvidenza	意大利	抬升至山脊 i_t=0.218, L_p=0.55km	抬升至山脊 i_t=0.273, L_p=1.31km	—	19	25	129
38	Imaichi	日本	下降至河谷 i_t=0.518, L_p=1.05km	下降至河谷 i_t=0.215, L_p=2.64km	540	34	51	160
39	Numappara	日本	下降至河谷 i_t=0.315, L_p=1.91km	下降至平缓地带 i_t=0.167	500	22	46	131
40	Okumino	日本	下降至河谷 i_t=0.299, L_p=2.54km	下降至河谷 i_t=0.223, L_p=3.62km	633	20	44	125
41	Okutataragi	日本	抬升至山脊 i_t=0.353, L_p=0.68km	抬升至山脊 i_t=0.386, L_p=1.27km	406	25	49	134

续表

序号	抽水蓄能电站	国家	右岸地形	左岸地形	H_{ymax}/m	宽度/m	高度/m	长度/m
42	Ohkawachi	日本	下降至河谷 i_t=0.187，L_p=3.74km	下降至河谷 i_t=0.552，L_p=1.17km	395	24	46	134
43	Sabigawa	日本	抬升至山脊 i_t=0.143，L_p=0.28km	下降至河谷 i_t=0.463，L_p=2.66km	362	29	52	165
44	Tamahaya	日本	抬升至山脊 i_t=0.154，L_p=2.23km	抬升至山脊 i_t=0.192，L_p=0.52km	518	26	50	116
45	Vianden	卢森堡	下降至河谷 i_t=0.426，L_p=1.63km	平缓延伸	275	17	30	330
46	Aurland	挪威	平缓延伸	下降至河谷 i_t=0.442，L_p=6.72km	400	—	—	—
47	Porabka-zar	波兰	下降至河谷 i_t=0.267，L_p=1.22km	下降至河谷 i_t=0.243，L_p=1.83km	432	27	40	124
48	Cierny Vach	斯洛伐克	下降至河谷 i_t=0.301，L_p=1.92km	下降至河谷 i_t=0.483，L_p=1.55km	434	21	48	90
49	La Muela I	西班牙	下降至河谷 i_t=0.469，L_p=1.77km	下降至河谷 i_t=0.058，L_p=0.66km	522	24	49	111
50	Linth-Limmern	瑞士	抬升至山脊 i_t=0.437，L_p=1.09km	抬升至山脊 i_t=0.450，L_p=1.98km	—	—	—	—
51	Cruachan	英国	抬升至山脊 i_t=0.513，L_p=1.11km	抬升至山脊 i_t=0.568，L_p=1.08km	348	24	38	92
52	Dinorwic	英国	下降至平缓地带 i_t=0.240	下降至河谷 i_t=0.435，L_p=0.66km	544	24	52	180
53	Racoon	美国	平缓延伸	下降至河谷 i_t=0.441，L_p=0.72km	310	22	24	150
54	Bad Creek	美国	平缓延伸	下降至河谷 i_t=0.373，L_p=0.73km	324	27	40	137
55	Helms	美国	平缓延伸	抬升至山脊 i_t=0.513，L_p=2.04km	541	22	47	100
56	Northfield	美国	平缓延伸	下降至河谷 i_t=0.273，L_p=1.12km	226	25	38	100

注：L_p 为洞室群距河谷或山脊直线距离。

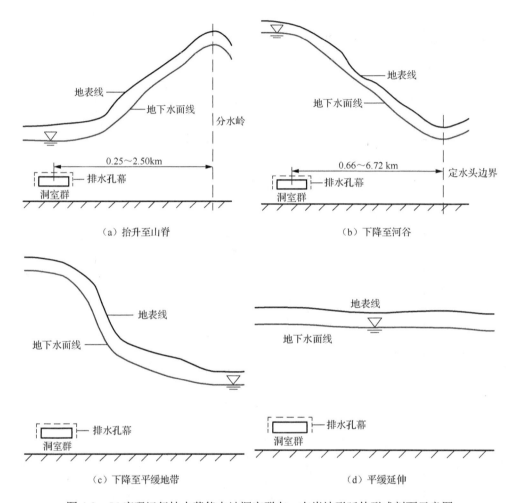

图 4-2　56 座现运行抽水蓄能电站洞室群左、右岸地形延伸形式剖面示意图

对于上述四类地形延伸形式，分水岭常存在于山脊处，并可作为隔水边界及模型边界 [如图 4-2（a）中虚线]；由于河流及高地势处的水量补给，河谷处地下水位常为定值，因此模型边界可取在河谷处并设为定水头边界 [如图 4-2（b）中虚线]。图 4-2（a）中分水岭不存在水量交换，图 4-2（b）中河谷处地下水位基本保持不变，因此洞室群影响范围在山脊及河谷处将终止延伸。然而，当两岸河谷距洞室群较远 [如图 4-2（b）中最大距离接近 6.72km] 或两岸地形延伸时没有明显山脊或河谷 [如图 4-2（c）和（d）所示] 时，洞室群影响范围难以确定。

4.1.2　渗流场模型范围对计算结果的影响分析

　　为了进一步探究模型范围对地下洞室群渗流场计算结果的影响,本小节基于表 4-1 中的统计数据,通过 ABAQUS 计算平台建立简化抽水蓄能电站洞室群渗流计算模型,开展数值模拟试验。如图 4-3 所示,主厂房长 157.01m、宽 25.4m、高 50.27m,洞室群最大埋深为 1.2km。主厂房四周及顶部环绕直径为 5cm、间距为 5m 的排水孔幕,侧面竖直排水孔距主厂房 20m,顶部排水孔倾斜角度为 30°。本小节采用“以线代孔”法模拟排水孔幕。假定工程区地下水位在地表 50m 之下,地层为渗透系数为 10^{-7}m/s 的均质多孔介质。模型中主厂房及排水孔内壁为潜在逸出边界,上游、下游、左岸及右岸侧面为定水头边界。根据 4.1.1 小节分析,由于上、下库的影响,洞室群影响范围在上、下游方向固定不变。因此,本小节假定模型范围向左、右岸延伸,每次延伸距离为 200m,共建立 11 个数值计算模型为一组试验,并进行稳定渗流计算,分析不同模型范围对洞室群渗流量和地下水位计算结果的影响。

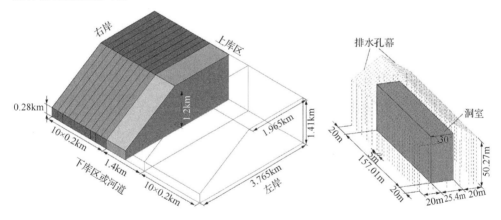

图 4-3　抽水蓄能电站洞室及排水系统简化模型图

　　选定不同模型范围时,地下水位及地下洞室群渗流量变化结果分别如图 4-4 和图 4-5 所示。计算结果表明,模型范围不同时地下水位和地下洞室群渗流量计算结果差异较大,模型范围较小时地下水位和渗流量结果将被高估。地下水位和地下洞室群渗流量结果随模型范围增大时的非线性减小规律与式(1-3)中 Q_w 和 s_w 随 R_w 增大时的变化规律类似。如图 4-4 所示,随着模型范围增大,同等模型范围增量造成的地下水位降幅逐渐减弱。如图 4-5 所示,当模型范围由 1.4km 增大至 5.4km 时,渗流量计算结果由 87.56L/s 减小至 61.89L/s,变幅为 25.67L/s。当模型范围无限增大时,模型左、右岸侧面边界逐渐逼近洞室群影响范围,地下水位变化对计算边界的影响越来越小。

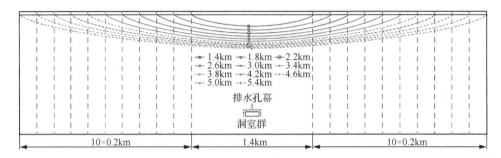

图 4-4　地下水位随地下洞室群渗流场模型范围变化结果

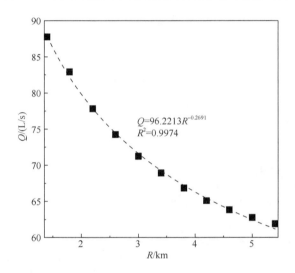

图 4-5　地下洞室群渗流量随渗流场模型范围变化结果

此外，地下洞室群渗流量与模型范围之间的关系可通过式（4-2）表述：

$$Q = a_Q R^{b_Q} \qquad (4\text{-}2)$$

式中，Q 为地下洞室群渗流量，L/s；R 为模型范围，km；a_Q 和 b_Q 为回归系数。

从图 4-4 和图 4-5 可以看出，当模型范围持续增大时，地下水位及地下洞室群渗流量结果逐渐趋于定值，说明模型范围对渗流场计算结果的影响逐渐减弱。因此，可以合理地假定最佳模型范围值应大于等于洞室群影响范围，并且确定模型范围的关键在于确定洞室群模型范围。

4.1.3　地下洞室群影响范围影响因素的确定

以 Dupuit 理论[18]为基础，通过对比分析地下洞室群影响范围及潜水井影响半径之间的特性，可确定决定洞室群影响范围取值的主要因素如下：

（1）为了保证足够的发电水头，抽水蓄能电站多修建在山区，工程区地形往往起伏多变，地下水面线也很难维持水平状态，这严重偏离了 Dupuit 理论的基础假定。因此，应当重视地下水面线坡比对洞室群影响范围取值的影响。

（2）潜水井内壁为定流量计算边界，由式（4-1）可知，当其他参数固定时潜水井影响半径会随地层渗透系数的增大而增大。与潜水井计算边界不同，洞室群计算边界为潜在逸出边界，理论上当地层为均质多孔介质时，地层渗透系数不会左右洞室群影响范围的取值。

（3）与潜水井计算边界不同，地下洞室群内壁边界并未穿透地层，洞室群顶部水位埋深对洞室群影响范围的作用与式（4-1）中 h_0 对 R_w 的影响类似。因此，洞室群顶部地下水埋深对影响范围取值的作用不可忽视。

（4）由式（4-1）可知，当其他参数固定时 R_w 会随着 r_w 的变化而变化，因此应当考虑洞室群尺寸对其影响范围取值的影响。我国大部分抽水蓄能电站地下厂房系统外围均布设以排水孔为主的排水系统，与图 4-3 中算例相似。洞室群尺寸对其影响范围取值的影响可进一步转换为洞室群潜在逸出边界面积对影响范围的影响，潜在逸出边界面积可通过洞室尺寸和排水设计方案确定。

综上所述，影响地下洞室群影响范围取值的主要因素包括：洞室群两岸地下水面线坡比（i_g）、洞室群顶部地下水埋深（H_{max}）、洞室群潜在逸出边界面积（A）。以图 4-3 中模型的假设为基础，本小节所有模型地下水面线坡比与地表坡比一致，洞室群顶部地下水埋深为电站最大发电水头减去 50m。以表 4-1 统计结果为基础，图 4-6 列举了 56 座现运行抽水蓄能电站地下洞室群地表地形坡比权重、最大发电水头权重和主厂房尺寸权重统计。如图 4-6（a）所示，洞室群右岸降坡坡比范围为 0.04～0.526，左岸降坡坡比范围为 0.035～0.719；洞室群右岸升坡坡比范围为-0.633～-0.143，左岸升坡坡比范围为-0.81～-0.273。此外，两岸地形大多以降坡为主，其中右岸降坡坡比主要范围为 0～0.2（37.5%）和 0.2～0.4（23.2%）；左岸降坡坡比主要范围为 0～0.2（25.0%）和 0.2～0.4（39.3%）。结合表 4-1 及图 4-6（b）可知，所统计抽水蓄能水电站最大发电水头范围为 210～1164m，并且大部分电站最大发电水头较低，其中 40.4%水电站最大发电水头范围为 400～600m，40.4%水电站最大发电水头低于 400m。

此外，如图 4-6（c）所示，所统计水电站主厂房尺寸差异较大，主厂房长度变化范围为 64～330m，宽度变化范围为 12～34m，高度变化范围为 24～67m；主厂房长度主要分布在 90～160m（72.5%），宽度范围主要为 20～25m（51.0%）及 25～30m（29.4%），高度范围主要为 40～50m（49.0%）及 50～60m（31.4%）。

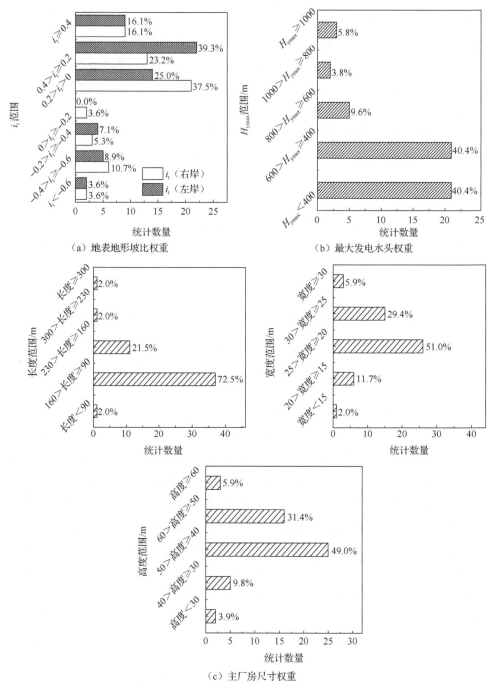

（a）地表地形坡比权重

（b）最大发电水头权重

（c）主厂房尺寸权重

图4-6 地下洞室群影响范围因素权重统计图

（a）中 i_t 负号表示升坡，正号表示降坡

4.1.4　地下洞室群影响范围单因素分析

1．数值模拟试验模型

为了进一步定量分析 i_g、H_{max} 和 A 对洞室群影响范围取值的影响，本小节在图 4-3 简化模型的基础上，以表 4-1 统计结果和图 4-6 分析结果为基础，通过改变模型中的 i_g、H_{max} 和 A 建立单因素分析数值模拟试验模型。通过单因素分析及控制变量可明确上述因素发生变化时 Q-R 曲线的变化趋势，建立各因素与回归系数 a_Q 和 b_Q 之间的数学关系，揭示各因素对洞室群影响范围及模型范围的影响机理。基于统计结果及计算假设，i_g、H_{max} 和 A 统计范围值如图 4-7 所示。其中，确定洞室群潜在逸出边界面积之前需要首先确定主厂房尺寸，以表 4-1 中的统计结果为基础，主厂房长：宽：高的结果取表 4-1 中统计结果均值，为 6.181：1：1.979。随后以图 4-3 中模型为基础，计算得到洞室群潜在逸出边界面积范围为 21480～88706m²。

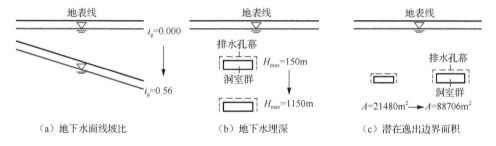

（a）地下水面线坡比　　　　（b）地下水埋深　　　　（c）潜在逸出边界面积

图 4-7　地下洞室群两岸地下水面线坡比、地下水埋深和潜在逸出边界面积统计范围简图

以图 4-7 为基础，i_g、H_{max} 和 A 分级取值结果如表 4-2 所示，表 4-2 同样给出了不同洞室群潜在逸出边界面积对应的主厂房尺寸。结合图 4-3 中的简化模型和表 4-2 中各影响因素取值，各单因素数值模拟试验模型剖面如图 4-8 所示。图 4-8（a）中计算模型用于分析 i_g 对模型范围取值的影响，通过改变两岸地形坡比共获得 5 组（55 个）数值计算模型；图 4-8（b）中计算模型用于分析 H_{max} 对模型范围取值的影响，通过改变洞室群埋深共获得 5 组（55 个）数值计算模型；图 4-8（c）中计算模型用于分析 A 对模型范围取值的影响，通过改变主厂房尺寸共获得 5 组（55 个）数值计算模型。

表 4-2　地下洞室群两岸地下水面线坡比、地下水埋深及潜在逸出边界面积分级取值结果

i_g	H_{max}/m	地下洞室尺寸			A/m²
		宽度/m	高度/m	长度/m	
0	150	12.34	24.43	76.29	21480

续表

i_g	H_{max}/m	地下洞室尺寸			A/m^2
		宽度/m	高度/m	长度/m	
0.14	400	20.90	41.37	129.21	48511
0.28	650	25.40	50.27	157.01	67577
0.42	900	28.70	56.80	177.41	83344
0.56	1150	31.38	62.10	193.96	88706

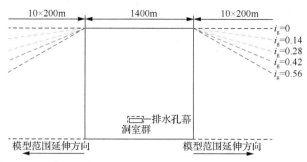

（a）洞室群两岸地下水面线坡比因素分析模型

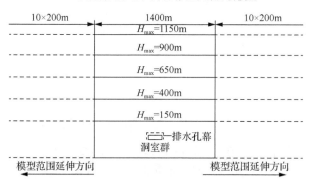

（b）洞室群顶部地下水埋深因素分析模型

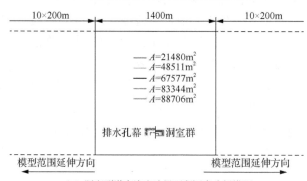

（c）洞室群潜在逸出边界面积因素分析模型

图 4-8　单因素数值模拟试验模型剖面

2. 单因素分析结果

上述单因素分析模型渗流量与模型范围结果如图 4-9 所示。从图 4-9 中可以看出，当 i_g、H_{max} 和 A 发生变化时，Q 与 R 之间的关系仍然可以通过式（4-2）高度拟合。此外，当模型范围固定时，渗流量计算结果随 i_g、H_{max} 和 A 的变化而呈现出明显差异。以 R=5.4km 为例，当 i_g 从 0 增大至 0.56 时，Q 结果将减小 47.3%；当 H_{max} 从 150m 增大至 1150m 时，Q 结果将增大 879.8%；当 A 从 21480m^2 增大

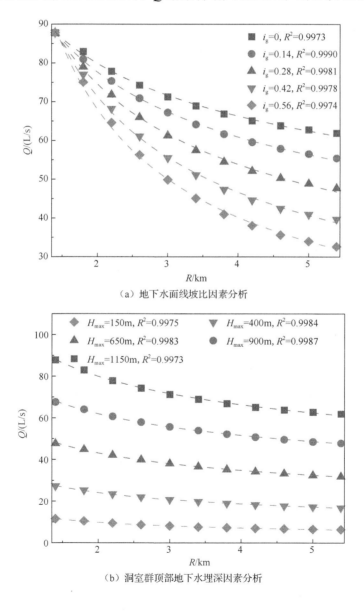

（a）地下水面线坡比因素分析

（b）洞室群顶部地下水埋深因素分析

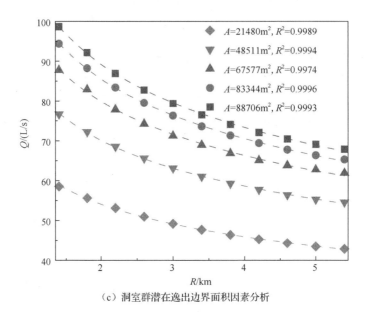

（c）洞室群潜在逸出边界面积因素分析

图 4-9　单因素分析模型渗流量与模型范围结果

至 88706m² 时，Q 结果将增大 58.5%。当 i_g 和 H_{max} 降低时，洞室群附近静水压力及水力梯度均随之降低，导致渗流量结果显著减小；当 A 增大时，渗流场潜在逸出边界范围将增大，额外的地下水将从边界逸出并增大渗流量结果，A 对渗流量的影响规律与式（4-1）中 r_w 对 Q_w 的影响规律相似。

　　此外，i_g、H_{max} 和 A 取值的不同将直接影响图 4-9 中拟合曲线斜率的绝对值。尤其当模型范围较小时，i_g、H_{max} 和 A 取值越大，曲线斜率的绝对值越大，并且延缓曲线的平缓趋势。这意味着当 i_g、H_{max} 和 A 取值较大，洞室群影响范围越大。因此，i_g、H_{max} 和 A 将严重影响渗流量计算结果以及 Q 与 R 之间的数学关系，且决定着洞室群影响范围及模型范围的取值。

　　上述 i_g、H_{max} 和 A 对式（4-2）回归系数 a_Q 和 b_Q 的影响如图 4-10 所示。结果表明，a_Q 和 b_Q 与 i_g、H_{max} 和 A 之间呈现出明显的非线性关系，并且各影响因素对 a_Q 和 b_Q 取值影响较大。其中 i_g 从 0 增大至 0.56 时，a_Q 将增大 19.6%，b_Q 绝对值将增大 183.2%；当 H_{max} 从 150m 增大至 1150m 时，a_Q 将增大 617.0%，b_Q 绝对值将增大 18.6%；当 A 从 21480m² 增大至 88706m² 时，a_Q 将增大 70.0%，b_Q 绝对值将减小 41.4%。结果表明，建立 Q 与 R 之间的关系时必须考虑 i_g、H_{max} 和 A 的取值与影响。a_Q 和 b_Q 与各影响因素之间的关系可通过式（4-3）、式（4-4）表述。

$$a_Q = m_1 \mathrm{e}^{\alpha_1 i_g} = m_2 H_{max}^{\alpha_2} = m_3 A^{\alpha_3} \tag{4-3}$$

$$b_Q = n_1 \mathrm{e}^{\xi_1 i_g} = n_2 H_{max}^{\xi_2} = n_3 A^{\xi_3} \tag{4-4}$$

式中，i_g 为地下水面线坡比；$H_{\max}$ 为洞室群顶部地下水埋深，m；A 为洞室群潜在逸出边界面积，m²；m_i、n_i、α_i 和 ξ_i（i=1，2，3）为回归系数。

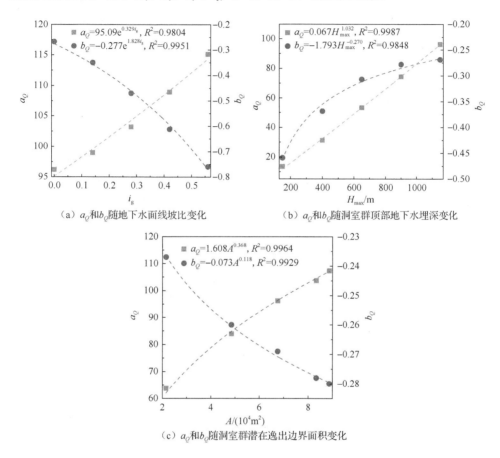

（a）a_Q 和 b_Q 随地下水面线坡比变化　　　　　　（b）a_Q 和 b_Q 随洞室群顶部地下水埋深变化

（c）a_Q 和 b_Q 随洞室群潜在逸出边界面积变化

图 4-10　回归系数 a_Q 和 b_Q 随各影响因素变化规律

4.1.5　地下洞室群影响范围多因素回归分析

1.　数值模拟试验模型

从单因素分析结果可以看出，i_g、$H_{\max}$ 和 A 决定着式（4-2）中回归系数 a_Q 和 b_Q 的取值，并且数学关系明确。因此，建立各影响因素与 a_Q 和 b_Q 之间的多元关系切实可行，并且对确定洞室群影响范围及模型范围有着重要意义。从单因素分析结果可以看出，各影响因素与 a_Q 和 b_Q 之间呈现出明显的非线性关系，其中 a_Q 和 b_Q 与 i_g 之间呈指数函数关系，a_Q 和 b_Q 与 $H_{\max}$ 和 A 之间呈幂函数关系，因此本小节选用多元非线性回归模型建立各影响因素与参数 a_Q 和 b_Q 之间的计算模型。基于单因素分析结果，a_Q 和 b_Q 与 $H_{\max}$ 和 A 基本函数形式为

$$a_Q = m e^{\alpha_1 i_g} H_{\max}^{\alpha_2} A^{\alpha_3} \tag{4-5}$$

$$b_Q = n e^{\xi_1 i_g} H_{\max}^{\xi_2} A^{\xi_3} \tag{4-6}$$

式中，$m = m_1 \cdot m_2 \cdot m_3$；$n = n_1 \cdot n_2 \cdot n_3$。

基于式（4-5）和式（4-6），经过转换之后本节用于确定各影响因素及 a 和 b 之间非线性关系的函数形式如下：

$$\ln a_Q = \ln m + \alpha_1 i_g + \alpha_2 \ln H_{\max} + \alpha_3 \ln A \tag{4-7}$$

$$\ln b_Q = \ln n + \xi_1 i_g + \xi_2 \ln H_{\max} + \xi_3 \ln A \tag{4-8}$$

以表 4-2 中的取值为基础，基于正交设计试验法建立的数值模拟试验方案如表 4-3 所示。以图 4-3 中计算模型为基础，结合表 4-3 中的数据对模型进行修改，共建立 15 组数值模拟试验。以表 4-3 中序号 6 为例，计算模型剖面如图 4-11 所示。

表 4-3 基于正交设计试验法建立的数值模拟试验方案

序号	i_g	$H_{\max}$/m	A/m^2	序号	i_g	$H_{\max}$/m	A/m^2	序号	i_g	$H_{\max}$/m	A/m^2
1	0	150	21480	6	0.14	400	88706	11	0.28	900	88706
2	0	400	48511	7	0.14	650	21480	12	0.28	1150	21480
3	0	650	67577	8	0.14	900	48511	13	0.42	900	67577
4	0	900	83344	9	0.14	1150	67577	14	0.42	1150	83344
5	0	1150	88706	10	0.28	650	83344	15	0.56	1150	48511

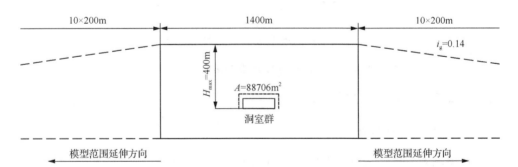

图 4-11 表 4-3 中序号 6 数值计算模型剖面

2. 多元回归分析结果

表 4-3 中各方案 Q 与 R 计算结果如图 4-12 所示。从图 4-12 中可以看出，表 4-3 中各方案 Q 与 R 之间的关系仍然可以通过式（4-2）表述，并且拟合度较高，R^2 最小值为 0.9904，进一步说明了式（4-2）的合理性。

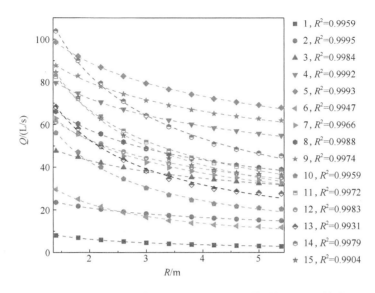

图 4-12 表 4-3 中各方案洞室群渗流量 Q 与模型范围 R 计算结果

通过回归分析，结合式（4-7）、式（4-8）及表 4-3，用于多元非线性回归分析计算表如表 4-4 所示。由于回归系数 b_Q 为负值无法取其对数，因此取其绝对值对数参与计算，随后在建立好的回归模型中添加负号。

表 4-4 回归系数 a_Q 和 b_Q 与各影响因素的多元非线性回归分析计算表

序号	i_g	H_{max}/m	A/m²	a_Q	b_Q	序号	i_g	H_{max}/m	A/m²	a_Q	b_Q
1	0	150	21480	10.62	−0.76	9	0.14	1150	11.12	98.96	−0.35
2	0	400	48511	26.52	−0.34	10	0.28	650	11.33	74.16	−0.82
3	0	650	67577	52.90	−0.30	11	0.28	900	11.39	101.84	−0.61
4	0	900	83344	87.78	−0.28	12	0.28	1150	9.97	71.05	−0.43
5	0	1150	88706	108.34	−0.28	13	0.42	900	11.12	87.89	−0.74
6	0.14	400	88706	38.03	−0.73	14	0.42	1150	11.33	130.02	−0.64
7	0.14	650	21480	73.78	−0.49	15	0.56	1150	10.79	107.03	−0.69
8	0.14	900	48511	76.15	−0.41	—	—	—	—	—	—

以表 4-4 数据为基础，通过 SPSS 软件进行多元线性回归分析计算，转换为乘法形式后可得到式（4-7）和式（4-8）中回归系数 m、n、α_i 和 ξ_i 的取值以及可决系数 R^2，结果如下所示：

$$a_Q = 0.011e^{0.361i_g} \cdot H_{max}^{0.991} \cdot A^{0.191}, \quad R^2 = 0.9290 \tag{4-9}$$

$$b_Q = -4.855e^{2.232i_g} \cdot H_{max}^{-0.607} \cdot A^{0.118}, \quad R^2 = 0.8580 \tag{4-10}$$

式（4-9）和式（4-10）可清晰表述各影响因素与 a_Q 和 b_Q 之间的综合关系，

并且拟合效果较好。结合式（4-2）、式（4-9）和式（4-10）即可得到任意 i_g、H_{max} 和 A 取值时地下洞室群渗流量与模型范围之间的数学模型：

$$\begin{cases} Q = a_Q R^{b_Q} \\ a_Q = 0.011\mathrm{e}^{0.361i_g} \cdot H_{max}^{0.991} \cdot A^{0.191} \\ b_Q = -4.855\mathrm{e}^{2.232i_g} \cdot H_{max}^{-0.607} \cdot A^{0.118} \end{cases} \tag{4-11}$$

4.1.6 洞室群渗流场模型范围的确定与分析

1. 确定方法的提出

从前述结果可以看出，当 R_i（$i=1, 2, \cdots, n$）值越来越大时，Q_i（$i=1, 2, \cdots, n$）值逐渐趋于稳定，即 Q_n-Q_{n-1} 值逐渐趋于 0。然而，潜水井影响半径或者洞室群的影响范围理论上趋于无限大，不存在确定值。Etienne 等[17]和 Johnson[19]通过提出潜水井影响半径处水位降幅阈值与井内水位降深之间的比值，限定了比值范围，从而确定潜水井影响半径。参考该思路，本小节首先定义地下洞室群渗流量阈值 $\Delta Q_t=Q_n-Q_{n-1}$，随后指定 $\delta=\Delta Q_t/Q_n$。其中，Q_n 和 Q_{n-1} 分别对应的模型范围值为 R_n 和 R_{n-1}，并且 $R_{n-1}=R_n-0.4$km。δ 为由模型范围引起的渗流量计算误差，当 δ 值在可接受范围内时可认为模型范围 R_n 对渗流场计算精度影响较低，本小节建议 δ 取值为 5%。将上述关系代入式（4-11）可得 R_n 取值计算公式如下：

$$\frac{a_Q R_n^{b_Q} - a_Q(R_n-0.4)^{b_Q}}{a_Q R_n^{b_Q}} = 0.05 \tag{4-12}$$

式中，a_Q 和 b_Q 可通过式（4-11）计算。

对于具体地下洞室群工程，将已知 i_g、H_{max} 和 A 代入式（4-12）即可得到渗流场模型范围值。由于本小节公式均为回归分析得到的经验公式，公式两边量纲并不统一，因此在应用时应注意 Q 和 ΔQ_t 的单位为 L/s，R 的单位为 km，H_{max} 的单位为 m，A 的单位为 m^2。此外，与本小节模型假设不同，大多数工程洞室群左、右岸地下水位走势并不对称。对于这种情况，本小节建议将左岸或者右岸地下水面线对称到另一边，分别确定出左岸或者右岸的洞室群影响范围及渗流场模型范围，最后取最大值统一反馈至渗流场计算模型中。

2. 确定方法的验证

本小节建立如图 4-13 所示的简化模型，说明所提方法的使用过程及其准确性和有效性。该简化模型在图 4-3 计算模型的基础上修改 i_g、H_{max} 和 A 得到。其中，$i_g=0.2$、$H_{max}=450$m、$A=51281$m^2（主厂房长度为 125m，宽度为 22.5m，高度为 45m）。

i_g、H_{max} 和主厂房尺寸取自本节统计数据中占比较大的数值，并且该模型在本节第一次出现。本小节以该模型为基础，进行了一组数值模拟试验，将数值计算结果与本小节所提出方法计算结果对比分析。

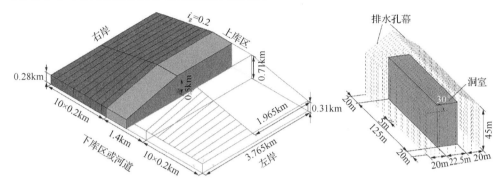

图 4-13　本小节所提洞室群影响范围及模型范围确定方法验证模型图

数值模拟结果和式（4-12）计算结果对比如图 4-14 所示。从对比结果可以看出，数值模拟试验和式（4-12）之间 Q 最大绝对误差为 0.39L/s，二者之间的计算结果接近。通过对试验结果进行回归分析，可得到式（4-2）回归系数 a_Q 和 b_Q 分别为 40.7141 和 -0.6764，通过式（4-12）计算可得 a_Q=39.9654 和 b_Q=-0.6689，二者之间误差较小。说明即使模型范围超过本小节试验所用最大值，式（4-12）仍然可准确预测洞室群渗流量和模型范围之间的关系。

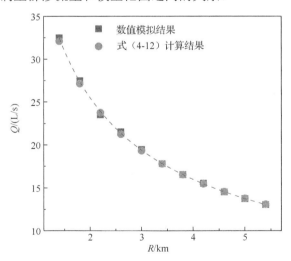

图 4-14　数值模拟结果和式（4-12）计算结果对比

令 δ=5%，通过对数值模拟试验结果进行分析，发现当模型范围从 4.2km 增大至 4.6km 时，δ=5.2%，当模型范围从 4.6km 增大至 5.2km 时，δ=4.5%，可判断出

R_n 取值介于 4.6km 和 4.2km 之间。通过式（4-12）可直接计算得到 R_n=4.841km。通过对比分析可以看出，本小节所提方法计算得到的参数值和结果与数值模拟试验结果接近。此外，在确定地下洞室群影响范围及渗流场模型范围值时，本小节所提方法计算结果在数值模拟试验结果的合理范围之内，并且更加精准。

4.2　水库渗流场边界定位与取值

4.2.1　边界水位修正理论与方法

1. 基本假设

（1）库岸边坡山体为均质、各向同性。

（2）库岸边坡山体内的天然地下水位较高，渗流计算域山侧边界处的地下水位高于水库的正常蓄水位。

（3）水库水位抬升并达到稳定之后，由于地下水渗流速度缓慢，且自由面坡度较小，假设自由面平缓，等水头面铅直，水头不随深度变化，即测压管水头 h 为常数。

图 4-15 所示的纵剖面的二维稳定渗流，自由面是一条流线，正确的等势线及渗流速度分布如图 4-15（a）所示。由于水位跌幅较小（θ 较小），根据 Dupuit 建议采用 tgθ 代替 sinθ，相当于假设水头等值线近乎垂直排列，即水流是水平的，而且具有静水压力分布，如图 4-15（b）所示。

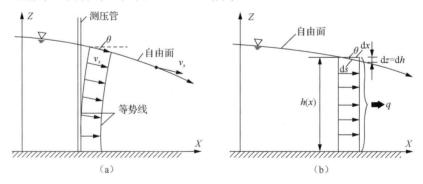

图 4-15　Dupuit 假设的说明

应用 Dupuit 假设于水平不透水层上的缓变无压渗流，如图 4-16 所示，单宽流量与任意距离 x 处的水深或水面为[20]

$$q = \frac{K\left(h^2 - h_2^2\right)}{2x} \tag{4-13}$$

$$h = \left[h_2^2 + \left(h_1^2 - h_2^2 \right) \frac{x}{L} \right]^{0.5} \tag{4-14}$$

式中，q 为单宽流量；K 为渗透系数；h 为从下游起任意距离 x 处的水深；h_1 为上游水深；h_2 为下游水深。

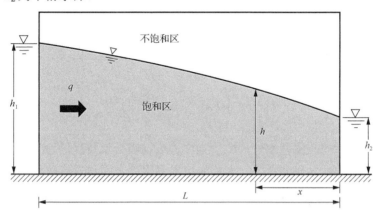

图 4-16　Dupuit 假设的渗流水深变化

2. 计算理论

水库开始蓄水，水位抬升并稳定之后，渗流逸出点的位置较初始渗流场逸出点的位置明显升高。如图 4-17 所示，由 A_0 升至 A_n，且稳定渗流具有如下基本几何性质[21]：①稳定渗流自由面在任一均匀介质内部必然连续光滑，且单调下降。

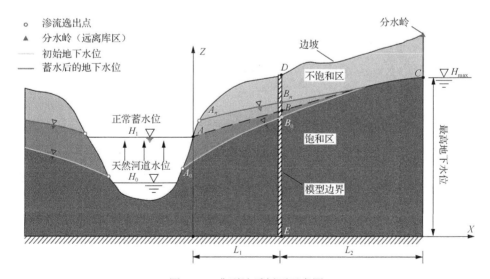

图 4-17　典型地质剖面示意图

②除非自由面穿过渗透性相差悬殊的两种介质之间的界面才会产生回弯。假设模型山侧边界处的水位在蓄水后无变化，蓄水后渗流逸出点 A_n 与初始地下水面线上的 B_0 以及最高地下水位点 C 构成的渗流自由面将会产生回弯、折点，这与稳定渗流的基本几何性质相违背，因此水库蓄水后会对初始渗流场模型山侧边界处的水位产生一定影响，这就是蓄水后山侧边界处水位发生变化的原因。

通常情况，均质边坡的自由面遵循 Dupuit 渗流理论，故假设该库岸边坡内山体自由面 ABC 满足 Dupuit 曲线方程[22]：

$$z = \left[H_1^2 + \left(H_{\max}^2 - H_1^2 \right) \left(\frac{x}{L_1 + L_2} \right) \right]^{0.5} \tag{4-15}$$

式中，H_1 为水库的正常蓄水位；$H_{\max}$ 为岸边坡地表分水岭处的地下水位，一般认为地表分水岭即地下分水岭；L_1 为模型边界到水库水面与库岸边坡交点的水平距离；L_2 为模型边界到地表分水岭的水平距离。

水库蓄水后，山体边坡内自由面较缓，由于水面倾斜度 θ 很小，根据 Dupuit 理论可知，在自由面 ABC 上，任一点处的水力梯度为

$$J = \frac{\mathrm{d}z}{\mathrm{d}s} = \frac{\mathrm{d}z}{\mathrm{d}x} = \frac{H_{\max}^2 - H_1^2}{2z \left(L_1 + L_2 \right)} \tag{4-16}$$

A 点和 C 点处的水力梯度分别为

$$J_A = \frac{H_{\max}^2 - H_1^2}{2\sqrt{\left(L_1 H_{\max}^2 + L_2 H_1^2 \right) \left(L_1 + L_2 \right)}} \tag{4-17}$$

$$J_C = \frac{H_{\max}^2 - H_1^2}{2 H_{\max} \left(L_1 + L_2 \right)} \tag{4-18}$$

过 A 点和 C 点的断面的单宽流量 q_A 和 q_C 分别为

$$q_A = K J_A H_1 \tag{4-19}$$

$$q_C = K J_C H_{\max} \tag{4-20}$$

式中，K 为渗透系数；J_A 为 A 点的水力梯度；J_C 为 C 点的水力梯度。

当 x 取 L_1 时，B 点的水头为

$$H_{B1} = \sqrt{\frac{L_1 H_{\max}^2 + L_2 H_1^2}{L_1 + L_2}} \tag{4-21}$$

$$|H_{Bn} - H_{Bn-1}| \leqslant \varepsilon \qquad (4\text{-}22)$$

式中，H_{B1} 为模型山侧边界 DE 处初步计算的水头值；H_{Bn-1} 为模型山侧边界 B 点第（$n-1$）次计算的水头值；H_{Bn} 为模型山侧边界 B 点第 n 次计算的水头值；$n=1$，2，$\cdots$；ε 取 $0.1 \sim 0.01$。

4.2.2　水库蓄水条件下边界水位的修正方法

1. 计算步骤与流程

（1）确定模型边界 DE 的位置，即已知 L_1 和 L_2，如图 4-17 所示。根据水位相关数据（H_1，H_{max}），利用式（4-14）初步拟合边坡的渗流自由面 ABC，模型边界 DE 处的地下水位由式（4-21）计算得到。

（2）根据现场勘测数据，确定边坡关键点的坐标和岩土体渗透系数，建立边坡二维模型。将边界 DE 处初步计算的水位 H_{B1} 视为定水头边界，库区边界为库水位 H_1（图 4-17），代入模型计算。

（3）根据渗流分析结果确定渗流逸出点的位置 A_2。

（4）以 A_2、C 点为参考，利用式（4-15）拟合渗流自由面方程。计算面 A_2B_2C，从而获得 B_2 点处的水头 H_{B2}。

（5）计算 H_{B1} 与 H_{B2} 的差值，判断其是否小于 ε。

（6）若不满足该精度要求时，则以 H_{B2} 为定水头，继续代入模型进行渗流计算，依次求得 H_{B3}、H_{B4}、$\cdots$、H_{Bn}。直到满足条件 $|H_{Bn}-H_{Bn-1}| \leqslant \varepsilon$ 时停止计算，其中 H_{Bn}、H_{Bn-1}、ε 同上。

（7）通过以上迭代计算，求得计算边界 DE 处的水头 H_B，最终取 H_B 作为模型的水头边界。

在三维渗流模型中，山侧边界具有一定横向距离，可以将模型沿山侧边界划分出不同的典型断面。通过上述方法求解出各个典型断面山侧边界处的水位，然后该边界处其他位置的水位可通过典型断面处的边界水位根据地形走势插值获得。最后，将计算的边界水位赋给三维模型进行渗流分析。模型边界水位修正方法流程如图 4-18 所示。

2. 算例分析

本小节采用相关渗流分析理论和边界水位修正方法对均质矩形坝进行了分析，验证了修正方法的可行性。算例采用二维模型进行渗流计算。在该算例中，分别利用修正方法与虚单元法计算出各个位置处的水头值。将两种方法得到的水头结果与其经验解进行对比与误差分析。

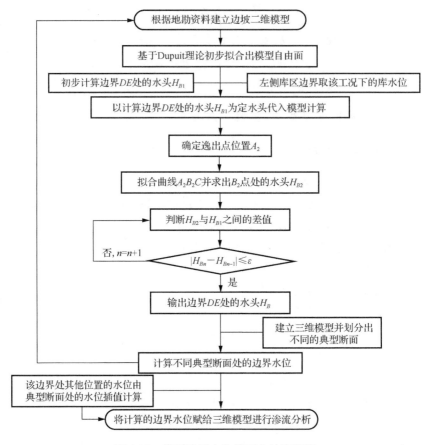

图 4-18   模型边界水位修正方法流程图

某均质矩形坝如图 4-19 所示，高度为 12m，宽度为 10m，上下游水位分别为 10m 和 2m，底部为不透水边界，坝体材料为均质各向同性。该问题自由面的解析表达式如下[23-25]：

$$z = (8x + 20)^{0.5} \tag{4-23}$$

建立矩形坝二维有限元模型如图 4-20（a）所示，网格剖分为 240 个直角边均为 1m 的三节点直角三角形平面。以 $x=9m$、$x=6m$、$x=3m$ 处分别作为本小节方法的计算边界，分别利用虚单元法[26]和本小节的方法计算该二维有限元模型，计算结果对比见表 4-5，求得的自由面位置和水头对比如图 4-19、图 4-20 所示。

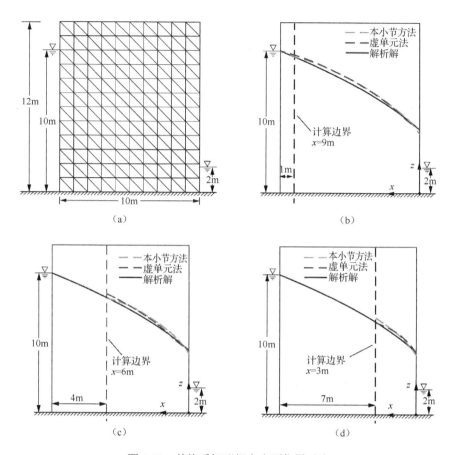

图 4-19　某均质矩形坝自由面位置对比

表 4-5　解析解与数值解水头对比表　　　　　　（单位：m）

模型边界	横坐标	解析解	虚单元法	误差 1	本小节方法	误差 2
	0	4.47	4.50	0.03	4.15	0.32
	1	5.29	5.21	-0.08	5.38	0.09
	2	6.00	6.11	0.11	6.15	0.15
	3	6.63	6.83	0.20	6.87	0.24
计算边界 x=9m	4	7.21	7.46	0.25	7.48	0.27
	5	7.75	8.03	0.28	8.04	0.29
	6	8.25	8.53	0.28	8.52	0.27
	7	8.72	8.99	0.27	8.96	0.24
	8	9.17	9.39	0.22	9.32	0.15
	9	9.59	9.73	0.14	9.60	0.01

模型边界	横坐标	解析解	虚单元法	误差1	本小节方法	误差2
计算边界 x=6m	0	4.47	4.50	0.03	4.23	-0.24
	1	5.29	5.21	-0.08	5.45	0.16
	2	6.00	6.11	0.11	6.26	0.26
	3	6.63	6.83	0.20	6.92	0.29
	4	7.21	7.46	0.25	7.49	0.28
	5	7.75	8.03	0.28	7.92	0.17
	6	8.25	8.53	0.28	8.20	-0.05
计算边界 x=3m	0	4.47	4.50	0.03	4.40	-0.07
	1	5.29	5.21	-0.08	5.55	0.26
	2	6.00	6.11	0.11	6.18	0.18
	3	6.63	6.83	0.20	6.58	-0.05

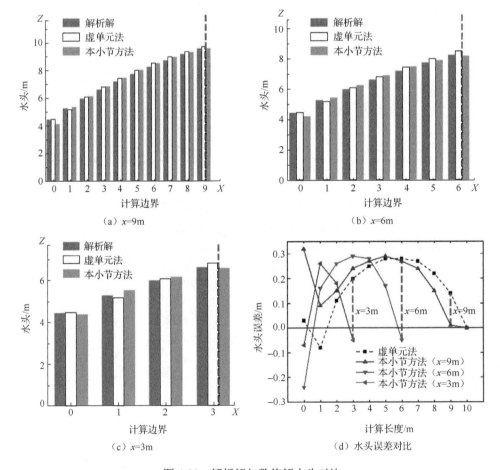

(a) x=9m (b) x=6m (c) x=3m (d) 水头误差对比

图 4-20 解析解与数值解水头对比

7

在该经典算例中，三种方法均考虑了相同的土坝尺寸、荷载、边界条件和渗透系数。采用三种方法可分别计算边界处的水位和自由面的位置。如表 4-5 和图 4-20 所示，本小节方法在坝体不同位置处计算出的水头非常接近于解析解。在整体上，与虚单元法计算精度相当。在靠近模型计算边界处的水头最接近于解析解，比虚单元法的精度高。尤其在模型计算边界处（x=3m），与解析解相比，本小节方法计算的水头的绝对误差分别为 0.01m、-0.05m 和-0.05m，相对误差分别为 0.1%、0.6% 和 0.8%。虚单元法产生的绝对误差分别为 0.14m、0.28m 和 0.20m，相对误差分别为 1.0%、3.4% 和 3.0%。本小节方法和虚单元法在计算边界不同时，求得的水头在分布上呈现相同趋势；在相同的计算边界上，两种方法得到的水头与解析解几乎相等。比较两种方法在计算边界产生的误差发现，本小节方法产生的误差（包括绝对误差和相对误差）比虚单元法产生的误差低一个数量级。因此，本小节方法在计算边界处求得的水头更接近解析解。

模型其余位置本小节方法与解析解的最大误差为 0.32m，略高于虚单元法，最大误差分布在下游逸出面附近，这是 Dupuit 假设在出渗附近局部急变流区产生的误差所导致的。由图 4-19 可以看出，本小节方法拟合的自由面曲线与解析解、虚单元法曲线很接近，尤其在模型计算边界处，该拟合曲线与解析解曲线最吻合。综上所述，本小节方法可以有效地模拟出计算边界处的水头且具有足够的可靠性。

4.2.3　工程应用

1.　工程概况

本小节以我国西南地区的金沙江白鹤滩大坝左岸边坡为例[27,28]，其坝址分布如图 4-21 所示。枢纽区左岸边坡分水岭距金沙江河谷较远，为了分析左岸初始渗流场分布规律以及正常蓄水位下的模型山侧边界处的水位变化特征，建立了左岸典型剖面二维有限元简化模型。

该模型以 IX$_2$ 勘探线横剖面为典型剖面，如图 4-22 所示。由于山体渗流自由面以上的地形不影响修正计算结果，对其进行简化处理，将左岸边坡简化为均质梯形边坡。模型全长 1400m，高 800m，坡度比 1:1。其中，取河床中心线为模型右侧边界，从库区延伸 1400m 取为左侧边界。模型底部高程为 300m。因此，模型右侧边界为定水头边界，天然工况下总水头为 591m，依据左岸渗流场反演分析结果[29]；水库在正常运行工况下，模型右侧边界的总水头取值为 825m。模型左侧边界为定水头边界，采用修正方法确定左侧边界处的水位。为了保证精确度

图 4-21　白鹤滩大坝坝址分布图[27]

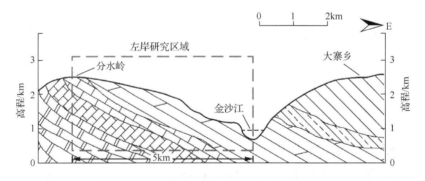

图 4-22　白鹤滩 IX_2 勘探线横剖面示意图[27]

与计算效率之间的平衡，本小节采用了四节点单元（图 4-23）。将边坡模型划分为
1848 个单元和 1938 个节点，如图 4-23 所示。

建立数值模型的步骤如下：①确定模型范围（本小节模型范围为 1400m）；
②根据地质勘探数据确定边坡模型关键点坐标,利用有限元软件创建各个关键点；
③由各关键点创建线，再由线创建面，建立二维边坡模型；④根据 Dupuit 理论初
步计算的边界水位和已知水库水位，定义模型的荷载与边界条件；⑤定义边坡模
型材料属性，包括渗透系数和重度等；⑥将模型划分为多个单元（该计算采用四
节点单元）；⑦设置默认初始水头，完成迭代计算。

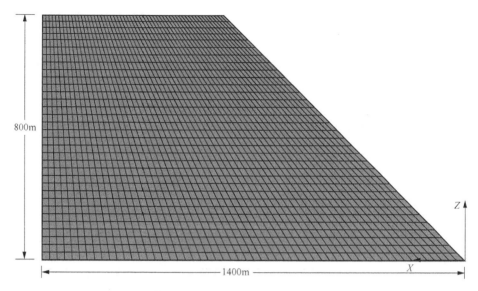

图 4-23 边坡有限元网格

2. 计算结果分析

分别对天然工况下（库水位为 591m）与正常运行工况下（库水位为 825m）的库岸边坡进行渗流计算。在正常运行工况下，对边坡模型计算边界处的水位进行修正。计算边界 x=1400m，即左岸模型范围为 1400m，如图 4-24 所示。

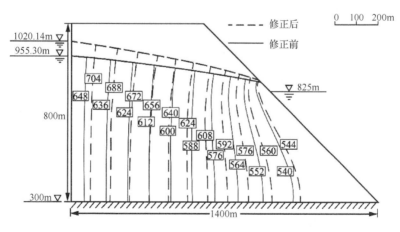

图 4-24 修正前后自由面与水头分布图

方框中数字为总水头，单位 m

在实际工程中，模型山侧边界处的水位一般由初始渗流场反演求得。在本小节中，该水位由已反演的边界条件经有限元分析计算所确定的，计算结果如表 4-6

所示。在天然工况下，计算边界处的水位为 955.30m，流经计算边界处的流量为 $5.898\times10^3\text{m}^3/\text{s}$；正常运行工况下，与天然工况相比，库水位升高了 234m。当未修正计算边界处的水位时，该边界处的水位为 955.30m，流经计算边界处的流量为 $2.621\times10^3\text{m}^3/\text{s}$；但是水库蓄水后，随着水位的抬升，会对计算边界处的水位产生影响。分水岭离水库较远，可以认为其地下水位不会随库水位的变化而变化。利用本小节修正方法可求出此时边界处的水位为 1020.14m，流经计算边界处的流量为 $5.761\times10^3\text{m}^3/\text{s}$。

表 4-6　模型范围为 1400m 时的水位和流量计算结果

水位和流量	天然工况	正常运行工况	
		修正前	修正后
水位/m	955.30	955.30	1020.14
流量/（$10^3\text{m}^3/\text{s}$）	5.898	2.621	5.761

修正前后水头对比结果如图 4-25 所示。结果表明，修正前后不同位置处的水头均有明显的差异。这种差异是由于水库蓄水后，边坡内地下水与库水之间发生水量交换，从而使边坡内渗流场重新分布。越靠近模型计算边界 $x=1400$m 处，这种差异越显著。水库蓄水后，计算边界处的水位抬升了约 9.9%；当不修正计算边界处的水位时，渗流计算域外向域内进行补给的流量为 $2.621\times10^3\text{m}^3/\text{s}$；当对计算边界处的水位进行修正时，渗流计算域外向域内进行补给的流量为 $5.761\times10^3\text{m}^3/\text{s}$，若不修正，补给量将减少约 55.6%。由此可见，水库蓄水后对计算边界处的水位与流量影响比较明显，不可忽略。

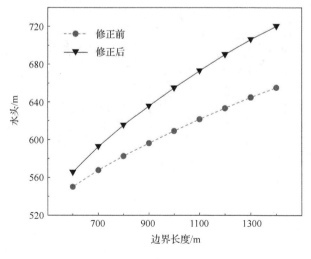

图 4-25　修正前后水头对比图

3. 修整方法的验证

本小节旨在解决的关键问题是确定水库蓄水后模型的山侧边界水位（分水岭远离库区）。但是，为进一步验证修正方法计算边界水位的准确性，考虑将该分水岭纳入研究区域。建立研究区域的二维有限元网格，如图 4-26 所示。模型总长为5000m，高 1300m，坡比为 1:1，其中右侧边界取河床中心线，左侧边界延伸至地下分水岭，模型底部高程为 300m。模型右侧边界条件为定水头边界，天然工况下总水头取值为 591m，正常运行工况下总水头取值为 825m。模型左侧分水岭处的边界条件设为定水头边界，根据初始渗流场反演分析的结果可知，相应总水头为 1500m。模型分为 2500 个单元和 2626 个节点，采用的单元类型为四节点单元。通过在研究区域内选择不同的计算边界（$x=600\sim2200\text{m}$），进行探究修正方法计算边界水位的适用性，如图 4-27 所示。

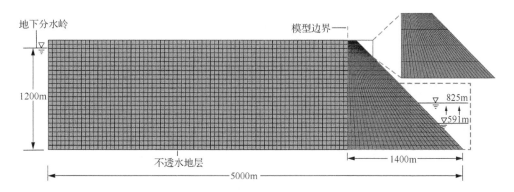

图 4-26　本小节区域的二维有限元网格

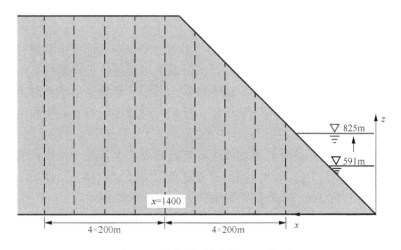

图 4-27　数值模型范围扩展示意图

采用修正方法和数值模拟方法分别计算边界水位，并将这两种方法得到的水位结果进行比较，如图 4-28 所示（图中等值线表示水位修正结果等于数值结果）。由图 4-28 可以看出，在不同模型范围（x=600～2200m）与水库蓄水条件下，采用修正方法计算的边界地下水位与采用数值模型模拟计算的边界地下水位基本一致，最大相对误差仅为 1.4%。随着模型范围的延伸，差异逐渐消失。当 x=2200m时，相对误差仅为 0.1%。由此可见，修正方法计算的边界水位具有足够的可靠性。

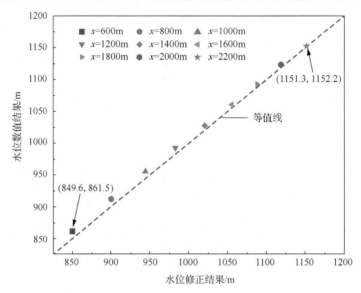

图 4-28　边界水位修正结果与数值结果的比较

4.3　非均质渗流场反演

在水利工程、地下水和地质研究上，都存在着非均质地质的渗流问题，因此掌握非均质渗流场分布规律尤为重要。实际渗流场受随机性因素的影响具有很强不确定性，渗流参数、初始条件、边界条件、源汇项等都是造成不确定性的重要因素[30,31]。为了精确地描绘渗流场形态，必须考虑渗流场的非均质性特点。渗透系数是影响渗流场分布的关键因素，实践证明，含水层介质的非均质性是绝对的，均质性是相对的。实际野外地层均属于非均质地层，尤其是一些成因复杂、相变明显的多孔介质地层上，其地质地层的渗透系数空间分布具有明显的不均匀性。因此，参数的空间分布已成为制约数值模型精度的关键因素。

渗透系数的非均质性比其他水文地质参数（如孔隙度）更为显著，但是在渗流场计算过程中，普遍做法是赋值一个或者几个渗透系数参数在数值模型上，对于面积范围大又具有很强非均质性的区域，这种做法很难得到精准的渗流场分布。

渗透系数的空间分布规律研究是环境影响评价、水资源评价及地下水污染物净化的基础，为地下水运动规律和溶质运移提供了较为真实的渗透特性，进而得到近似实际的含水层模型，有助于数值分析的准确性。

4.3.1 求解渗透系数的空间分布及方法对比

1. 克里金法预估渗透系数的分布

1）地质统计学的简介

1962 年，法国著名学者 Matheron 教授提出了地质统计学，近几十年来逐渐发展成为一门最具有前景的边缘学科之一，已经形成一套完整的理论和方法体系，积累了大量的实际应用经验，扩大了其应用领域。自 1977 年，我国开始引进地质统计学学科，随着不断的发展和研究，地质统计学逐渐被广泛应用在地质、冶金、煤炭等领域上。

地质统计学是在大量采样的基础上，通过对其均值、方差和协方差等数据的分析，确定样本的空间分布格局与相关关系。考虑到样本值的大小，又重视样本空间位置及样本间的距离，使样本既有随机性又有结构性。

地质统计学方法的两个方向：①以法国 Matheron 教授等为主，致力于克里金法估计的研究；②以美国 Journel 等为主，致力于随机模拟方法的研究。其中，具有代表性的克里金法及其特征如表 4-7 所示。

表 4-7 具有代表性的克里金法及其特征

克里金法	特征
普通克里金法	满足二阶平稳（或本征）假设时，区域化变量平均值为未知常数
简单克里金法	满足二阶平稳假设，区域化变量平均值是已知常数
指示克里金法	有真实的特异值数据不服从正态分布时使用，根据已知点的值来推断某一点的值符合一定要求的概率
泛克里金法	区域化变量的数学期望是未知的变化值（非平稳）
析取克里金法	在计算可采储量时，要用非线性估计量
随机克里金法	当数据分布不太规则，精度要求不高
协同克里金法	利用多个区域化变量之间的互相关性，用易于观测和控制的变量对不易于观测的变量进行局部估计

地质统计学的思想是以区域化变量为基础，借助变异函数，研究既具有随机性又具有结构性的变量。因此，采用地质统计法来研究渗透系数的空间分布。有学者研究其尺度问题，最后得出布置观测点时，点的密度应达到界限密度之上（界限密度：一个相关长度之内必须有三个观测点），满足这一要求时再对渗透系数空间变异性估计就可以达到误差最小的渐进值[30-32]。为了确保预测参数最后结果的

准确性，当满足不了界限密度之上，但是至少保证在每一个相关长度之内必须有一个观测点，这样才能保证变异函数计算的合理性。

2）区域化变量

区域化变量是指以空间点 x 的三个直角坐标系（x_u，x_v，x_w）为自变量的随机场 $Z(x_u, x_v, x_w)=Z(x)$，当在此位置进行一次观测后，便可得到一个具体的观测值 $Z(x)$，这个变量其实是一个空间点函数。区域化变量具有两重性，具体表现：观测前视它为一个随机场［依赖于坐标（x_u，x_v，x_w）］，观测后视它为一个坐标值上对应一个函数值的空间点函数。Matheron 教授定义区域化变量：一个实函数在空间区域上是有数值的，在空间上每一个坐标值对应一个具体确定的值，当计算下一个点时，函数值是不同的，不同点值是变化的。

区域化变量有以下几种属性：

（1）空间局限性。区域化变量的空间区域是有限的。

（2）连续性。空间的各个变量都有不同程度的连续性，而变异函数则是描述这种连续性的函数。

（3）异向性。区域化变量在空间区域上是各向异性的。

（4）区域化变量在相关长度内呈现出一定的空间相关性，超出这个长度以外，相关性逐渐减弱。

（5）区域化变量特殊的变异性可以叠加在一般的规律之上。

3）两个假设

（1）平稳假设。当某区域化变量 $Z(x)$ 满足二阶平稳假设，即需要变量满足下述条件：①在整个研究区内，区域化变量的期望值存在且等于常数；②在整个研究区内，区域化变量的空间协方差函数存在且平稳。

（2）内蕴假设。在实际情况下，存在着区域化变量不能满足二阶平稳假设的问题。为解决这一问题，采取的方法是不研究区域化变量 $Z(x)$ 本身，而是研究其增量$[Z(x)-Z(x+h)]$。满足下述条件即可满足内蕴假设：①在整个研究区内，区域化变量的增量$[Z(x)-Z(x+h)]$的数学期望值存在且为零；②对于所有矢量的增量$[Z(x)-Z(x+h)]$的方差函数存在且平稳假设。

4）变异函数的计算

根据大量研究可知，空间变异性与变异函数之间存在着紧密的联系，所以对于空间变异性的研究，可转换为对变异函数的研究。利用已知数据计算变异函数的各项参数以及所具有的性质，定量地反映空间变异性结构的各个基本要素。

变异函数是对已知的观测数据进行计算分析得到的，首先求取试验变异函数，然后利用试验变异函数求得理论变异函数，即变异函数的理论模型：

$$\gamma(h) = \frac{1}{2N(h)} \sum_{i=1}^{N(h)} [Z(x_i) - Z(x_i + h)]^2 \tag{4-24}$$

式中，$\gamma(h)$为变异函数；h 为滞后距；$N(h)$为距离等于 h 的点对数；$Z(x_i)$为处于点 x_i 处变量的实测值；$Z(x_i+h)$为与点 x_i 偏离 h 处变量的实测值。

　　求试验变异函数，首先求各个方向的试验变异函数，然后合称为平均试验变异函数。需要设置的参数有滞后距、滞后距个数、距离容差、角度容差。滞后距代表计算试验变异函数所取的基本距离。如果该距离太小，会导致试验变异函数出现微小波动，已知数据利用率不高，最后导致结果不确定性增大；如果该距离太大，就会忽略掉试验变异函数中尺度较小的变异性。要确定滞后距的大小就要了解数据构型，如果已知数据均匀分布，基本滞后距可为等于或略大于观测点之间距离的最小值；也可以对几个基本滞后距的试验变异函数的变异性和稳定性进行分析对比，确定一个合适的基本滞后距。

　　在计算试验变异函数时，滞后距的个数就是试验变异函数模型折线图的离散点的数目，其值选取时以基本滞后距为步长，试验变异函数是在已知数据之间间距最大值一半范围内有效，因此滞后距的个数应该不大于这个间距最大值的一半与基本滞后距的商。计算试验变异函数要保证至少有三四对距离组，距离容差不宜太大，又要保证每个距离组包含足够多的数据对，距离容差又不宜太小。一般情况下，距离容差是基本滞后距的一半，角度容差是 $\pi/8$。

　　试验变异函数拟合理论变异函数应遵循的重要实用原则如下：

　　（1）应有足够多的数据量计算变异函数值，一般必须大于 30 个数据点，准确性高的计算有 100～200 个数据，在每一个滞后距 h 上用来计算变异函数值的数据对 $N(h)$不应太小，一般应大于 30。

　　（2）拟合模型采用滞后距$|h|\leqslant L/2$ 的样本变异函数数值，L 是空间区域中最大尺度。

　　（3）在拟合理论变异函数过程中，较小滞后距的样本变异函数值所起到的作用是最大的，近距离的变异函数值比远距离的变异函数值起的作用更大。

　　（4）根据经验，观察拟合过程通常是一种良好方法，最后得到较为精确的变异函数模型。

　　理论变异函数模型有球形模型、指数模型、高斯模型。

　　① 球形模型：

$$\gamma(h) = \begin{cases} 0, & h = 0 \\ C_0 + C\left(\dfrac{3}{2}\times\dfrac{h}{a} - \dfrac{1}{2}\times\dfrac{h^3}{a^3}\right), & 0 < h \leqslant a \\ C_0 + C, & h > a \end{cases} \tag{4-25}$$

　　② 指数模型：

$$\gamma(h) = C_0 + C(1 - \mathrm{e}^{-\frac{h}{a}}) \tag{4-26}$$

③ 高斯模型：

$$\gamma(h) = C_0 + C(1 - e^{-\frac{h^2}{a^2}})\tag{4-27}$$

式中，C_0 为块金值；C_0+C 为基台值；a 为变程值。

5）克里金插值法原理

实测点 $x_1, x_2, \cdots, x_n$，待测点 x，实测数据 $z(x_1), z(x_2), \cdots, z(x_n)$，待测数据 $z^*(x)$ 估计值：

$$z^*(x) = \sum_{i=1}^{n} \lambda_i z(x_i)\tag{4-28}$$

从式（4-28）中可以看出，要求待测数据的估计值，需要求解权重 λ 值。克里金插值法主要的思想是进行最优无偏估计，根据最优无偏条件估计求解权重 λ 值。

（1）无偏：

$$E[z^*(x) - z(x)] = 0\tag{4-29}$$

普通克里金插值法数学期望为未知常数，即 $E[z(x)]=m$。

$$E[z^*(x) - z(x)] = E\left[\sum_{i=1}^{n} \lambda_i z(x_i) - z(x)\right]$$

$$= \sum_{i=1}^{n} \lambda_i E[z(x_i)] - E[z(x)] = m\left(\sum_{i=1}^{n} \lambda_i - 1\right) = 0\tag{4-30}$$

求出

$$\sum_{i=1}^{n} \lambda_i = 1\tag{4-31}$$

（2）最优：

$$\delta^2 = E[z^*(x) - z(x)]^2 \to \min\tag{4-32}$$

方程展开计算为

$$\delta^2 = E[z^2(x)] - 2\sum_{i=1}^{n} \lambda_i E[z(x_i)z(x)] + \sum_{i=1}^{n}\sum_{j=1}^{n} \lambda_i \lambda_j E[z(x_i)z(x_j)]\tag{4-33}$$

最后得到

$$\delta^2 = \sigma^2 - 2\sum_{i=1}^{n} \lambda_i c(x_i, x) + \sum_{i=1}^{n}\sum_{j=1}^{n} \lambda_i \lambda_j c(x_i, x_j)\tag{4-34}$$

式中，$c(x)$为协方差。利用拉格朗日原理，引入一个拉格朗日乘数 μ。估计的方差为

$$F = \delta^2 - 2\mu\left(\sum_{i=1}^{n}\lambda_i - 1\right) \qquad (4\text{-}35)$$

为了使方差最小，函数 F 应取极小值。式（4-35）对 λ、μ 求偏导。$(n+1)$ 个方程组：

$$\begin{cases} \dfrac{\partial F}{\partial \lambda_i} = \sum_{i=1}^{n}\lambda_i c(x_i, x_j) - c(x_i, x) - \mu = 0 \\ \dfrac{\partial F}{\partial \mu} = \sum_{i=1}^{n}\lambda_i - 1 = 0 \end{cases} \qquad (4\text{-}36)$$

$c(x,y)$可以用 $c(0)-\gamma(x,y)$表示，转化成用变异函数表示：

$$\begin{cases} \sum_{i=1}^{n}\lambda_i \gamma(x_i, x_j) + \mu = \gamma(x_i, x) \\ \sum_{i=1}^{n}\lambda_i = 1 \end{cases} \qquad (4\text{-}37)$$

$(n+1)$ 个方程组求解出 λ_i、μ，代入式（4-28）求出待估值，再代入式（4-34）求出估计方差。

6）方法应用

在格尔木河下游细土平原河段选取河床沉积物颗粒较均匀处，研究粒径差异性非常小，比较均匀。研究区域面积为（30×14）m^2，已知的渗透系数数据有 128 个，位置分布情况如图 4-29 所示。数据的统计信息均值、方差等见图 4-30。

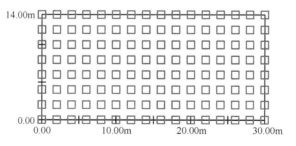

图 4-29　已知渗透系数的位置分布情况

□是观测点的位置

变异函数的求取分为两种，一种是自动拟合，另一种是手动拟合。自动拟合选择 GS+软件进行操作，手动拟合选择 SGeMS 软件操作。

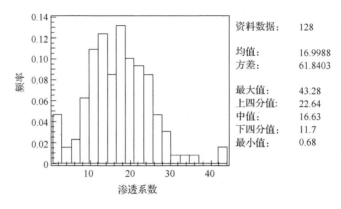

图 4-30　统计信息

（1）自动拟合。GS+软件自动拟合给出最优的拟合模型是球形模型。球形模型、指数模型、高斯模型三种变异函数模型如图 4-31 所示。虽然自动拟合给出的

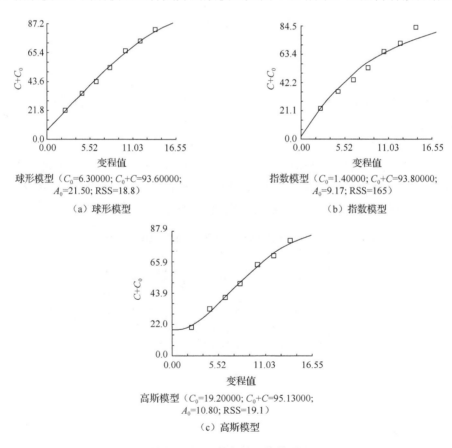

球形模型（C_0=6.30000; C_0+C=93.60000; 　　　　指数模型（C_0=1.40000; C_0+C=93.80000;
A_0=21.50; RSS=18.8）　　　　　　　　　　　　　A_0=9.17; RSS=165）

（a）球形模型　　　　　　　　　　　　　　　（b）指数模型

高斯模型（C_0=19.20000; C_0+C=95.13000;
A_0=10.80; RSS=19.1）

（c）高斯模型

图 4-31　三种变异函数模型

最优模型是球形模型，但是从图 4-31 可以看出，三种模型拟合的变异函数结果都很好，相差并不多。

（2）手动拟合。在 SGeMS 软件中，手动设置变异函数的参数，滞后距为 8，滞后分离为 2，滞后公差为 1 时，3 种方位的变异函数参数设置如表 4-8。

表 4-8　变异函数参数设置

方位编号	方位角/（°）	深度	角度容差/（°）	带宽	测量种类
1	0	0	22.5	6.5	变异函数
2	90	0	22.5	6.5	变异函数
3	45	0	22.5	6.5	变异函数

搜索半径：

$$r = \frac{\sqrt{14^2 + 30^2}}{2} = 16.55 \ (\text{m}) \tag{4-38}$$

根据式（4-38）计算的半径为 16.55m，基本滞后距等于井距 2m，滞后距个数是 16.55/2≈8（个）。滞后距容差是基本滞后距的一半，角度容差为 22.5°，带宽约为二倍井距。手动拟合如图 4-32 所示。

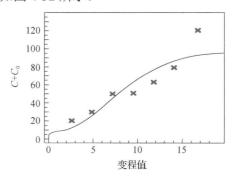

图 4-32　变异函数的手动拟合

变异函数选择高斯模型，变程值是 14，C_0 为 10，C 为 100。基于地质统计法设置普通克里金插值法对模型渗透系数进行插值，得到渗透系数分布见图 4-33。利用已知的渗透系数测量资料，借助于地质统计方法，最后得出整个区域上的渗透系数的分布。整体趋势符合数据特征的，最下面的渗透系数相对较小的，自下而上逐渐增大的。值最大的位置与图中的位置是相同的。研究区域面积小，已知数据多，最后得到的分布结果精度非常高，估计方差分布图呈蓝色且误差数据很小。本小节主要介绍了方法的原理以及变异函数的选取，证明克里金插值法可以快速、有效地求出渗透系数的空间分布。

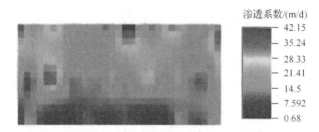

图 4-33　地质统计法计算出的渗透系数分布（见彩图）

2. 水力层析法反演渗透系数的分布

1）水力层析法简介

水力层析法主要是在不同地点、不同深度进行抽水试验，监测水头的响应，从而得到一系列水头数据资料。利用这些观测数据进行反演，就可以得到渗透系数的空间分布。大量数据会导致信息过载，在计算上形成压力，因此在水力层析法中采用同时连续线性估计（simultaneous successive linear estimator，SSLE）方法来进行反演估计，这是一种用线性估计去连续拟合非线性关系的方法。与传统反演方法相比，该方法有强大的数据处理能力和计算效率，减少反演问题的不适定性，更高精度地刻画参数的非均质性特征。这种方法源于地质统计法中的协同克里金算法，与协同克里金算法的不同之处在于 SSLE 方法考虑了水头及含水层特性的非线性关系。为了有效地包含所有的水头数据，采用了一种序贯条件方法。该方法用估计的渗透系数场和协方差，再加上水头数据条件，作为先验信息为下一组数据的下一次估计。这种反演方法首次应用于假设、二维、非均质含水层进行研究水力层析成像的最佳采样方案。

2）水力层析法的原理

水力层析法主要利用了地下水流控制方程和迭代协同克里金算法。为了保证数据的非负性，将渗透系数的自然对数作为随机变量。渗透系数和水头的表达式分别为

$$h(x_i) = \overline{H} + h^*(x_i) \tag{4-39}$$

$$\ln K(x_i) = \overline{K} + f_k^*(x_i) \tag{4-40}$$

式中，$\overline{H}$、$\overline{K}$ 分别为水头 $h(x_i)$ 的均值、$\ln K(x_i)$ 的均值；$h^*(x_i)$、$f_k^*(x_i)$ 分别为 $h(x_i)$ 和 $\ln K(x_i)$ 的扰动值。

在模拟饱和、非均质、含水层特性不完全明确的多孔介质中地下水的流动，有一种方法是随机条件平均法。地下水流控制方程：

$$\nabla[K(x)\nabla h] + Q(x) = 0 \tag{4-41}$$

边界条件和初始条件：

$$h\big|_{\Gamma_1} = h_1, \ [K(x)\nabla h]\cdot n\big|_{\Gamma_2} = q, \ h\big|_{t=0} = h_0 \qquad (4\text{-}42)$$

协同克里金算法可以进行多变量估值，利用容易测量且数据量大的变量去提高资料少、难于测量的变量的估计精度，既利用了变量的空间连续性，又利用了变量之间的相关关系。渗透系数与水头之间为非线性关系，利用交叉孔抽水试验，渗透系数不好测量，数据量小，但是可以得到一系列水头数据。在求渗透系数时就可以利用协同克里金算法，用水头数据去估计渗透系数。因此，在水力层析法中引入了协同克里金算法。

$$\hat{f}^{(1)}(x_0) = \sum_{i=1}^{N_f} \lambda_{0i} f^*(x_i) + \sum_{k=1}^{N_p} \sum_{j=1}^{N_h(k)} \sum_{l=1}^{N_t(k,j)} \mu_{0kjl}[h(k,x_j,t_l) - h_e(k,x_j,t_l)] \qquad (4\text{-}43)$$

式中，$\hat{f}^{(1)}(x_0)$ 为协同克里金算法在 x_0 处第一次估计得到的渗透系数扰动值；N_f 为观测测量渗透系数的扰动值的个数；N_p 为总的抽水次数；$N_h(k)$ 为第 k 次抽水试验总的观测井个数；$N_t(k,j)$ 为第 k 次抽水试验，第 j 个观测井处水头测量的总个数；$h(k,x_j,t_l)$ 为第 k 次抽水试验，t_l 时刻，位置 x_j 处的观测水头值；$h_e(k,x_j,t_l)$ 为第 k 次抽水试验，t_l 时刻，位置 x_j 处的模拟水头；权重 λ_{0i} 为位置 i 处扰动 f^* 对估计位置 x_0 扰动的贡献；权重 μ_{0kjl} 为对估计观测水头 $h(k,x_j,t_l)$ 的贡献。

计算 $\hat{f}^{(1)}(x_0)$ 就要先计算出权重 λ 和 μ 的值。这两个权重可以由以下统计要素公式计算出：

$$\sum_{i=1}^{N_f} \lambda_{0i} R_{ff}(x_m, x_i) + \sum_{k=1}^{N_p} \sum_{j=1}^{N_h(k)} \sum_{l=1}^{N_t(k,j)} \mu_{0kjl} R_{hf}[(k,x_j,t_l), x_m] = R_{ff}(x_0, x_m) \qquad (4\text{-}44)$$

$$\sum_{i=1}^{N_f} \lambda_{0i} R_{hf}[(p,x_r,t_q), x_i] + \sum_{k=1}^{N_p} \sum_{j=1}^{N_h(k)} \sum_{l=1}^{N_t(k,j)} \mu_{0kjl} R_{hh}[(p,x_r,t_q),(k,x_j,t_l)] = R_{hf}[(p,x_r,t_q), x_0]$$

$$(4\text{-}45)$$

式中，$m=1,2,\cdots,N_f$；$p=1,2,\cdots,N_p$；$r=1,2,\cdots,N_h(p)$；$t_q=1,2,\cdots,N_t(p,r)$；R_{ff}、R_{hh}、R_{hf} 分别为 f 的无条件协方差、h 的无条件协方差、h 和 f 的无条件互协方差。

渗透系数空间结构的先验信息（平均值、方差、相关尺度）可以求出 R_{ff}，利用得到的 R_{ff} 可以求出 R_{hh} 和 R_{hf}，公式如下：

$$R_{hf}[(k,x_i,t_l), x_m] = \sum_{j=1}^{N_e} J[(k,x_i,t_l), x_j] R_{ff}(x_j, x_m) \qquad (4\text{-}46)$$

$$k=1,2,\cdots,N_p; i=1,2,\cdots,N_h(k); l=1,2,\cdots,N_t(k,i); m=1,2,\cdots,N_e$$

$$R_{hh}[(u,x_i,t_q),(k,x_j,t_l)] = \sum_{m=1}^{N_e} R_{hf}[(u,x_i,t_q),x_m]J[(k,x_j,t_l),x_m]^{\mathrm{T}} \tag{4-47}$$

$$u\text{和}k = 1,2,\cdots,N_p; i\text{和}j = 1,2,\cdots,N_h; q\text{和}l = 1,2,\cdots,N_t$$

式中，$J[(k,x_i,t_l),x_j]$ 为第 k 次抽水试验，t_l 时刻位置 i 处水头，相对于位置 m 处参数改变的敏感性，可以由一种受边界条件影响的伴随状态灵敏度方法估计出；N_e 为研究区总的单元个数。

根据式（4-46）和式（4-47）求出 R_{hh}、R_{hf}，代入式（4-44）和式（4-45），就可以求出权重 λ 和 μ。再代入式（4-43）中就可以得到利用协同克里金算法 x_0 处第一次估计渗透系数的扰动值。将求得的扰动值加上均值再求反对数就是渗透系数的第一次估计值。

$$k(x_0) = \mathrm{e}^{[\overline{K}+\hat{f}^{(1)}(x_0)]} \tag{4-48}$$

水力层析法主要算法是利用协同克里金算法加上迭代方法，计算得到了渗透系数第一次估计值，再代入地下水流控制方程结合边界条件和初始条件，计算水头场。接下来是进行迭代计算：

$$\hat{f}^{(r+1)}(x_0) = \hat{f}^{(r)}(x_0) + \sum_{k=1}^{N_p}\sum_{j=1}^{N_h(k)}\sum_{l=1}^{N_t(k,j)} w_{0kjl}^{(r)}[h(k,x_j,t_l)-h_e^{(r)}(k,x_j,t_l)] \tag{4-49}$$

式中，w_{0kjl} 表示位置 x_j 处进行第 k 次抽水试验，t_l 时刻估计位置 x_0 处参数时，观测水头和模拟水位之间的贡献，可以由条件协方差计算得到，主要是采用连续线性无偏最优估计方法，公式如下：

$$\sum_{k=1}^{N_p}\sum_{j=1}^{N_h(k)}\sum_{l=1}^{N_t(k,j)} w_{0kjl}^{(r)}[\varepsilon_{hh}^{(r)}((p,x_m,t_q),(k,x_j,t_l))+\Theta^{(r)}\delta_{kjl}] = \varepsilon_{hf}^{(r)}((p,x_m,t_q),x_0) \tag{4-50}$$

式中，$p=1,2,\cdots,N_p$；$m=1,2,\cdots,N_h(p)$；$q=1,2,\cdots,N_t(p,m)$；$\varepsilon_{hh}^{(r)}$ 和 $\varepsilon_{hf}^{(r)}$ 分别是迭代第 r 步时的 h 的条件协方差以及 h 和 f 的条件互协方差；$\Theta^{(r)}$ 为动态稳定器，当迭代第 r 步时，$\Theta^{(r)}$ 等于对角线单元上 $\varepsilon_{hh}^{(r)}$ 的最大值；δ_{kjl} 为单位矩阵。

关于 $\varepsilon_{hh}^{(r)}$ 和 $\varepsilon_{hf}^{(r)}$ 的求解，首先要求出 ε_{ff} 的值，再求出 $\varepsilon_{ff}^{(r)}$ 的值，利用 $\varepsilon_{ff}^{(r)}$ 求出 $\varepsilon_{hh}^{(r)}$ 和 $\varepsilon_{hf}^{(r)}$ 的解。公式如下：

$$\varepsilon_{ff}^{(1)}(x_m,x_q) = R_{ff}(x_m,x_q) - \sum_{k=1}^{N_t}\lambda_{mk}R_{ff}(x_k,x_q) - \sum_{k=1}^{N_p}\sum_{j=1}^{N_h(k)}\sum_{l=1}^{N_t(k,j)}\mu_{mkjl}R_{hf}[(k,x_j,t_l),x_q] \tag{4-51}$$

式中，m 和 $q=1,2,\cdots,N_e$。

$$\varepsilon_{ff}^{(r+1)}(x_m, x_n) = \varepsilon_{ff}^{(r)}(x_m, x_n) - \sum_{k=1}^{N_p} \sum_{j=1}^{N_h(k)} \sum_{l=1}^{N_t(k,j)} w_{mkjl} \varepsilon_{hf}^{(r)}[(k, x_j, t_l), x_n] \tag{4-52}$$

式中，n 和 m=1, 2,…, N_e。

$$\varepsilon_{hh}^{(r)} = J^{(r)} \varepsilon_{ff}^{(r)} J^{T(r)}$$
$$\varepsilon_{hf}^{(r)} = J^{(r)} \varepsilon_{ff}^{(r)} \tag{4-53}$$

按照以上计算公式，逐行迭代计算，直至最后的收敛。算法收敛准则有以下几点：

（1）达到最大迭代步长；

（2）模拟水位与实测水位差值小于给定的阈值；

（3）迭代过程中渗透系数的改变量小于给定阈值。

3）方法应用

研究区域选自于河南郑州金水河渠道处，区域面积为（100×50）m²。在此处进行稳定流抽水试验，利用一个抽水井和五个观测井，监测水头的变化，五个观测井的降深分别是 1.06m、0.57m、0.18m、0.77m、0.60m。然后，运用水力层析法求出研究区域的渗透系数的分布图。利用 VSAFT2 软件进行水力层析法的计算，首先进行设置模型和参数，参数为先验信息，主要包括均值、方差、相关尺度，布置抽水井位置。其次设置边界条件，在研究区域上，上下边界设置为不透水边界，左右为 100m 的定水头边界。最后的模型参数设置见表 4-9，图 4-34 为计算模型图。

表 4-9　模型参数设置

参数	均值	方差	均值（对数）	方差（对数）	X 相关性	Y 和 X 的相关性
K_{sx}	6.65	1.02	1.883215	0.022803228	20	10
K_{sy}	6.65	1.02	1.883215	0.022803228	20	10
n	0.4	0	-0.91629	0	1	1
S_s	0.000999	0	-6.90775	0	1	1

进行正演计算，应用地下水流控制方程计算出模拟水头的分布情况（图 4-35）。正演的水头分布结合观测降深数据运用 SSLE 算法，然后进行反演设置，添加观测井的位置和观测数据，将已知的渗透系数数据加入到模型中。最后，进行反演计算，得到渗透系数的分布（图 4-36）。在水力层析法中，用绝对平均差 L_1 和平均平方差 L_2 对反演的效果进行评价：

$$L_1 = \frac{1}{N} \sum_{i=1}^{n} |h_i - h_i^*| \tag{4-54}$$

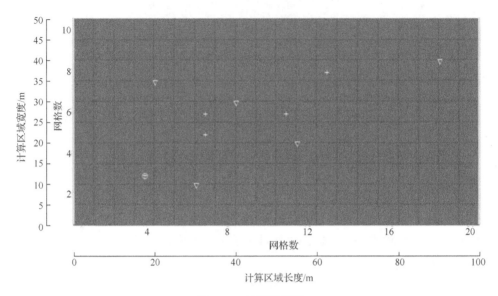

图 4-34　计算模型图

⊕表示抽水井；▽表示观测井；+表示已知的渗透系数位置

$$L_2 = \frac{1}{N} \sum_{i=1}^{n} | h_i - h_i^* |^2 \qquad (4\text{-}55)$$

式中，h_i 为模拟的水头；h_i^* 为观测的水头。

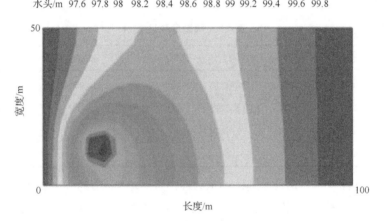

图 4-35　正演计算的模拟水头的分布（见彩图）

地层面积：$(100 \times 50) \text{m}^2$

图 4-36 的渗透系数分布用 L_1 和 L_2 进行效果评价，L_1 为 0.018，L_2 为 0.00038。可以看出，这两个值都比较小，证明预测结果的精度是满足要求的。

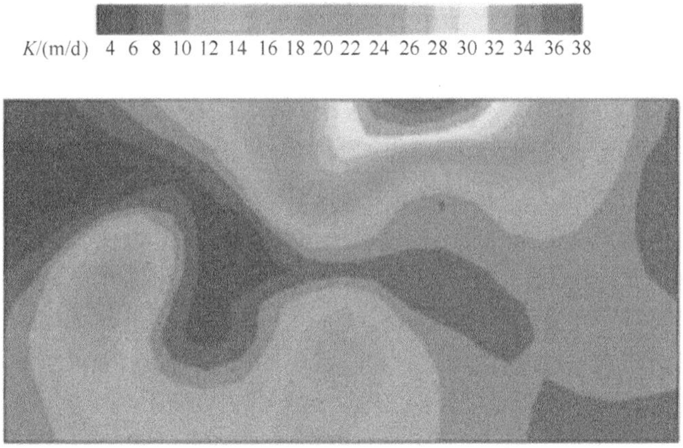

图 4-36　反演计算的渗透系数的分布（见彩图）

3. 基于电阻率的克里金法

根据前述对克里金法与水力层析法的介绍可知，两种方法都可以求解渗透系数的分布，下面从原理、工具及方法应用上对两种方法进行对比分析。

1）原理

克里金法主要是一种插值方法，根据与计算点距离的不同计算不同权重，从而得到插值的结果，本质上是一个以距离为变量的函数计算出的结果，理论方法简单，即线性最优无偏估计。水力层析法的本质是通过交叉孔抽水试验得到的一系列水头响应的变化数据，可以解释为一种对非均质的含水层拍摄的快照。将光源放在不同试验段进行拍照，然后合成所有的拍照数据并形成反演模型描述含水层水力参数的特性，原理要比克里金法复杂，主要利用协同克里金方法进行插值，然后在此基础上进行迭代计算。协同克里金法与普通克里金法计算的步骤一致，但是协同克里金法是对多因素插值，普通克里金法是对单因素插值，如求渗透系数的分布，协同克里金法插值因素有水头和渗透系数，而克里金法只有渗透系数一个插值因素。水力层析法利用数据量较多的水头和数据量较少的渗透系数联合计算未知的渗透系数。克里金法根据已知的渗透系数计算权重估计未知的渗透系数。与克里金法相比，由于考虑了水头与含水层特性之间的非线性关系，水力层析法理论计算结果更准确。

2）工具

克里金法属于地质统计方法的一种，有很多软件可以做到克里金插值，如 GSeMS、GSLIB、Surfer、Arcgis 等。各种软件有各自的优缺点，可根据计算的不同要求选择合适的软件，而且克里金法计算渗透系数分布的同时也可以计算出方差的分布，看出估计方法的不确定性大小，即估计精度。水力层析法发展较晚，应用的软件目前只有针对地层非均质性计算的软件 VSAFT[33]，求渗透系数的分布要结合 Tecplot 软件才可以绘制出分布图，不能计算方差的分布图，不能确定估计的精度，对其预测结果的精度是依靠模拟水头和观测水头之差的绝对平均差和平均平方差来评价的。

3）方法应用

水力层析法是专门刻画含水层非均质特性的一种方法，针对性强、精度高，现已应用到野外实际问题，但是并未广泛应用。主要是因为在解决野外问题中，水力层析法抽水试验工作量很大，且试验设计对水力层析精度有很大影响，导致实践精度远小于理论精度。由于需要的数据是从交叉孔抽水试验得到的，在操作过程中存在着很多影响因素，如观测井间距、抽水井间距、抽水量等都会影响最后的结果，需要对这些因素优化之后再进行计算。目前，水力层析法最多的研究是在砂箱试验上进行，野外试验不成熟，现场地层复杂，影响因素较多。克里金法是线性估计，在理论上精度小于水力层析法，但是克里金法经过大量工程案例的证明，现已广泛使用，其最主要的问题是需要大量描述渗透系数的野外试验或室内岩心试验，野外工作中难以实现。可以通过减少野外抽水试验的数量，利用野外测量电阻率的方法间接获取渗透系数，并且可以在成本和操作上得到改善。

经过将两种方法对比分析，得到基于电阻率的克里金法计算渗透系数空间分布的效果是最好的，操作简单，既可以高效、无损地获取大量数据，又可以保证计算结果的精度，即使在野外大范围研究区域上也可以做到经济、高效地计算出渗透系数的空间分布规律。

4.3.2　非均质渗流场的计算

1. 方法的选择

由于渗透系数的数据量较大，一般计算渗流场的软件输入的渗透系数参数常是一个值或几个值，不能达到输入上百个渗透系数数据参数的要求。为了能将得到的所有的渗透系数代入模型中计算渗流场，本小节采用 Flac3D 软件直接输入赋值语句，将渗透系数值一一赋值到模型对应单元位置上。

Flac3D 软件是一种三维快速拉格朗日分析程序，广泛应用于边坡稳定性评价、地下洞室、施工设计、拱坝稳定分析等。由于无须形成刚度矩阵，基于较小内存空间就能够求解大范围的三维问题。

关于建模：

（1）软件一共有 11 种材料本构模型，其中包括空单元模型、三种弹性模型组和七种塑性模型组。有 5 种计算模式，包括静力模式、动力模式、蠕动模式、渗流模式和温度模式。首先在本构模型中选择弹性模型组中的各向同性模型，然后选择渗流模式。

（2）设置材料参数。不同的本构模型需设置不同材料参数，在 Flac3D 软件中需要的材料参数有两组，一组为弹性变形参数，另一组为强度参数。例如，各向同性弹性模型，这种模型需要设置的材料参数有体积模量和切变模量；莫尔-库仑模型要设置的材料参数有弹性体积模量、内聚力、剪胀角、内摩擦角、弹性切变模量和抗拉强度。

（3）添加边界条件。边界分为两类，即真实边界和人为边界。真实边界是存在于模型中的真实物理对象；人为边界是不存在的边界、不真实的边界，但是为了封闭单元体不得不假定的。施加于边界的力学条件有两大类，即指定位移和指定应力。APPLY、FIX 和 INITIAL 命令添加边界条件。

首先在本构模型中选择弹性模型组中的各向同性模型，设置体积模量和切变模量，选择渗流模式，主要是计算孔隙水压力的分布。借助 Excel 形成数据文件，再运用 Flac3D 软件，将渗透系数赋值到地层模型单元中，加入边界条件，然后开始计算。

2. 渗流场的计算成果

研究区域选取格尔木河的一段山前冲洪积扇区。河床沉积物颗粒变化较明显，研究粒径差异性非常大且不均一。研究区域面积为（20×20）m²。现分三种情况求解渗流场：①均质地层模型，选取已知渗透系数的平均值（水压力分布结果见图 4-37）；②分块地层模型，将区域划分四个子区域，在每个子区域范围内选取平均的渗透系数（水压力分布结果见图 4-38）；③非均质地层模型，每个网格单元都赋予各自的渗透系数（水压力分布结果见图 4-39）。

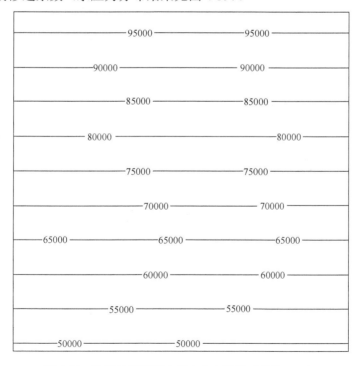

图 4-37　均质地层模型水压力分布结果（单位：Pa）

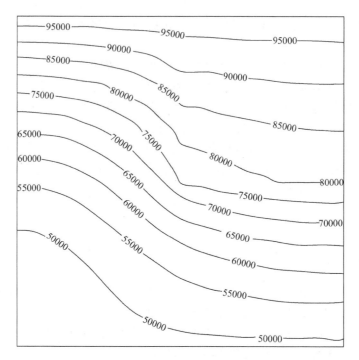

图 4-38　分块地层模型水压力分布结果（单位：Pa）

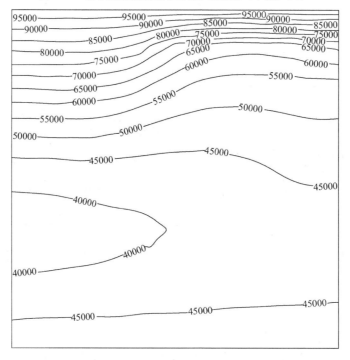

图 4-39　非均质地层模型水压力分布结果（单位：Pa）

三种情况下，同一点孔隙水压力差异较大。例如，在点（10，20）上，均质地层模型的孔隙水压力为 75000Pa，分块地层模型上的是 76000Pa，非均质地层模型上孔隙水压力是 50000Pa。均质地层取的渗透系数是已知数据的平均值；分块地层情况下的渗透系数是各区域范围内的平均值；非均质地层的渗透系数是基于电阻率的克里金法求解得到的渗透系数分布值。

均质渗流场中孔隙水压力的分布在 $4.9\times10^4\sim9.8\times10^4$Pa；分块渗流场孔隙水压力的分布在 $4.8\times10^4\sim9.8\times10^4$Pa；非均质渗流场孔隙水压力的分布在 $3.8\times10^4\sim9.8\times10^4$Pa。均质渗流场和分块渗流场孔隙水压力最小值相差不大，与非均质渗流场之间差异明显。除了范围值不同，分布情况也有很大的不同，均质的孔隙水压力分布是非常均匀的，把地层平均分成若干条状块，每一块代表一个数值。

4.4 复杂排水孔幕模拟

4.4.1 排水孔渗流解析过程

1. 单孔排水孔

排水孔在几何形态上与井一致，排水孔工作时地下水的运动过程与井周围地下水运动过程类似。如图 4-40 所示，当单孔排水孔穿过含水层时，地下水向排水孔的运动过程可通过井流理论进行描述。图 4-40 中地下水位深度（h_0）为 5m（同含水层厚度），排水孔半径为 r_d，孔内水深为 1m（h_d），排水孔轴线距含水层侧边界距离为 5m（R_d）。假设含水层渗透系数为 0.00864m/d，并且含水层一周存在补给的水源。

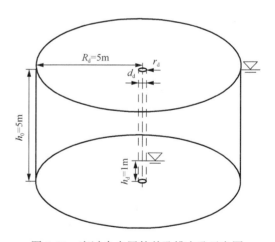

图 4-40 穿过含水层的单孔排水孔示意图

地下水在运动过程中水头分布满足 Laplace 方程。将 Laplace 方程转换为极坐标形式，对于图 4-40 中的算例可得到简化方程[33]：

$$\frac{d}{dr}\left(r\frac{dh^2}{dr}\right)=0 \tag{4-56}$$

式中，r 为排水孔轴线距含水层边界的任意距离；h 为 r 对应的水头。

对式（4-56）两边同时积分，可得[33]

$$r \frac{\mathrm{d}h^2}{\mathrm{d}r} = C \qquad (4-57)$$

式中，C 为积分常数。根据流量守恒定理及 Dupuit 假设可知，通过含水层各断面的流量 $Q_{\mathrm{Dupuit}} = 2\pi r h K \frac{\mathrm{d}h}{\mathrm{d}r} = \pi r K \frac{\mathrm{d}h^2}{\mathrm{d}r}$，则 $C = \frac{Q_{\mathrm{Dupuit}}}{\pi K}$。

对于式（4-57），假定排水孔内壁和含水层边界为定水头边界，其边界条件可表示为 $r=r_{\mathrm{d}}$ 时，$h=h_{\mathrm{d}}$；$r=R_{\mathrm{d}}$ 时，$h=H_0$。联立边界条件及 C 计算式，对式（4-57）分离变量可得到[33]

$$h_0^2 - h_{\mathrm{d}}^2 = \frac{Q_{\mathrm{d}}}{\pi K} \ln \frac{R_{\mathrm{d}}}{r_{\mathrm{d}}} \qquad (4-58)$$

式中，Q_{d} 为潜水井流量及文中排水孔渗流量解析解。

式（4-58）为 Dupuit 假设的另一种表达形式。假设图 4-40 中 R_{d} 范围内有一忽略直径的观测孔，观测孔距排水孔的距离为 r_{i}，根据式（4-58）可得到观测孔水位深度 h_{i} 和 r_{i} 之间的关系为[33]

$$h_{\mathrm{i}}^2 - h_{\mathrm{d}}^2 = \frac{Q_{\mathrm{d}}}{\pi K} \ln \frac{r_{\mathrm{i}}}{r_{\mathrm{d}}} \qquad (4-59)$$

联立式（4-58）和式（4-59），可得到排水孔周围地下水位计算公式：

$$h_{\mathrm{i}}^2 = h_{\mathrm{d}}^2 + (H_0^2 - h_{\mathrm{d}}^2) \frac{\ln \dfrac{r_{\mathrm{i}}}{r_{\mathrm{d}}}}{\ln \dfrac{R_{\mathrm{d}}}{r_{\mathrm{d}}}} \qquad (4-60)$$

将单孔排水孔假设为孤井，通过井流理论获得排水孔渗流量解析解是目前大部分排水孔模拟方法的基础理论。排水孔隐式模拟方法则是以式（4-58）和式（4-60）为基础，通过流量或水头等价，增大排水孔单元渗透系数，此时水流穿过排水孔及地层单元界面会发生折射，从而体现出排水孔对地下水的降低作用。

将图 4-40 中的排水孔直径分别设为 0.02m、0.04m、0.06m、0.08m、0.10m、0.12m、0.14m、0.16m、0.18m、0.20m。通过式（4-58）和式（4-60）可分别得到排水孔渗流量和地下水位解析解，如图 4-41 和图 4-42 所示。从图 4-41 和图 4-42 中可以看出，随着排水孔直径的持续增大，排水孔渗流量逐渐增大，周围地下水位不断降低。此外，渗流量增量及地下水位降幅随着排水孔直径的增大而减小，说明当含水层范围固定时，排水孔的排水效果不会随排水孔直径的增大而无限提高。此外，Dupuit 理论忽略了水流在流动过程中竖直方向的渗流速度分量，并且没有考虑排水孔内壁潜在逸出边界。如图 4-42 所示，地下水逸出点直接与孔内水位相接，越靠近排水孔，地下水位越被低估，与实际结果相差越大。

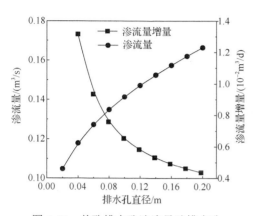

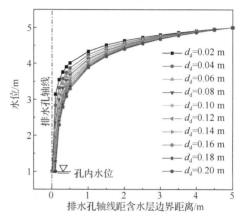

图 4-41　单孔排水孔渗流量随排水孔　　　　图 4-42　单孔排水孔水位随排水孔
　　　　　直径变化曲线　　　　　　　　　　　　　　直径变化曲线

2. 直线排水孔列

实际工程中排水孔往往成列布置，形成排水孔幕。排水孔之间间距较小，与干扰井群类似，各排水孔之间会相互影响。相较于单孔排水孔，排水孔列周围地下水的运动过程更为复杂。将排水孔列视为直线井群，假设排水孔直径和间距不变，各排水孔内水位一致，基于单井渗流理论、映射法及势的叠加原则可得到[34]

$$Q_\mathrm{d} = \frac{2\pi KM(H_0 - h_\mathrm{d})}{\ln\left(\dfrac{a_\mathrm{d}}{\pi r_\mathrm{d}}\,\mathrm{sh}\,\dfrac{\pi R_\mathrm{d}}{a_\mathrm{d}}\right)} \tag{4-61}$$

式中，M 为含水层厚度；a_d 为排水孔间距；R_d 为排水孔列距含水层边界距离。

含水层内任意一点（A 点）水位与坐标之间的关系如下[34]：

$$h_0 - h_A = \frac{Q_\mathrm{d}}{4\pi KM} \ln \frac{2\mathrm{sh}^2\,\dfrac{\pi R_\mathrm{d}}{a_\mathrm{d}}}{\mathrm{ch}\,\dfrac{2\pi x_A}{a_\mathrm{d}} - \cos\dfrac{2\pi y_A}{a_\mathrm{d}}} \tag{4-62}$$

式中，h_A 为 A 点水头；x_A、y_A 为 A 点相对于 0 号排水孔的坐标。

联立式（4-61）和式（4-62）可得到 A 点水头计算公式[34]：

$$h_A = h_0 - \frac{H_0 - h_\mathrm{d}}{2\ln\left(\dfrac{a_\mathrm{d}}{\pi r_\mathrm{d}}\,\mathrm{sh}\,\dfrac{\pi R_\mathrm{d}}{a_\mathrm{d}}\right)} \ln \frac{2\mathrm{sh}^2\,\dfrac{\pi R_\mathrm{d}}{a_\mathrm{d}}}{\mathrm{ch}\,\dfrac{2\pi x_A}{a_\mathrm{d}} - \cos\dfrac{2\pi y_A}{a_\mathrm{d}}} \tag{4-63}$$

如图 4-43 所示，长方体含水层长 7m、宽 5m、高 3m，水位深度同含水层厚度。含水层中心直线布设 5 个排水孔，排水孔直径为 d_d，间距为 1m。假设含水层中与排水孔列平行的边界存在补给水源，含水层渗透系数为 0.00864m/d。

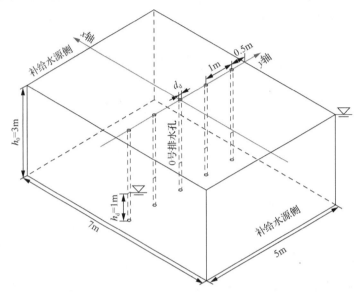

图 4-43　穿过排水层的排水孔列示意图

根据式（4-61）和式（4-63）可计算得到排水孔列渗流量随排水孔直径的变化曲线，如图 4-44 所示，地下水位随排水孔直径的变化曲线如图 4-45 所示。图 4-44 表明，当排水孔单列布置，考虑各个排水孔之间的相互影响时，排水孔渗流量随

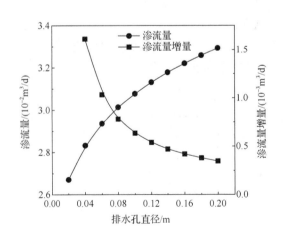

图 4-44　排水孔列渗流量随排水孔直径变化曲线

其直径的增大而增大，地下水位随排水孔直径的增大而降低，并且当排水孔直径无限增大时，渗流量和地下水位的变化越来越小。与单孔排水孔解析解类似，当含水层范围固定时，排水孔直径对排水孔列渗流量及其周围地下水位的影响是有限的。此外，如图 4-45 所示，由于 Dupuit 理论假设排水孔内地下水逸出点与孔内水位相交，靠近排水孔时，地下水位解析解与实际情况偏差较大。

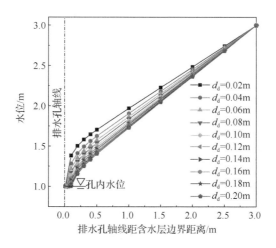

图 4-45　地下水位随排水孔直径变化曲线

4.4.2　排水孔模拟方法与理论

1. 子结构法的原理及应用

排水孔结构细小、数目繁多，对每个排水孔进行精细模拟会增大建模和计算难度，并且模型网格大小难以协调，计算精度随之降低。构建排水子结构则可以体现排水孔的几何形态，同时对排水孔进行批量处理。子结构是单元概念的扩大和推广，将若干单元进行组合装配形成一个新的单元组，该单元组即为子结构。求解子结构可先凝聚内部自由度，然后集成为总体求解方程组，这样可使求解方程的总自由度和相应系数矩阵的带宽及其零元素的占比大大缩减，从而提高了计算效率。

以传统排水子结构法为例[35]，如图 4-46 所示，将排水孔周围一定范围内的单元合并为一体，即可形成排水子结构。该子结构具有排水孔的真实几何形态，并且在排水孔内壁提供了有效的计算节点。排水子结构也可视为母结构中的超单元，尺寸和外形上与普通单元并无差异，在母结构单元网格剖分时不会带来额外工作量。图 4-46 中节点可分为排水子结构出口节点集合 o，中间节点集合 m，边界节点集合 b。其中，出口节点与母结构其他单元相连接；边界结点为排水孔计算边界；中间节点为过渡节点，需要通过子结构内部凝聚消除自由度。此外，为了保证良好的子结构单元网格形态，从母结构单元向排水孔边界过渡时宜采用由疏到密的过渡方式[35]。为了保证排水子结构与母结构网格连续性，可在排水子结构端部增加如图 4-46（b）所示的过渡网格[35]。

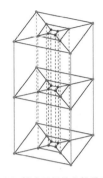
　　（a）排水子结构主体单元
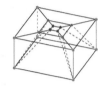
（b）排水子结构端部过渡网格

图 4-46　排水子结构法单元形式及节点类型

　　当排水孔边界设定为水头边界时，出口节点和中间节点的流量平衡方程可表示为[35]

$$\begin{bmatrix} \boldsymbol{K}_{00} & \boldsymbol{K}_{0m} \\ \boldsymbol{K}_{m0} & \boldsymbol{K}_{mm} \end{bmatrix} \begin{Bmatrix} \varphi_o \\ \varphi_m \end{Bmatrix} = \begin{Bmatrix} \boldsymbol{q}_o \\ \boldsymbol{q}_m \end{Bmatrix} \tag{4-64}$$

式中，$\boldsymbol{K}_{ij}$ 为节点集 i 和 j 之间的刚度子矩阵（i 和 $j=o$、m、b）；φ_i 为节点集 i 中节点的水头列阵；$\boldsymbol{q}_i$ 为节点集 i 中节点的流量列阵。

　　凝聚消除 φ_m 的自由度后，式（4-64）可改写为

$$\boldsymbol{K}'_{oo} \varphi_o = \boldsymbol{q}'_o \tag{4-65}$$

式中，$\boldsymbol{K}'_{oo}$ 为凝聚后的出口节点刚度子矩阵；$\boldsymbol{q}'_o$ 为凝聚后的出口节点流量列阵，并且[35]，

$$\boldsymbol{K}'_{oo} = \boldsymbol{K}_{oo} - \boldsymbol{K}_{om} \boldsymbol{K}_{mm}^{-1} \boldsymbol{K}_{mo} \tag{4-66}$$

$$\boldsymbol{q}'_o = \boldsymbol{q}_o - \boldsymbol{K}_{om} \boldsymbol{K}_{mm}^{-1} (\boldsymbol{q}_m - \boldsymbol{K}_{mi} \varphi_i) \tag{4-67}$$

此外，中间节点集 m 中节点的自由度 φ_m 可通过式（4-68）计算[35]：

$$\varphi_m = \boldsymbol{K}_{mm}^{-1} (\boldsymbol{q}_m - \boldsymbol{K}_{mo} \varphi_o - \boldsymbol{K}_{mi} \varphi_i) \tag{4-68}$$

2. 节点虚流量法求解渗流自由面

　　如何确定穿过排水孔的渗流自由面是模拟排水孔的一大难点。以图 4-47 中的排水孔为例进行渗流场计算时共存在四类计算边界：①水头边界 $\varGamma_1$，边界可施加已知定水头；②流量边界 $\varGamma_2$，边界可施加定流量，流量为 0 则表示隔水边界；③潜在逸出边界 $\varGamma_3$，渗流逸出点和排水孔内水面之间的边界；④渗流自由面 $\varGamma_4$，渗流场饱和区和非饱和区的交界面。渗流计算时自由面与逸出点位置是未知的，需要

迭代计算。以图 4-47 为例，节点虚流
量法将渗流区域扩展至全域[36]，并划
分为实区 $\varOmega_w$（即饱和区）和虚区 $\varOmega_d$
（即非饱和区），$\varOmega_d$ 区域的渗流量为虚
流量。此时虚区与实区的交界面为渗
流自由面，渗流自由面上无流量交换，
并且孔压为 0。

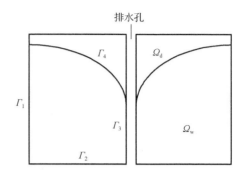

图 4-47　排水孔计算边界及计算区域示意图

　　节点虚流量法认为，对于初始假
设的渗流自由面，$\varOmega_w$ 区域内部分节点
流量的连续性条件是建立在 $\varOmega_d$ 区域虚
流量的贡献之上，此时 $\varOmega_w$ 和 $\varOmega_d$ 交界面存在流量交换。因此，在下一步迭代计算
时需要扣除 $\varOmega_d$ 区域节点虚流量贡献，直到 $\varOmega_w$ 区域内节点在不得到虚流量的贡献
下满足流量连续性条件。在此基础上可得到节点虚流量法的有限元支配方程[37]：

$$Kh = Q - Q_d + \Delta Q \tag{4-69}$$

式中，K 为全域渗透系数矩阵；h 为全域节点水头列阵；Q 为全域节点等效流量
列阵；Q_d 为已知水头节点对相应 $\varOmega_d$ 区域的作用，理论已证明该值较小，可忽略；
ΔQ 为 $\varOmega_d$ 区域贡献的虚流量列阵，需要在迭代过程中逐步扣除。

　　节点虚流量法的基本迭代形式如下[38]：

$$\begin{aligned} Kh^0 &= Q^0 \\ Kh^{it} &= Q^{it} + \Delta Q^{it-1} \end{aligned} \tag{4-70}$$

4.4.3　"以线代孔"法的提出与分析

1. 单孔排水孔模拟

　　为了保留传统排水子结构法的优势，并提高建模效率、减少计算量，本小节
将传统排水子结构法中的排水孔简化为线单元，提出"以线代孔"法。"以线代孔"
法子结构单元形式及节点类型如图 4-48 所示。对比图 4-46 和图 4-48 可以看出，
与传统排水子结构法相比，"以线代孔"法不仅保留了排水孔边界，并且边界节点
减少了 3/4。

　　对于图 4-40 中的单孔排水孔，采用"以线代孔"法模拟时有限元计算模型如
图 4-49 所示。含水层模型节点数量为 1936 个，单元数量为 1640 个；排水孔子结
构节点数量为 77 个，单元数量为 80 个。模型侧面为水头边界，值为 5m；排水孔
内壁储水段为水头边界，值为 1m；排水孔内壁其余区域为潜在逸出边界；模型其
余边界为隔水边界。计算时渗流自由面及逸出点通过节点虚流量法搜索求解。

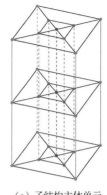 

（a）子结构主体单元　　　　　　　　　　　　（b）子结构端部单元

图 4-48　　"以线代孔"法子结构单元形式及节点类型

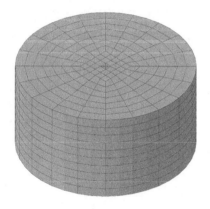 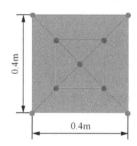

（a）含水层模型　　　　　　　　　　　　（b）排水孔模型及节点类型

图 4-49　单孔排水孔"以线代孔"法模拟时的有限元计算模型

　　"以线代孔"法结果与 d_d=0.04m、0.06m 的排水孔对比结果如图 4-50 所示。通过对比地下水位结果可知，"以线代孔"法计算结果介于直径为 0.04m 和 0.06m 的排水孔解析解之间，通过插值可得"以线代孔"法能准确模拟直径为 0.05m 的排水孔。此外，从图 4-50 可知，"以线代孔"法计算得到的逸出点高于排水孔内水位。由于"以线代孔"法在排水孔边壁形成了有效的计算边界，可用于迭代求解地下水逸出点，得到的计算结果更符合实际情况，弥补了距离排水孔越近，式（4-60）计算误差越大的缺陷。

　　"以线代孔"法明显的不足之处在于无法反映排水孔直径的变化，以图 4-49 中的计算模型为例，改变排水孔直径时，"以线代孔"法计算结果保持不变。因此，需要对"以线代孔"法进一步修正。对于直径小于 0.05m 的排水孔，本小节基于排水孔隐式模拟方法的思路，以流量等效为原则，减小"以线代孔"法子结构渗透系数，以降低排水孔渗流量，抬升地下水位。

以图 4-40 中的算例为基础，对于直径范围为 0.02～0.05m 的排水孔，设"以线代孔"法子结构渗透系数为 K_s，同时定义排水孔相对渗透系数 $K'=K/K_s$。经过有限元分析，K' 与"以线代孔"法渗流量（Q_1）的关系曲线如图 4-51 所示。令流量解析解等于 Q_1，通过式（4-58）反算得到 r_d，可进一步建立 K' 与 d_d 之间的关系曲线，如图 4-52 所示。对图 4-52 中的数据点

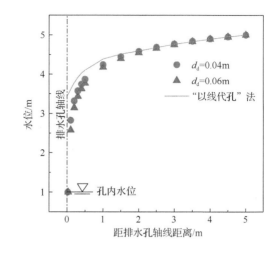

图 4-50　单孔排水孔地下水位与"以线代孔"法结果对比

进行回归分析可得到 K' 与 d_d 之间的关系为

$$K' = \log_{0.0334} d_d / 1.5788 \tag{4-71}$$

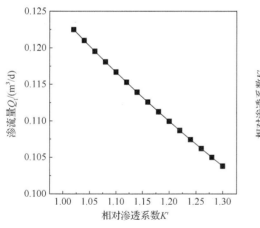
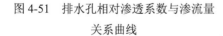

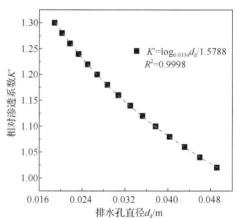

图 4-51　排水孔相对渗透系数与渗流量　　　　　图 4-52　排水孔直径与相对渗透系数
　　　　　关系曲线　　　　　　　　　　　　　　　　　　　关系曲线

当排水孔直径范围为 0.02～0.05m 时，单孔排水孔"以线代孔"法与解析解之间的渗流量对比结果如表 4-10 所示。图 4-53 给出了排水孔直径为 0.044m 时，"以线代孔"法与解析解之间地下水位对比结果。

表 4-10　单孔排水孔渗流量解析解与"以线代孔"法计算结果对比

直径/m	渗流量/（m³/d）		相对误差/%
	解析解	"以线代孔"法	
0.020	0.1048	0.1015	3.08
0.028	0.1108	0.1138	2.70
0.036	0.1157	0.1175	1.50
0.044	0.1200	0.1235	2.88

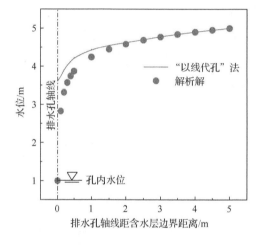

图 4-53　直径为 0.044m 单孔排水孔地下水位
解析解与"以线代孔"法结果对比

从渗流量计算结果可以看出，"以线代孔"法计算结果与解析解接近，最大相对误差为 3.08%。从图 4-53 中可以看出，远离排水孔时二者地下水位计算结果吻合度较高，靠近排水孔时，由于式（4-60）假设逸出点与孔内水面相接，二者误差越来越大。整体上，通过渗流量等效原则修正后的"以线代孔"法与解析解之间的误差较小，并且地下水位结果更加符合实际情况。此外，通过改变子结构渗透系数，针对直径范围为 0.02～0.05m 的排水孔，"以线代孔"法可实现在同一模型中对排水孔直径进行对比分析。

2. 直线排水孔列模拟

针对图 4-43 中的含水地层排水孔列，通过"以线代孔"法可建立如图 4-54 所示的有限元计算模型。其中，含水层模型节点数量为 7800 个，单元数量为 6552 个；排水孔子结构节点数量为 455 个，单元数量为 480 个。模型补给边界面为定水头边界，水头为 3m；排水孔储水段边界为定水头边界，水头为 1m，其余段为潜在逸出模型；模型其余边界为隔水边界。

对于图 4-54 中的有限元计算模型，当排水孔失效或者间距变化时，可取消"以线代孔"法排水孔边界，将子结构渗透系数调整为含水层渗透系数，实现在同一模型中对排水孔布设间距的对比分析。针对排水孔列，当排水孔直径调整时"以线代孔"法与解析解之间的渗流量计算结果对比如表 4-11 所示。对于相互干扰的排水孔列（间距/m），"以线代孔"法与解析解之间的渗流量计算误差为 1.40%～

3.15%。计算结果表明，通过改变计算边界，"以线代孔"法能够合理反映排水孔间距变化对渗流场计算结果的影响。

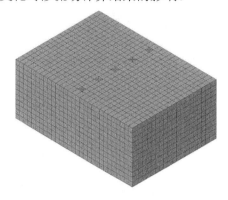

（a）含水层模型

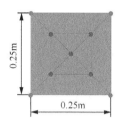

（b）子结构俯视图及节点类型

图 4-54　排水孔列"以线代孔"法建立的有限元计算模型

表 4-11　排水孔列渗流量解析解与"以线代孔"法计算结果对比

间距 1m				间距 2m			
直径/m	渗流量/（m³/d）		相对误差/%	直径/m	渗流量/（m³/d）		相对误差/%
	解析解	"以线代孔"法			解析解	"以线代孔"法	
0.020	0.0267	0.0259	3.15	0.020	0.0398	0.0388	2.51
0.028	0.0275	0.0271	1.47	0.028	0.0416	0.0405	2.42
0.036	0.0281	0.0285	1.40	0.036	0.0429	0.0442	3.06
0.044	0.0286	0.0293	2.76	0.044	0.0441	0.0454	2.90

此外，当排水孔直径为 0.04m 时，"以线代孔"法与解析解之间关于地下水位的对比如图 4-55 所示。结果表明，距离排水孔越远，"以线代孔"法结果和解析解吻合度越高。该规律与单孔排水孔计算结果一致，说明针对排水孔列，"以线代孔"法得到的地下水位结果比其解析解更加合理。

3. 推广及应用

前述结果表明，针对直径

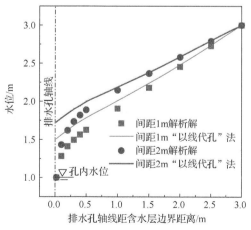

图 4-55　直径为 0.04m 排水孔列地下水位解析解与"以线代孔"法对比

0.05m 以下的单孔排水孔或排水孔列，渗流量"以线代孔"法计算结果与解析解吻合度较高，并且由于考虑了排水孔潜在逸出边界，地下水位计算结果更加符合实际情况。工程中，地下洞室群外围排水孔幕常包括侧面竖直排水孔幕及顶部"人"字形排水孔幕，二者组成包围洞室群的排水体。在构建此类排水孔子结构时，可将侧面及顶部排水孔幕包含在同一个子结构内。此类排水孔采用"以线代孔"法时，不同位置子结构网格过渡形式如图 4-56 所示。

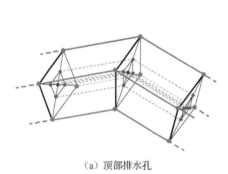

（a）顶部排水孔　　　　　　　　　　　　　（b）顶部与侧面排水孔

图 4-56　"以线代孔"法不同位置子结构网格过渡形式

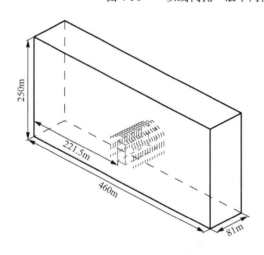

图 4-57　地下洞室及排水孔幕简化模型示意图

此外，"以线代孔"法还可以采用四面体网格建模，以避免繁琐的子结构建模过程。假设一简化模型示意如图 4-57 所示，该算例含水层高度为 250m，长度为 460m，宽度为 81m，渗透系数为 0.00864m/d。地下洞室位于含水层中部，长度为 81m，宽度为 20m，高度 50m，底高程为 50m。洞室侧面和顶部分别设置直径为 0.05m、间距分别为 3m 和 6m 的排水孔幕。其中，侧面排水孔距洞室群边壁 20m，顶部排水孔倾角为 30°，并与侧面排水孔相连接。与洞室轴线平行的含水层边界存在稳定补给水源，水头为 50m。

对图 4-57 中的算例采用四面体网格形式的"以线代孔"法进行模拟时，建模及网格剖分过程如下：

（1）根据排水孔设计方案，如图 4-58 所示，以排水孔幕为外轮廓构建几何体；

在排水孔幕外轮廓几何体表面根据排
水孔间距布置线几何体。针对图 4-57
中模型，建模时设置排水孔线几何体
间距为 3m，便于后续分析。

（2）根据设计方案将排水孔幕外
轮廓几何体与地质模型重合布置，进
行布尔操作，掏空地质模型；将排水
孔幕外轮廓几何体与洞室模型重合布
置，进行布尔操作，掏空排水孔幕外
轮廓几何体，形成厂房内壁计算边界。

（3）对排水孔幕外轮廓几何体和
地质模型进行网格剖分，剖分时保持
二者接触边种子点密度一致，保证网

图 4-58　排水孔幕外轮廓体及排水孔线几何体

格的连续性。排水孔幕外轮廓模型网格如图 4-59 所示，网格数量为 28306 个，节
点数量为 6055 个。从图 4-59 中可以看出，排水孔计算节点排列整齐，并且通过
调整边界条件可在同一模型中模拟排水孔间距分别为 3m 和 6m 的工况。

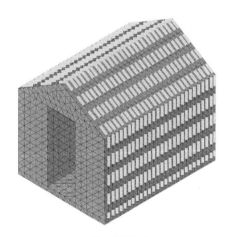

（a）排水孔间距为3m

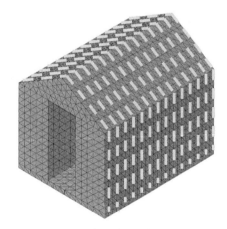

（b）排水孔间距为6m

图 4-59　排水孔幕外轮廓模型网格

　　针对图 4-57 模型，阵列复制后的“以线代孔”法子结构模型及边界如图 4-60
所示，子结构网格数量为 4968 个，节点数量为 2585 个。同样，通过改变子结构计
算边界，排水孔间距变化可在同一模型中进行计算。两种“以线代孔”法含水层
模型如图 4-61 所示，其中采用四面体网格建模时网格数量为 42120 个，节点数量
为 46900 个；采用子结构法建模时网格地下洞室排水孔线几何体数量为 49788 个，

节点数量为 55944 个。模型中与洞室轴线平行的侧面边界为定水头边界，水头为 250m，排水孔及洞室群内壁为潜在逸出边界，其余边界为隔水边界。

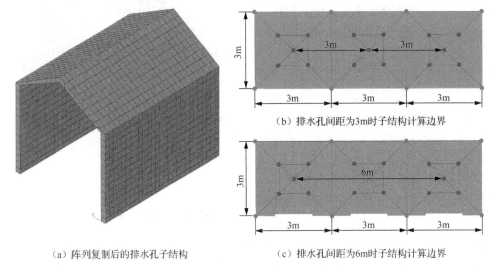

（a）阵列复制后的排水孔子结构　　　　（b）排水孔间距为3m时子结构计算边界

（c）排水孔间距为6m时子结构计算边界

图 4-60　阵列复制后的"以线代孔"法子结构模型及边界

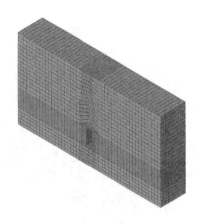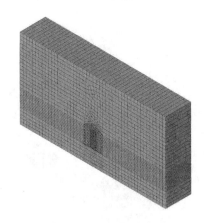

（a）子结构法构建排水孔模型　　　　　　（b）四面体网格构建排水孔模型

图 4-61　两种"以线代孔"法含水层模型

分别采用子结构法和四面体网格建模时，简化算例"以线代孔"法渗流场关键参数计算结果对比如表 4-12 所示，地下水位和总水头结果对比如图 4-62 所示。对比结果表明采用四面体网格建模时，渗流场分布规律和关键参数计算结果与子结构法计算结果接近。其中，洞室渗流场最大相对误差为 6.16%，排水孔幕渗流场最大相对误差为 3.55%，地下水逸出点高程最大相对误差为 0.61%。此外，针对直径小于 5cm 的排水孔，采用四面体网格形式建模时，可通过式（4-68）确定排水孔节点渗透系数。四面体网格过渡型较强，适用于复杂结构，但计算精度相对较低。采用"以线代孔"法模拟关键部位排水孔时，建议采用子结构法建模，采用四面体网格时尽量采用 2 阶单元。

表 4-12　简化算例"以线代孔"法渗流场关键参数计算结果对比

关键参数		间距 6m		相对误差/%	间距 3m		相对误差/%
		子结构法	四面体网格		子结构法	四面体网格	
渗流量/（m³/d）	洞室	37.85	35.52	6.16	22.58	21.46	4.99
	排水孔幕	126.51	122.02	3.55	183.19	178.51	2.55
地下水逸出点高程/m		85.08	84.64	0.52	77.38	76.91	0.61

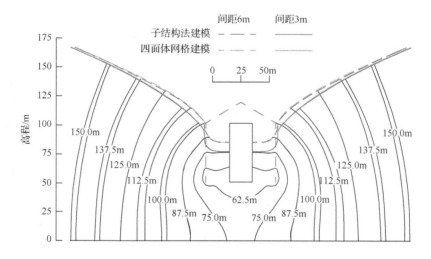

图 4-62　简化算例"以线代孔"法地下水位和总水头结果对比（见彩图）

4.4.4　"以面代孔"法的提出与分析

1. 单孔排水孔模拟

4.4.3 小节分析结果表明，通过等效处理"以线代孔"法能有效模拟直径范围为 0.02～0.05m 的排水孔，计算精度接近解析解，并且能搜索逸出点，提供各类计算边界。对于直径大于 0.05m 的排水孔，本小节在"以线代孔"法的基础上提出"以面代孔"法。"以面代孔"法通过将"以线代孔"法子结构中的线单元替换为面单元，以增强排水孔的排水效果。"以面代孔"法子结构单元形式及节点类型如图 4-63 所示。与传统排水子结构法相比，"以面代孔"法在保留排水孔计算边界的同时，使边界节点减少了 1/2。

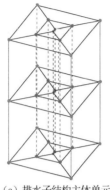
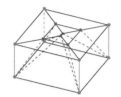

（a）排水子结构主体单元　　　　　　（b）排水子结构端部网格

图 4-63　"以面代孔"法子结构单元形式及节点类型

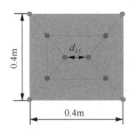

图 4-64　"以面代孔"法排水孔子结
构俯视图及计算边界

以图 4-49 中含水层中的单孔排水孔为例，通过"以面代孔"法排水孔子结构俯视图及计算边界如图 4-64 所示，模型网格数量为 80 个，节点数量为 66 个。含水层模型采用图 4-49 中的计算模型。模型边界与图 4-49 边界一致，地下水位和逸出点通过节点虚流量法搜索求解。

采用"以面代孔"法模拟排水孔时首先需要确定图 4-64 中面单元宽度 $d_{d\text{-}f}$，即模型中排水孔直径。由于"以面代孔"法忽略了排水孔的三维几何形态，当 $d_{d\text{-}f}$ 取值为排水孔实际直径时会弱化排水孔的排水效果，需要通过解析解对 $d_{d\text{-}f}$ 取值进行修正。对于图 4-40 的单孔排水孔，将已知参数代入式（4-58），可得到排水孔流量解析解与排水孔直径之间的关系如下：

$$Q_d = \frac{0.651}{\ln\dfrac{10}{d_d}} \tag{4-72}$$

式中，d_d 为排水孔实际直径。

通过"以面代孔"法对图 4-40 中的单孔排水孔进行模拟计算，可得到排水孔流量（Q_f）与面单元宽度之间的关系如图 4-65 所示，其数学关系可表示为

$$Q_f = 0.0292\ln d_{d\text{-}f} + 0.1914 \tag{4-73}$$

令 $Q_d = Q_l$，可得到 d_d 与 $d_{d\text{-}f}$ 之间的关系如下：

$$\ln d_{d\text{-}f} = \cfrac{\cfrac{0.651}{\ln \cfrac{10}{d_d}} - 0.1914}{0.0292} \tag{4-74}$$

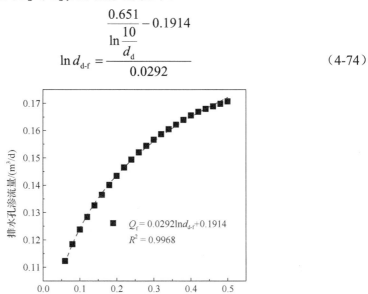

图 4-65　"以面代孔"法子结构面单元宽度与排水孔渗流量关系曲线

通过式（4-74）可得到不同直径排水孔对应的"以面代孔"法面单元宽度。以图 4-40 中单孔排水孔为例，当排水孔直径变化时，渗流量解析解与"以面代孔"法计算结果对比如表 4-13 所示。从表 4-13 可以看出"以面代孔"法渗流量接近解析解，最大相对误差为 2.18%。以直径为 0.20m 的单孔排水孔为例，"以面代孔"法与解析解地下水位结果对比如图 4-66 所示。从图 4-66 可以看出，远离排水孔时"以面代孔"法地下水位计算结果接近解析解，由于"以面代孔"法考虑了排水孔内壁的潜在逸出边界，距排水孔越近，二者误差越大，该规律与"以线代孔"法和解析解的地下水位对比结果类似。

表 4-13　单孔排水孔渗流量解析解与"以面代孔"法计算结果对比

直径/m	渗流量/（m³/d）		相对误差/%
	解析解	"以面代孔"法	
0.08	0.135	0.138	2.18
0.12	0.147	0.144	1.95
0.16	0.157	0.155	1.77
0.20	0.166	0.169	1.81

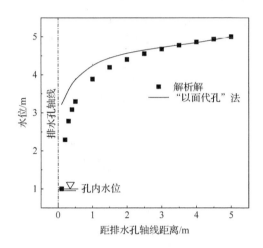

图 4-66　直径为 0.20m 单孔排水孔地下水位解析解与"以面代孔"法对比

2. 直线排水孔列模拟

对于图 4-43 中的单排排水孔列采用"以面代孔"法模拟时,含水层模型可采用图 4-54 中的模型。排水孔列渗流量解析解与"以面代孔"法计算结果的对比如表 4-14 所示,以直径为 0.20m 的排水孔列为例,地下水位"以面代孔"法计算结果与解析解之间的对比如图 4-67 所示。结果表明,对于排水孔列,"以面代孔"法计算结果接近解析解,二者相对误差范围为 1.22%~3.51%,并且通过调整计算边界,"以面代孔"法能准确反映排水孔布设间距变化对渗流场计算结果的影响。

表 4-14　排水孔列渗流量解析解与"以面代孔"法计算结果对比

间距 1m				间距 2m			
直径/m	渗流量/(m³/d)		相对误差/%	直径/m	渗流量/(m³/d)		相对误差/%
	解析解	"以面代孔"法			解析解	"以面代孔"法	
0.08	0.0301	0.0295	2.12	0.08	0.0480	0.0463	3.51
0.12	0.0313	0.0319	1.87	0.12	0.0510	0.0523	2.48
0.16	0.0322	0.0326	1.22	0.16	0.0534	0.0548	2.54
0.20	0.0329	0.0338	2.63	0.20	0.0555	0.0566	2.02

与图 4-55 中的规律类似,距离排水孔越远,"以面代孔"法计算得到的地下水位越接近解析解,由于"以面代孔"法考虑了排水孔内壁的潜在逸出边界,距排水孔越近,二者误差越大。此外,由于 Dupuit 假设的局限性,对比图 4-53 和

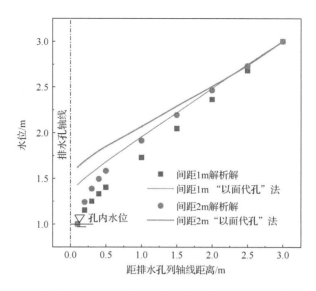

图 4-67　直径为 0.20m 排水孔列地下水位解析解与"以面代孔"法计算结果对比

图 4-66、图 4-55 和图 4-67 可以发现，水位降幅越小，"以线代孔"法和"以面代孔"法地下水位计算结果与解析解之间的差距越大。

3. 推广及应用

针对地下洞室群侧面竖直排水孔和顶部"人"字形排水孔，采用"以面代孔"法不同位置子结构网格过渡形式（图 4-68）。

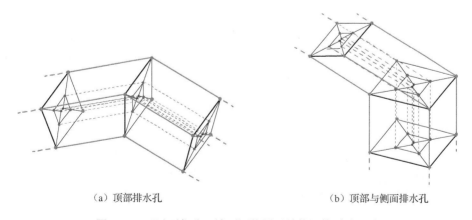

（a）顶部排水孔　　　　　　　　　　（b）顶部与侧面排水孔

图 4-68　"以面代孔"法不同位置子结构网格过渡形式

此外，对于直径大于 0.05m 的排水孔，通过将子结构形式替换为图 4-69 中的形式，"以面代孔"法同样可实现在同一模型中对排水孔直径进行敏感性分析。本小节将图 4-63 和图 4-68 中的子结构命名为固定孔径子结构,将图 4-69 中的子结构命名为可变孔径子结构。

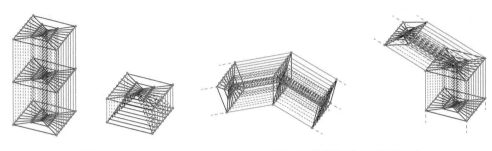

(a)可变孔径子结构　　　　　　　　(b)不同位置子结构网格过渡形式

图 4-69　"以面代孔"法可变孔径子结构模型及过渡形式

假设排水孔直径分别为 0.08m、0.12m、0.16m 和 0.20m,通过式(4-71)可计算得到对应面单元宽度分别为 0.14m、0.22m、0.31m 和 0.42m,其对应边界如图 4-70 所示。

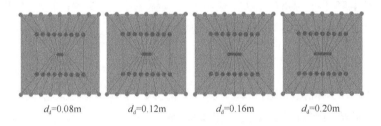

d_d=0.08m　　　　d_d=0.12m　　　　d_d=0.16m　　　　d_d=0.20m

图 4-70　"以面代孔"法可变孔径子结构模型及边界

为了进一步验证图 4-70 中子结构模型的计算精度,以图 4-57 中简化模型为研究对象,改变排水孔直径为 0.20m,分别采用图 4-63 和图 4-69 中的子结构进行建模。针对不同间距排水孔,"以面代孔"法固定孔径子结构和可变孔径子结构模型如图 4-71 所示。

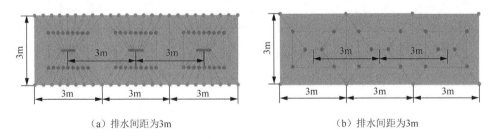

(a)排水间距为 3m　　　　　　　　(b)排水间距为 3m

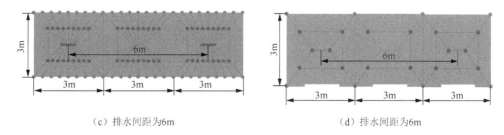

（c）排水间距为6m　　　　　　　　　　　　（d）排水间距为6m

图 4-71　"以面代孔"法固定孔径子结构和可变孔径子结构模型

　　分别采用固定孔径子结构和可变孔径子结构建模时，"以面代孔"法总水头及地下水位结果对比如图 4-72 所示，渗流量及地下水逸出点高程结果对比如表 4-15 所示。对比结果表明，采用可变孔径子结构建模时，渗流场分布规律和关键参数计算结果与固定孔径子结构计算结果接近。其中，洞室渗流场最大相对误差为 6.13%，排水孔幕渗流场最大相对误差为 4.98%，地下水逸出点高程最大相对误差为 0.76%。

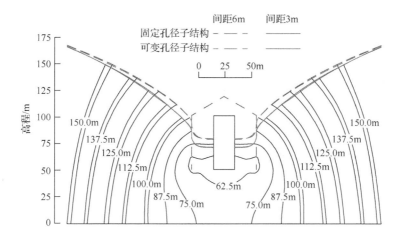

图 4-72　简化算例"以面代孔"法总水头及地下水位结果对比（见彩图）

表 4-15　简化算例"以面代孔"法渗流场关键参数计算结果对比

关键参数		间距 6m		相对误差 /%	间距 3m		相对误差 /%
		固定直径子结构	可变直径子结构		固定直径子结构	可变直径子结构	
渗流量 /（m³/d）	洞室	24.79	26.31	6.13	13.74	12.95	5.75
	排水孔幕	181.53	173.02	4.69	227.45	238.78	4.98
地下水逸出点高程/m		85.08	80.19	0.56	72.16	71.61	0.76

4.5　混凝土面板开裂等效处理

4.5.1　面板裂缝原因分析

混凝土面板是面板堆石坝垂直防渗系统中的关键防渗结构，一旦面板出现众多裂缝，就会引起面板堆石坝的渗漏，严重威胁大坝安全。对于面板堆石坝来说，面板裂缝通常分为结构性裂缝和非结构性裂缝。其中，造成面板出现结构性裂缝的主要原因为坝体的不均匀变形和沉降，造成面板出现非结构性裂缝的原因较多，主要包含坝体不均匀变形和沉降、温度应力、干缩应力、施工原因等[39]。

1）坝体不均匀变形和沉降

通常在这种情况下，坝体变形造成面板与垫层之间出现脱空以及面板与垫层的约束程度过高，当面板上产生的拉应力超过混凝土抗拉强度时，面板便可能会出现一些结构性裂缝。其中，坝体变形的原理和成因主要包含四种，分别为坝体加载变形（即坝体和库水自重增加所引起的坝体变形）、坝体湿化变形（即下游库水位和坝体自由面的升高造成一部分坝体湿化变为饱和状态所引起的坝体变形）、坝体流变变形（即坝体长时间处在蓄水运行期发生的流变现象引起的坝体变形）、坝体震动变形（即地震作用所引起的坝体变形）[40]。

结构性裂缝的开裂程度在不同阶段均会发生变化。在水库逐渐蓄水阶段，水压力逐渐增大，引起面板周边区域出现过大的拉应力。在长期运行过程中，堆石体沉降引起的面板拉应力减小，因此面板开裂程度减小[41]。

2）温度应力

由于温度变化，混凝土会相应出现膨胀或者收缩，这种现象即为混凝土的温度变形[42]。混凝土在温度变化影响下发生相应的变形，这种由于温度所产生的变形表现为收缩，外界和自身都会对混凝土进行约束，此时会引起混凝土产生较大的温度应力，当大于它的允许抗拉强度时，就会造成混凝土出现裂缝。温度变化是造成混凝土产生温度应力的关键原因。

造成混凝土温度变化的主要原因通常包含：水泥水化时产生的热量；初始状态下的温度差别；从浇筑混凝土过程中温度改变到经过较长时间达到稳定后，混凝土同时受到内部水化热温度和外部环境温度的共同影响。在面板施工期，当面板与环境的初始温差较大，面板会产生收缩作用，此时受到垫层与下部面板约束，面板表面就会发生开裂。在蓄水运行期，水面线以上和以下温差较大，容易引起较大的温度拉应力。

3）干缩应力

由干缩应力所造成的裂缝称为非结构性裂缝[42]。混凝土的拌和水通常被分为两部分，其中五分之一用于水泥水化，五分之四蒸发，这种情况就会造成混凝土体积收缩，即为干缩现象。在水泥骨架的形成过程中，会发生水泥和水的水化且慢慢硬化，在这个过程中混凝土紧缩，出现体积收缩的现象，即为凝缩现象。因此，混凝土的干缩现象和凝缩现象都称为混凝土的收缩现象。但是，混凝土的干缩量在混凝土的收缩量中占比较大，为 80%～90%。

面板内钢筋和面板后的垫层都会对干缩现象产生的变形造成影响，此外干缩应力的大小也会影响干缩裂缝。在对面板进行施工的过程中，如果面板内外产生的干缩应力差过大，且面板内产生约束，面板表面会出现干缩裂缝。造成干缩应力过大的原因主要是面板表面和内部水分蒸发的快慢不同，通常表面产生的干缩应力比内部产生的干缩应力大。

4）施工原因

面板混凝土施工的强度未达到规定要求时就会产生施工冷缝，这种冷缝主要由施工不合理造成[43]。施工冷缝通常出现在气温过高时进行面板施工，以及浇筑面板和制作混凝土的距离过远。此外，由于施工过程混凝土的骨料发生分离现象或者没有振捣密实，面板会出现局部裂缝。

4.5.2　面板裂缝案例统计

由于温度应力、干缩应力、坝体不均匀变形和沉降、施工原因等，国内外众多面板堆石坝出现了面板破损和大量裂缝等问题。本小节共统计了大量面板堆石坝关于面板开裂的信息，包括面板裂缝类型开裂的空间位置、开裂阶段和开裂原因。面板裂缝通常包含结构性裂缝和非结构性裂缝，面板裂缝仅为结构性裂缝的统计如表 4-16 所示，面板裂缝仅为非结构性裂缝的统计如表 4-17 所示，面板裂缝同时包含结构性裂缝和非结构性裂缝的统计如表 4-18 所示。

由表 4-16～表 4-18 的结果得到面板开裂原因统计如图 4-73 所示。坝体不均匀变形和沉降、温度应力、干缩应力是造成面板开裂的主要原因。其中，面板仅出现结构性裂缝的情况较少，出现非结构性裂缝的工程实例较多。大多数面板裂缝同时包含结构性裂缝和非结构性裂缝，即在实际工程中，面板开裂是由多种原因共同造成的。

表 4-16 面板堆石坝结构性裂缝统计

| 大坝 | 竣工时间 | 坝高/m | 面板面积/（10³m²） | 裂缝类型 | 空间位置 | 面板开裂 | | 备注 |
						阶段	原因	
紫坪铺[44]	2006年	156	116.6	—	—	蓄水运行期	地震导致堆石体变形	很多块面板都出现了宽度为0.5～2mm的裂缝
罗村水库[45]	1994年	63.6	11.454	水平裂缝	面板的中上部	蓄水运行期	坝体的碾压密实性较差，从而导致坝体变形严重	—
白溪水库[46]	2001年	124.4	49.3	河床：水平裂缝；左右岸：斜纵向裂缝	一期：面板的中部往右；二期：中部	一期：施工期；二期：运行期	堆石体变形	—
白云水库[47]	1998年	120	—	水平裂缝	面板的中部	蓄水运行期	坝体的碾压密实性较差而导致发生大变形	—
巴西青柏诺沃坝[48]	2005年	202	105	水平裂缝	面板的中部	蓄水后	堆石的变形导致发生面板挤压破坏	—
大河水库[49]	1998年	69.5	16.4	水平裂缝	面板的下部	面板施工后	外力作用	—
天门河水库[50]	2008年	45.5	—	水平裂缝	面板的下部	面板施工后	坝体内有比较大的反向的渗水压力	—
莱索托莫赫尔水库[51]	2006年	145	—	水平裂缝	面板的中部	蓄水期间	a. 坝体的位移出现突变；b. 垂直缝遭到挤压破坏	—
泰国高兰坝[52]	1984年	113	—	水平裂缝	集中在比较长的面板条块中下部	面板施工后	地形的原因造成堆石体被分成了两段	—
尼日利亚希洛洛坝[52]	1984年	125	—	水平裂缝	面板的底部	蓄水后	坝体的不均匀沉降	—

表 4-17　面板堆石坝非结构性裂缝统计

大坝	竣工时间	坝高/m	面板面积 /(10³m²)	面板开裂				备注
				裂缝类型	空间位置	阶段	原因	
西北口水库[53,54]	1989 年	95	27.9	水平裂缝	面板的中部和下部	面板施工后	a. 温度应力; b. 干缩应力	—
犁地坪水库[55]	2016 年	59	—	水平裂缝	面板的中下部	面板施工后	温度应力	—
洞峪水库[56]	2006 年	81	—	水平裂缝	面板的中部	面板施工后	a. 施工过程中浇筑的质量不均匀; b. 温度应力; c. 干缩应力	总共有 199 条裂缝,并且基本上形态表现为水平向,其中总共有 18 条 I 类裂缝,全部总长长度为 129.6m。这类裂缝是裂缝总长度的 6.77%;共有 155 条 II 类裂缝,全部总长度为 1485m,这类裂缝是裂缝总长度的 77.53%;共有 26 条 III 类裂缝,全部总长度为 300.9m,这类裂缝是裂缝总长度的 15.71%。裂缝的宽度保持在 0.06~0.94mm,常见的小于 0.5mm
小井沟水库[57]	2014 年	87.6	—	水平裂缝	—	施工期	a. 干缩应力; b. 温度应力	
温泉水电站[58]	2010 年	102	—	水平裂缝	面板的中部	面板施工后	a. 干缩应力; b. 温度应力	单块面板的长度越长,该面板上的裂缝数量相对会较多

续表

大坝	竣工时间	坝高/m	面板面积/(10³m²)	面板开裂				备注
				裂缝类型	空间位置	阶段	原因	
洪家渡水库[59]	2005年	179.5	38	水平裂缝	面板的中下部	面板施工后	干缩应力	三期面板总共出现20条裂缝
布西水库[60]	2010年	135.8	37	水平裂缝	面板的中下部	面板施工后	a.干缩应力; b.温度应力	—
纳子峡水电站[61]	2013年	117.6	—	水平裂缝	—	面板施工后	a.干缩应力; b.温度应力	总共出现383条裂缝,但是裂缝的分布并没有明显规律性
宝瓶河水电站[62]	2012年	93.6	—	水平裂缝	面板的中下部	面板施工后	a.干缩应力; b.温度应力	面板的裂缝大多分布在坝高1/4~2/3区域
苗家坝水电站[62]	2011年	110	—	水平裂缝	面板的中部	面板施工后	a.干缩应力; b.温度应力	—
仙口水电站[63]	2006年	68	11.768	水平裂缝	面板的中部	面板施工后	a.干缩应力; b.温度应力	—
斯里兰卡科科梅尔坝[64]	1984年	90	60	水平裂缝	集中在比较长的面板条块中下部	面板施工后	施工期临时浇筑的面板对永久性面板产生的约束力	—
澳大利亚赛沙那坝[52]	1971年	110	23.7	水平裂缝	集中在比较长的面板条块中下部	面板施工后	a.温度应力(气温出现急速下降); b.收缩应力(面板收缩)	—
澳大利亚温尼克坝[64]	1978年	85	—	水平裂缝	集中在比较长的面板条块中下部	面板施工后	a.干缩应力; b.温度应力(降温)	—
澳大利亚马琴托土坝[52]	1981年	75	27.5	水平裂缝	集中在比较长的面板条块中下部	面板施工后	面板局部变厚,形成台阶状,对面板产生了约束力	—
哥伦比亚格里拉斯坝[64]	1978年	127	14.3	水平裂缝	集中在比较长的面板条块中下部	面板施工后	a.温度应力; b.干缩应力	—

表 4-18 面板堆石坝同时含有结构性裂缝和非结构性裂缝统计

大坝	竣工时间	坝高/m	面板面积/(10³ m²)	面板开裂				
				裂缝类型	空间位置	阶段	原因	备注
公伯峡水库[65]	2004 年	132.2	57.528	纵向裂缝	面板的顶部和水位附近	蓄水运行期	a. 温度应力; b. 堆石变形;	面板的裂缝大多分布在1 期面板长度的 10~96m
营盘水库[66]	2016 年	124.5	52.5	—	—	—	—	共出现 383 条裂缝，但无规律
水布垭水电站[67]	2007 年	233	138.7	水平裂缝	面板的顶部和底部	蓄水期间	a. 干缩应力; b. 温度应力; c. 堆石变形	—
天生桥一级[68]	2000 年	178	173	水平裂缝	面板分三期施工：一期裂缝比较少，二期裂缝次之，三期裂缝最多	一期：未蓄水运行期；二期：蓄水运行期；三期：两年正常水位运行	a. 堆石变形; b. 温度应力; c. 干缩应力	—
小山水电站[69]	1997 年	86.3	24.21	水平裂缝	—	面板施工后	a. 干缩应力; b. 施工的质量和速度; c. 温度应力; d. 坝体变形不均匀	面板裂缝的分布很不均匀，且目面板混凝土在施工过程中还存在着一些局部的质量问题
成屏水库[64]	1989 年	74.6	15.8	水平、竖向和斜向裂缝	大多集中在二期施工面板	蓄水运行期	a. 坝体沉降量较大; b. 面板分期施工	—
株树桥水库[70]	1990 年	78	23.32	水平裂缝	面板的中下部	施工期	a. 坝体堆石不均匀沉降; b. 坝体下游的坡过陡; c. 在回填上升的坝体部分时，上升的速度比较快，并且对新老填料的结合面没有进行认真的处理	—

续表

大坝	竣工时间	坝高/m	面板面积/(10³ m²)	面板开裂				备注
				裂缝类型	空间位置	阶段	原因	
万安溪水库[71]	1995年	93.8	10	大部分都是水平裂缝，靠近左右两岸的面板顶部仅靠近两岸的岸坡有少数的裂缝沿面板为倾斜方向		蓄水运行期	a. 干缩变形； b. 两岸的坝体不均匀沉降； c. 面板的分期施工； d. 面板前水压力影响； e. 温度应力	—
龙首二级水电站[72]	2004年	146.5	26.884	大部分是水平裂缝，有少部分裂缝沿面板斜向	一期面板出现64条；二期面板出现114条	面板施工后	a. 温度应力； b. 坝体沉降	面板材料为钢纤维时出现裂缝的数量远远少于材料为聚丙烯纤维和高性能混凝土
沟后水库[64]	1989年	71	—	水平裂缝网裂缝（表现为放射状）	水平裂缝基本在面板的中下部；网状的裂缝则出现在面板的顶部	蓄水后	a. 垫层的破坏使得蓄水后出现不均匀沉降； b. 面板养护时间过短； c. 温度变化较大（温度应力）	—
引子渡水库[73]	2004年	129.5	11.961	水平裂缝	面板的中部	蓄水前后	a. 干缩应力； b. 外力作用	—
广州抽水蓄能电站上水库[64]	1993年	68	—		一、二期面板裂缝较少	蓄水期间		一期面板仅12条比较短的浅表性的裂缝，裂缝的深度仅在2cm，一条裂缝的宽度达到0.5～1mm，一条裂缝宽度小于0.2mm，其余的10条裂缝宽度均小于0.1mm。二期面板出现的裂缝很少

续表

大坝	竣工时间	坝高/m	面板面积 /（10³m²）	面板开裂				备注
				裂缝类型	空间位置	阶段	原因	
潘口水电站[62]	2011 年	114	40.472	水平裂缝	面板的中下部	面板施工后	a. 干缩应力； b. 温度应力； c. 外力作用	面板的裂缝大多分布在 I 期面板长度的 10～96m，这部分属于面板应力比较大的区域
松山水库[74]	2005 年	80.8	—	水平裂缝	面板的中下部	蓄水前	a. 温度应力； b. 干缩应力； c. 坝体变形； d. 冻胀力所产生形成弯剪作用	—
洞巴水电站[75]	2006 年	105.3	50.232	水平裂缝	多集中于左右两侧的面板	蓄水后	a. 温度应力； b. 坝体的不均匀沉降	—
庐山水库[76]	1999 年	122	26.658	水平裂缝	面板的中部	面板施工后	a. 面板浇筑块的间隔时间过长； b. 温度应力； c. 干缩应力； d. 外界环境影响	—
柬埔寨额勒赛坝[64]	2013 年	122	—	水平裂缝和斜向裂缝	面板的底部	面板施工后	a. 坝体的不均匀沉降； b. 坝内存在反向水压	—
伊朗格列瓦德坝[64]	2012 年	110	—	—	—	—	—	坝体渗漏，最后出现填实体进一步损坏和失水

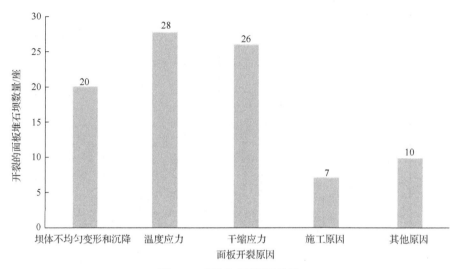

图 4-73　面板开裂原因统计

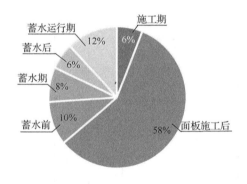

图 4-74　面板开裂阶段统计

由表 4-16～表 4-18 的结果得到面板开裂阶段统计如图 4-74 所示。大多数面板开裂发生在面板施工后，也有部分面板堆石坝在施工期、蓄水前后、蓄水期和蓄水运行期产生裂缝，裂缝呈现出逐渐增多的趋势。

由表 4-16～表 4-18 的结果得到面板开裂空间位置统计如图 4-75 所示。面板裂缝多集中在较长面板的中部和下部，面板上部及靠近左右两侧也有少部分裂缝。

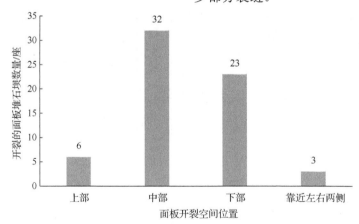

图 4-75　面板开裂空间位置统计

由表 4-16～表 4-18 的结果得到面板裂缝类型统计如图 4-76 所示。面板裂缝类型基本为水平裂缝，有极少数面板堆石坝的裂缝为纵向裂缝、斜向裂缝和网状裂缝。

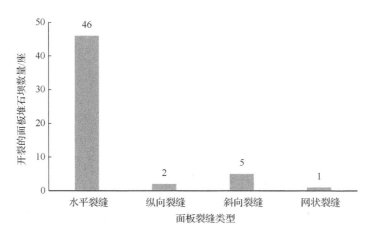

图 4-76　面板裂缝类型统计

由此可知，面板裂缝通常包含结构性裂缝和非结构性裂缝，大多数工程的面板裂缝是非结构性裂缝或者两类裂缝都存在，这些裂缝的规律如下：

（1）混凝土面板类型形态基本都是水平裂缝，水平裂缝通常横穿过相邻垂直缝之间整个面板板块的宽度。

（2）大多数裂缝集中在面板中间比较长的板块中部和下部，出现在上部的裂缝比较少，仅有很少的裂缝会出现在靠近岸边的左右两侧面板板块。

（3）大多数裂缝在面板施工后开始出现，这类裂缝大多数都出现在面板中下部，并且大部分由温度应力和干缩应力造成，还有一些裂缝由施工原因等造成。

（4）裂缝大多贯穿混凝土面板整个厚度，贯穿裂缝对大坝造成较大影响，细微裂缝对大坝的影响较小。

面板仅出现结构性裂缝的面板堆石坝较少，这类裂缝大多出现在面板下部及其周边区域，并且由堆石的不均匀变形造成。

4.5.3　面板裂缝小尺寸区块等效连续模拟方法

根据 4.5.1 小节面板裂缝统计分析可以看出，当混凝土面板出现裂缝时，整个面板上出现的裂缝呈现出一定的规律性，数量众多且分布不均匀。因此，本小节在基于传统等效连续介质方法的基础上提出面板裂缝小尺寸区块等效连续模拟方法。

混凝土面板出现裂缝时，可以将面板上的裂缝渗流视为平行板间裂缝渗流。

由于面板裂缝的长度远远大于其宽度，因此面板裂缝可以看作是平行板状窄缝。假定裂缝表面光滑，裂缝的宽度相等，并且通过裂缝的水流流态是层流[22,77,78]。

对于流体来说，因为它是不可压缩的，所以其基本控制方程表示为

$$
\begin{cases}
\dfrac{\partial v_i}{\partial x_i} = 0 \\[2mm]
\dfrac{\partial v_i}{\partial t} + v_i \dfrac{\partial v_i}{\partial x_i} - f_i + \dfrac{1}{\rho}\dfrac{\partial p}{\partial x_i} - \dfrac{\mu}{\rho}\nabla^2 v_i = 0
\end{cases}
\quad (i = x, y, z)
\tag{4-75}
$$

式中，v_i 为流体速度在坐标轴 x、y、z 的分量；t 为时间；f_i 为单位质量力在坐标轴 x、y、z 的分量；ρ 为流体密度；p 为流体压力；μ 为流体动力黏滞系数。

对于通过面板裂缝的渗流问题，可以假设沿缝隙壁没有出现水流交换。等宽缝隙中水流通过的示意图如图 4-77 所示。

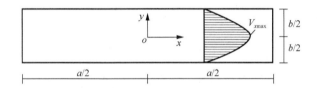

图 4-77　等宽缝隙中水流通过的示意图

式（4-75）可以变为

$$
\begin{cases}
\dfrac{\partial v_x}{\partial x} = 0 \\[2mm]
\dfrac{\partial v_x}{\partial t} + \dfrac{1}{\rho}\dfrac{\partial p}{\partial x} - \dfrac{\mu}{\rho}\dfrac{\partial^2 v_x}{\partial y^2} = 0
\end{cases}
\quad (i = x, y, z)
\tag{4-76}
$$

假设水流在初始的时候呈现出的状态是稳定的，则式（4-76）的初始条件为

$$
\begin{cases}
p\big|_{t=0} = p_0(x) = p_1^0 + \dfrac{x + a/2}{a}(p_2^0 - p_1^0) \\[2mm]
v\big|_{t=0} = v_0(y) = \dfrac{p_2^0 - p_1^0}{8\mu a}(4y^2 - b^2)
\end{cases}
\tag{4-77}
$$

式中，p_1^0 和 p_2^0 分别为缝隙上游端和下游端的初始流体压力。

这种情况下的边界条件需要满足的等式为

$$
\begin{cases}
p\big|_{x=-a/2} = p_1(t),\ p\big|_{x=a/2} = p_2(t) \\[2mm]
v\big|_{y=-b/2} = v\big|_{y=b/2} = 0
\end{cases}
\tag{4-78}
$$

式中， $p_1(t)$ 和 $p_2(t)$ 分别为 t 时刻时缝隙上游端和下游端的流体压力。

根据式（4-76）～式（4-78），缝隙中非稳定流的渗流速度为

$$v_x(y,t) = \frac{4y^2 - b^2}{8\mu}\left[\frac{p_2^0 - p_1^0}{a}\mathrm{e}^{at} + \frac{\partial p}{\partial x}(1 - \mathrm{e}^{at})\right] \tag{4-79}$$

则 t 时刻时通过缝隙中的单宽流量，可以得到等式：

$$q(t) = -\frac{b^3}{12\mu}\left[\frac{p_2^0 - p_1^0}{a}\mathrm{e}^{at} + \frac{\partial p}{\partial x}(1 - \mathrm{e}^{at})\right] \tag{4-80}$$

当流体的状态为稳定时，可以将式（4-76）改为

$$\frac{\partial^2 v_x}{\partial y^2} = \frac{1}{\mu}\frac{\partial p}{\partial x} \tag{4-81}$$

这种状态下的边界条件为式（4-77）的第二个等式，此时可以得到通过缝隙中流体的速度为

$$v_x(y) = \frac{1}{8\mu}\frac{\partial p}{\partial x}(4y^2 - b^2) \tag{4-82}$$

假设缝隙在断面处的测压管水头表示为 H，位置水头表示为 z，水力梯度表示为 J，可以得出

$$\frac{\partial p}{\partial x} = \frac{\partial\left[\gamma(H - Z)\right]}{\partial x} = -\gamma J \tag{4-83}$$

式中， γ 为水的容重。

式（4-82）可以变为

$$v_x(y) = \frac{\gamma}{8\mu}J(b^2 - 4y^2) \tag{4-84}$$

因此，稳定状态下的流体在通过缝隙时产生的单位宽度渗流量表示为

$$q = 2\int_2^{b/2} v_x(y)\mathrm{d}y = \frac{\gamma J}{4\mu}\int_0^{b/2}(b^2 - 4y^2)\mathrm{d}y = \frac{b^3\gamma}{12\mu}J \tag{4-85}$$

式（4-85）是通过等宽缝隙的水流立方定律。此外立方定律还要满足一定的要求，即缝隙必须是光滑的、等宽度的，并且通过缝隙中的流体状态为层流，故水流通过缝隙时的平均速度表示为

$$V = \frac{q}{b} = \frac{b^2\gamma}{12\mu}J = KJ \tag{4-86}$$

式中， K 为缝隙的水力传导系数。

式（4-86）为窄缝水流公式[78]。通常缝隙的表面并不光滑，因此需要进行修正，粗糙修正系数 C[77,78]为

$$C = \frac{1}{1 + 8.8 \left(\dfrac{\Delta}{2b_e} \right)^{1.5}} \tag{4-87}$$

式中，Δ 为缝隙表面的绝对粗糙度；b_e 为等效裂缝宽度；$\dfrac{\Delta}{2b_e}$ 为裂缝的相对粗糙度。

通常缝隙的宽度并不是一直保持不变的，它也是会随着裂缝而发生变化的，因此面板的裂缝等效的缝宽为[79]

$$b_e = \left(\frac{2b_0^2 b_t^2}{b_0 + b_t} \right)^{1/3} \tag{4-88}$$

式中，b_0 和 b_t 分别为裂缝的进口宽度和出口宽度。

因此，可以得到裂缝的等效渗透系数为

$$K_{fe} = \frac{C b_e^2 \gamma}{12\mu} \tag{4-89}$$

本小节中分析小尺寸区块中大量面板裂缝的渗流模型如图 4-78 所示。

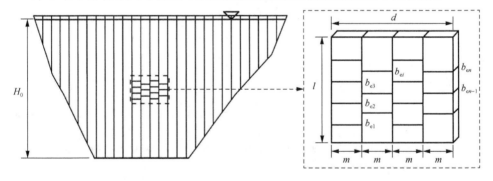

图 4-78　面板裂缝的渗流模型

在面板的小尺寸区块中出现大量裂缝的情况下，因为面板和垫层接触的面会形成一个连通的势面，所以在面板小尺寸区块内所有裂缝下游产生的测压管水头近似相等。同时，面板小尺寸区块内所有裂缝上游产生的测压管水头均为 H_0，将所有裂缝的渗透坡降表示为 J_f。通过小尺寸区块中的所有裂缝产生的渗流量为

$$Q_f = \sum_{i=1}^{n} (K_{fei} J_f b_{ei} m_{ei}) = J_f \sum_{i=1}^{n} (K_{fei} b_{ei} m_{ei}) = J_f m \sum_{i=1}^{n} (K_{fei} b_{ei}) (i = 1, 2, \cdots, n) \tag{4-90}$$

式中，n 为裂缝的数量；m 为裂缝的长度。

面板小尺寸区块内的渗流问题可以用等效连续方法处理。用一个参数 K_y 来表示等效均匀化渗透率系数，则通过面板小尺寸区块内的渗流量为

$$Q_u = K_y J_f l d \tag{4-91}$$

式中，l 为面板小尺寸区块的长度；d 为面板小尺寸区块的宽度。

水流通过面板区块渗流量和通过面板区块内裂缝渗流量等效的原则为

$$Q_u = Q_f \tag{4-92}$$

根据式（4-90）～式（4-92），可以得到

$$K_y = \frac{\gamma m}{12 \mu l d} \sum_{i=1}^{n} (C_i b_{ei}^3) \tag{4-93}$$

本小节建立的面板裂缝等效连续介质方法通过将面板分区并赋予不同渗透系数来实现，但区块的大小需要通过对比计算来确定。每个面板区块都可以均匀地剖分，将计算得到的不同的等效均匀化渗透系数赋予不同的面板区块，然后将它们组合到整个面板中，从而确保精度并简化面板的有限元模型。

参 考 文 献

[1] YOUSSEF M A, LIU Y, CHESCHEIR G M, et al. DRAINMOD modeling framework for simulating controlled drainage effect on lateral seepage from artificially drained fields[J]. Agricultural Water Management, 2021, 254: 106944.

[2] XU Z G, CAO C, LI K H, et al. Simulation of drainage hole arrays and seepage control analysis of the Qingyuan Pumped Storage Power Station in China: A case study[J]. Bulletin of Engineering Geology and the Environment, 2019, 78(8): 6335-6346.

[3] 刘洋. 地下洞室排水孔幕模拟方法及渗流场数值计算[D]. 西安: 西安理工大学, 2019.

[4] 孙超伟, 柴军瑞, 许增光, 等. 金川水电站地下厂房裂隙围岩渗控效应数值模拟与评价[J]. 岩土工程学报, 2016, 38(5): 786-797.

[5] 中华人民共和国水利部. 碾压式土石坝设计规范: SL 274—2020[S]. 北京: 中国水利水电出版社, 2020.

[6] LI P, LU W X, LONG Y Q, et al. Seepage analysis in a fractured rock mass; the upper reservoir of Pushihe Pumped-Storage Power Station in China[J]. Engineering Geology, 2008, 97(1-2): 53-62.

[7] DUSABEMARIYA C, JIANG F, WEI Q, et al. Water seepage detection using resistivity method around a pumped storage power station in China[J]. Journal of Applied Geophysics, 2021, 188: 104320.

[8] GAO X H, CHENG B C, TIAN W P, et al. Simulation parameter selection and steady seepage analysis of binary structure slope[J]. Water (Basel), 2020, 12: 2747.

[9] SUN G H, WANG W, LU S. Steady seepage analysis in soil-rock-mixture slope using the numerical manifold method[J]. Engineering Analysis with Boundary Elements, 2021, 131: 27-40.

[10] 于丽, 方霖, 董宇苍, 等. 基于围岩渗透影响范围的隧道外水压力计算方法模型试验研究[J]. 岩石力学与工程学报, 2018, 37(10): 2288-2298.

[11] 李林毅, 阳军生, 高超, 等. 排水管堵塞引起的高铁隧道结构变形与渗流场特征模拟试验研究[J]. 岩土工程学报, 2021, 43(4): 715-724.

[12] 米博, 项彦勇. 砂土地层浅埋盾构隧道开挖渗流稳定性的模型试验和计算研究[J]. 岩土力学, 2020, 41(3): 837-848.

[13] ANTALYN B, WEERASINGHE V P. Determination of the radius of influence for groundwater sources using a spatial mapping method[J]. Ceylon Journal of Science, 2021, 50(2): 121-127.

[14] HUANG C S, YANG S Y, HUND-DER Y. Groundwater flow to a pumping well in a sloping fault zone unconfined aquifer[J]. Water Resources Research, 2014, 50(5): 4079-4094.

[15] SHATSKAYA L A, KICHIGINA A A, KOCHETKOV N E, et al. Influence of well watercut on pumping parameters[J]. IOP Conference Series: Earth and Environmental Science, 2021, 677: 52061.

[16] BRESCIANI E, DAVY P, DE-DREUZY J R. Is the Dupuit assumption suitable for predicting the groundwater seepage area in hillslopes?[J]. Water Resources Research, 2014, 50(3): 2394-2406.

[17] ETIENNE B, RAGHWENDRA N S, PETER K K, et al. Well radius of influence and radius of investigation: What exactly are they and how to estimate them?[J]. Journal of hydrology (Amsterdam), 2020, 583: 124646.

[18] DUPUIT J. Études Théoriques Et Pratiques Sur Le Mouvement Des Eaux Dans Les Canaux Découverts Et ÀTravers Les Terrains Perméables[M]. Paris: Dunod, 1863.

[19] JOHNSON P W. The relationship between radius of drainage and cumulative production[J]. SPE Formation Evaluation, 1988, 3(1): 267-270.

[20] 倪才胜, 韩昌瑞, 白世伟. 某水利枢纽厂房大型基坑开挖渗流研究[J]. 岩土力学, 2008(7): 1819-1824.

[21] 陈益峰, 周创兵, 毛新莹, 等. 水布垭地下厂房围岩渗控效应数值模拟与评价[J]. 岩石力学与工程学报, 2010, 29(2): 308-318.

[22] 毛昶熙. 渗流计算分析与控制[M]. 2版. 北京: 中国水利水电出版社, 2003.

[23] 熊文林, 梁业国, 周创兵. 求解无压渗流场的一种新方法[J]. 水动力学研究与进展(A辑), 1996(5): 528-534.

[24] 孙伟建, 侯兴民, 李远东, 等. 基于虚单元法求解渗流自由面的曲线拟合法[J]. 水力发电, 2016, 42(11): 50-53, 67.

[25] JIANG Q H, YAO C, YE Z Y, et al. Seepage flow with free surface in fracture networks[J]. Water Resources Research, 2013, 49(1): 176-186.

[26] 吴梦喜, 张学勤. 有自由面渗流分析的虚单元法[J]. 水利学报, 1994(8): 67-71.

[27] CHEN Y F, YU H, MA H Z, et al. Inverse modeling of saturated-unsaturated flow in site-scale fractured rocks using the continuum approach: A case study at Baihetan Dam Site, Southwest China[J]. Journal of Hydrology(Amsterdam), 2020, 584: 124693.

[28] ESPADA M, MURALHA J, LEMOS J V, et al. Safety analysis of the left bank excavation slopes of Baihetan Arch Dam foundation using a discrete element model[J]. Rock Mechanics and Rock Engineering, 2018, 51(8): 2597-2615.

[29] 王珏. 白鹤滩水电站大坝渗流场仿真与渗控方案评价[D]. 武汉: 武汉大学, 2018.

[30] 王林, 徐青. 基于蒙特卡罗随机有限元法的三维随机渗流场研究[J]. 岩土力学, 2014(1): 287-292.

[31] 覃荣高, 曹广祝, 仵彦卿. 非均质含水层中渗流与溶质运移研究进展[J]. 地球科学进展, 2014, 29(1): 30-41.

[32] 施小清, 吴吉春, 袁永生. 渗透系数空间变异性研究[J]. 水科学进展, 2005, 16(2): 210-215.

[33] 吴吉春, 薛禹群. 地下水动力学[M]. 北京: 中国水利水电出版社, 2009.

[34] 薛禹群, 朱学愚. 地下水动力学[M]. 北京: 地质出版社, 1979.

[35] CHEN Y F, ZHOU C B, ZHENG H. A numerical solution to seepage problems with complex drainage systems[J]. Computers and Geotechnics, 2008, 35(3): 383-393.

[36] 朱岳明, 速宝玉. 不变网格确定渗流自由面的节点虚流量法[J]. 河海大学学报, 1991, 19(5): 113-117.

[37] 周斌, 刘斯宏, 姜忠见, 等. 洪屏抽水蓄能电站渗控效果数值模拟与评价[J]. 水力发电学报, 2015, 34(5): 131-139.

[38] 周斌, 严俊, 刘斯宏, 等. 结点虚流量法理论基础阐释及改进算法[J]. 岩土力学, 2018, 39(1): 349-355.

[39] 孙玉莲, 兰驷东, 严俊, 等. 混凝土面板堆石坝运行期存在的渗流问题及成因研究综述[J]. 中国水利水电科学研究院学报, 2016, 14(6): 431-436, 442.

[40] 周扬. 汶川地震紫坪铺面板堆石坝震害分析及面板抗震对策研究[D]. 大连: 大连理工大学, 2011.

[41] ARICI Y. Investigation of the cracking of CFRD face plates[J]. Computers and Geotechnics, 2011, 38(7): 905-916.

[42] 王瑞骏. 混凝土面板堆石坝温度应力与干缩应力及渗流特性研究[D]. 西安: 西安理工大学, 2006.

[43] 牟声远. 高混凝土面板堆石坝安全性研究[D]. 杨凌: 西北农林科技大学, 2008.

[44] 陈生水, 霍家平, 章为民. "5·12" 汶川地震对紫坪铺混凝土面板坝的影响及原因分析[J]. 岩土工程学报, 2008, 30(6): 795-801.

[45] 葛龙进, 史明华, 杜斌, 等. 罗村水库混凝土面板堆石坝面板裂缝成因及加固处理措施[J]. 大坝与安全, 2019(2): 69-73.

[46] 付磊, 曹敏, 苏玉杰. 白溪水库面板堆石坝混凝土面板裂缝成因分析与处理[J]. 小水电, 2014(2): 68-72.

[47] 郑子祥, 张秀丽. 湖南白云水电站大坝异常渗漏原因分析及放空处理[J]. 大坝与安全, 2015(6): 25-30.

[48] 钮新强. 高面板堆石坝安全与思考[J]. 水力发电学报, 2017, 36(1): 104-111.

[49] 李洪明. 大河堆石坝面板抬动裂缝的处理[J]. 广东水利水电, 2004(S1): 48-49.

[50] 黄景中, 商崇菊, 郝志斌. 天门河水库混凝土面板坝的裂缝和变形及面板垫料脱空处理[J]. 中国农村水利水电, 2008(11): 90-91.

[51] 刘安然. 浅谈混凝土面板堆石坝挤压破坏[J]. 科技经济导刊, 2018(9): 38-39.

[52] 陈宗梁. 国外混凝土面板堆石坝面板的裂缝及其补强措施[J]. 水力发电, 1991(7): 67-69.

[53] 罗先启, 刘德富, 黄峰. 西北口面板堆石坝面板裂缝成因分析[J]. 人民长江, 1996, 27(9): 32-34.

[54] 麦家煊, 孙立勋. 西北口堆石坝面板裂缝成因的研究[J]. 水利水电技术, 1999, 30(5): 32-34.

[55] 林赛, 杜振坤, 张宝琼. 喷涂聚脲技术在犁地坪水库混凝土面板坝面板裂缝处理中的应用[J]. 中国水利水电科学研究院学报, 2015, 13(1): 68-73.

[56] 宫亚军, 李文轩, 盛建国. 洞峪水库混凝土面板坝面板裂缝成因分析与处理[J]. 陕西水利, 2009(6): 80-81.

[57] 张安. 小井沟混凝土面板堆石坝裂缝预防控制措施分析[J]. 人民长江, 2016, 47(24): 76-79.

[58] 张伟. 温泉水电站大坝面板混凝土裂缝成因及处理措施[J]. 水利水电技术, 2013, 44(10): 93-95.

[59] 何金荣, 陈娟, 曾正宾. 洪家渡水电站面板混凝土防裂措施研究及其应用[J]. 水利水电技术, 2005, 36(9): 52-54.

[60] 郭海志, 王腾. 布西水电站面板混凝土施工质量控制[J]. 水利水电施工, 2013(4): 134-136.

[61] 赵海峰. 纳子峡水电站面板堆石坝混凝土面板裂缝分析及处理措施[J]. 青海交通科技, 2016(5): 119-122.

[62] 田科宏, 田波, 乔晓涛. 混凝土面板堆石坝面板裂缝分析和处理工艺探索[J]. 中国建筑防水, 2012(10): 30-32, 36.

[63] 周斌, 王俊华. 仙口水电站面板裂缝原因分析及处理[J]. 水利技术监督, 2008(5): 67-69.

[64] 蒋国澄. 混凝土面板堆石坝的面板裂缝问题[J]. 水利管理技术, 1994(4): 10-15.

[65] 朱锦杰, 王玉洁, 张猛. 公伯峡面板堆石坝面板竖向裂缝机理分析[J]. 水力发电, 2013, 39(4): 40-42, 46.

[66] 张保才. 吉音水利枢纽面板混凝土防裂技术研究[J]. 中国水能及电气化, 2016(11): 55-60.

[67] 罗福海, 张保军, 夏界平. 水布垭大坝施工期面板裂缝成因分析及处理措施[J]. 人民长江, 2011, 42(1): 50-53.

[68] 余宗翔. 天生桥一级水电站大坝面板主要缺陷处理[J]. 大坝与安全, 2005(3): 48-50, 53.

[69] 王德库, 侯福江, 李艳萍. 小山水电站混凝土面板裂缝及修补[J]. 东北水利水电, 2000, 18(5): 23-24, 56.

[70] 刘庶华. 株树桥混凝土面板堆石坝施工期大坝裂缝原因分析及处理[J]. 水力发电, 1992(7): 30-33.

[71] 戴妙林, 吴宏明, 刘宗汉, 等. 万安溪面板堆石坝面板上部裂缝情况及初步分析[J]. 大坝观测与土工测试, 2001, 25(6): 19-21.

[72] 卢小波. 黑河龙首二级(西流水)水电站工程混凝土面板堆石坝面板裂缝成因分析及抗裂措施[J]. 大坝与安全, 2008(3): 69-72, 77.

[73] 杨清生. 引子渡水电站大坝施工监理与质量控制[J]. 大坝与安全, 2004(2): 59-62.

[74] 栾宇东. 松山混凝土面板堆石坝面板裂缝成因及处理研究[D]. 南京: 河海大学, 2004.

[75] 龙晗. 洞巴水电站大坝混凝土面板裂缝问题的处理[J]. 红水河, 2009, 28(4): 103-105.

[76] 李煊明. 穆阳溪芹山水电站面板堆石坝一期砼裂缝浅析[J]. 水利科技, 2000(1): 11-13, 16.

[77] 张有天. 岩石水力学工程[M]. 北京: 中国水利水电出版社, 2005.

[78] 仵彦卿, 张倬元. 岩体水力学导论[M]. 成都: 西南交通大学出版社, 1995.

[79] 柴军瑞, 仵彦卿. 变隙宽裂隙的渗流分析[J]. 勘察科学技术, 2000(3): 39-41.

第5章 工程案例

5.1 常规水电站渗流场分析Ⅰ

5.1.1 渗流场模型建模过程

1. 工程概况

某电站以发电为主,库区正常蓄水位为 1223m,总库容为 17.18 亿 m³,装机容量为 2160MW。工程由碾压混凝土重力坝、水道(引水管和尾水管)和地下发电厂房组成。坝体坐落在新鲜基岩上,排水系统和地下厂房位于水库右岸。该水电站平面布置如图 5-1 所示,工程区裂隙相对不发育,主要断层带 F2 规模及产状变化较大。

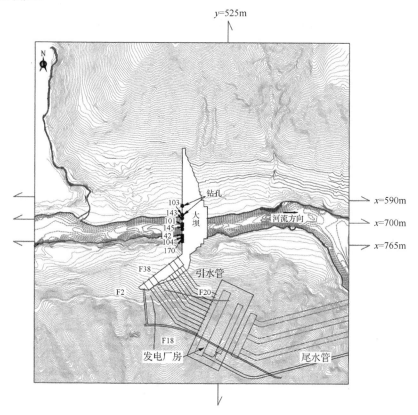

图 5-1 某水电站平面布置图

厂房设置了上、下游防渗帷幕以及排水孔幕和抽排系统，上游防渗帷幕位于上游帷幕灌浆廊道（洞）内，平面呈折线布置，帷幕伸入相对不透水层；下游防渗帷幕在下游消力戽尾坎底部帷幕灌浆排水廊道内，两岸延伸至 1260m 高程，下游防渗帷幕为悬挂幕设置，深度约 40m。河床坝基设置共 5 道横河向排水孔幕。坝内排水孔均为直孔，孔深入岩 15m；下游排水孔孔深入岩 20m。

该水电站建成并运行后，在坝基的 13#坝段廊道、坝下 0+103.25m 左部位以及消力戽左挡墙出现了较大的渗流量，对坝基稳定及水电站的正常运行造成安全隐患。水位下降时坝基排水量变化过程如图 5-2 所示。在降水位期间，坝前水位从 1212m 降落到 1160m，同时，坝基各个部位排水量均有所下降。由图 5-2（a）可以看出，主排水孔幕和第二排水孔幕的排水量基本维持在 400L/min，其余排水孔幕、廊道和挡墙排水量保持在 200L/min 附近。如图 5-2（b）所示，在降水位前，坝下 0+103.25m 左部位排水量最高达到了 2900L/min，平均排水量在 2300L/min，在降水位后，排水量在 900L/min 左右。13#坝段横向廊道和消力戽左侧挡墙在降水位前后平均排水量为 800L/min。为分析坝基部分部位渗流量较大的成因，本小节建立了该水电站坝基渗流场模型，计算分析不同工况对坝基渗流量的影响，通过与实际渗流量的对比研究，找出其原因，并对工程运行提出合理建议，优化坝基防渗排水措施。

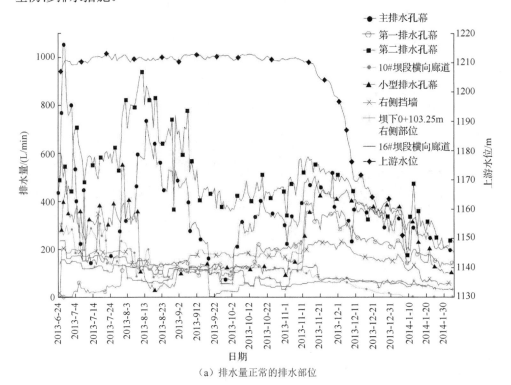

（a）排水量正常的排水部位

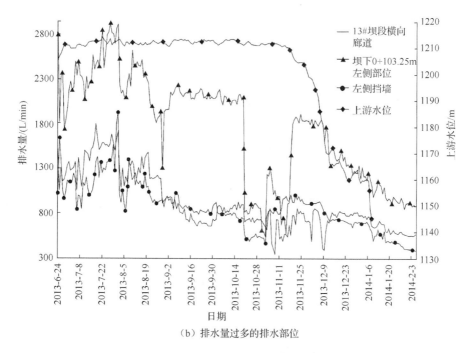

（b）排水量过多的排水部位

图 5-2 水位下降时坝基排水量变化过程

2. 有限元模型

为了全面模拟枢纽区的渗流场，本小节利用 ADINA 参数化设计语言编制求解含复杂渗控结构的渗流问题的有限元程序，并通过 ADINA 强大的前后处理模块进行有限元离散和结果后处理。根据工程资料，运行期渗流场三维有限元模型以顺河向为 Y 轴，向下游为正；以竖向为 Z 轴，向上为正；以横河向为 X 轴，左岸指向右岸为正。有限元模型计算范围如下。

（1）Z 向：底部计算边界为海拔高程 700.0m，即至坝基开挖面以下约为 3 倍坝高；顶部地表最高高程为 1293.7m。

（2）Y 向：Y 轴起点约坝上 400m，计算范围自坝轴线往上游取约 3 倍坝高，往下游取约 4 倍坝高，顺河向总长为 943.5m。

（3）X 向：计算范围自河床中心分别至左、右两岸取约 5.5 倍和 5 倍坝高，横河向总长为 1426m。X 轴起点为坝左 0+638m 左右。

计算模型包含河床覆盖层、强风化层、弱风化层、变质岩、正长岩、正长岩脉结合部位以及 F2 和 F59 等主要断层。渗流分析有限元模型图 5-3 所示。坝基及地下厂房的防渗排水系统模型如图 5-4 所示。

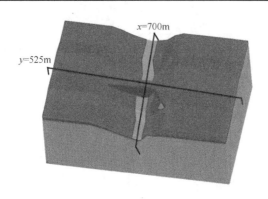

图 5-3　渗流分析有限元模型

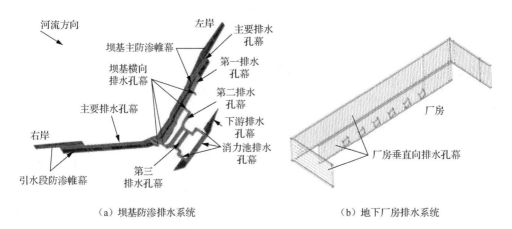

（a）坝基防渗排水系统　　　　　　　　　　（b）地下厂房排水系统

图 5-4　坝基及地下厂房的防渗排水系统模型

　　三维有限元模型共剖分为 141707 个节点，595674 个单元，其中，基岩单元 377260 个，弱分化层单元 31128 个，强风化层单元 26326 个，覆盖层单元 2554 个，断层单元 5947 个。模型上游水库施加已知水深 133m，下游水位施加已知水深 5m。模型坝基底面、上下游侧面按不透水边界考虑，左右岸侧面按已知水头施加相应的地下水位线，对于兼有灌浆的廊道按不透水边界考虑，其余廊道按透水边界考虑。对于排水孔幕的模拟，通过多次试算，在自由面以下的排水孔节点施加相应的位置水头，模拟透水边界。

3. 天然渗流场参数反演分析

　　利用枢纽区钻孔勘探资料对该水电站枢纽区天然渗流参数进行了反演分析。反演模型详细考虑变质岩、正长岩、岩脉结合部位、强风化层、弱风化层和覆盖层等天然地质条件，反演计算中除覆盖层、强风化层和弱风化层按照各向同性材料考虑，其他材料均按照各向异性材料考虑，分别沿着岩层的产状考虑岩层的各向异性。通过不同渗流参数的试算，以最小二乘法拟合得到和实测自由面误差最小的模型参数进行参数反演分析。参数取值范围和最佳拟合参数如表 5-1 所示，表中 $K_{//}$ 为平行向渗透系数，$K_\perp$ 为垂直向渗透系数。反演水位与钻孔资料拟合水位对比如表 5-2 所示。

表 5-1　参数取值范围和最佳拟合参数

材料	计算岩层产状	$K_{//}$ 范围 / (m/s)	$K_\perp$ 范围 / (m/s)	$K_{//}$ / (m/s)	$K_\perp$ / (m/s)
覆盖层	各向同性	$1\times10^{-4}\sim1\times10^{-2}$	$1\times10^{-4}\sim1\times10^{-2}$	1×10^{-4}	1×10^{-4}
强风化层	各向同性	$1\times10^{-6}\sim1\times10^{-4}$	$1\times10^{-6}\sim1\times10^{-4}$	5×10^{-6}	5×10^{-6}
弱风化层	各向同性	$1\times10^{-7}\sim1\times10^{-4}$	$1\times10^{-7}\sim1\times10^{-4}$	2×10^{-6}	2×10^{-6}
变质岩	NW320° SW∠40°	$1\times10^{-7}\sim5\times10^{-6}$	$5\times10^{-8}\sim1\times10^{-6}$	5×10^{-7}	1×10^{-7}
正长岩	NW305°	$5\times10^{-7}\sim5\times10^{-6}$	$1\times10^{-7}\sim1\times10^{-6}$	8×10^{-7}	2×10^{-7}
岩脉结合部位	NE20°	$1\times10^{-7}\sim1\times10^{-6}$	$1\times10^{-7}\sim1\times10^{-6}$	3×10^{-7}	1×10^{-7}
F2 断层	NE65° SE∠70°	$1\times10^{-7}\sim1\times10^{-5}$	$1\times10^{-7}\sim1\times10^{-6}$	1×10^{-5}	5×10^{-6}
F59 断层	NE25° SE∠78°	$1\times10^{-7}\sim5\times10^{-6}$	$1\times10^{-7}\sim5\times10^{-6}$	3×10^{-6}	2×10^{-6}

表 5-2　反演水位与钻孔资料拟合水位对比　　　　　　　　　（单位：m）

钻孔编号	实测水位	拟合水位	绝对误差	钻孔编号	实测水位	拟合水位	绝对误差
ZK131	1133.49	1139.21	5.72	ZK145	1132.30	1130.82	−1.48
ZK159	1133.93	1135.84	1.91	ZK142	1133.70	1135.50	1.80
ZK135	1156.97	1163.89	6.92	ZK104	1134.30	1133.50	−0.80
ZK137	1155.14	1158.45	3.31	ZK170	1137.00	1140.39	3.39
ZK167	1154.26	1150.83	−3.43	ZK172	1134.02	1131.82	−2.20
ZK139	1153.40	1147.61	−5.79	ZK111	1159.89	1155.52	−4.37
ZK166	1156.02	1156.85	0.83	ZK109	1140.62	1140.70	0.08
ZK103	1143.00	1149.41	6.41	ZK149	1134.09	1139.02	4.93
ZK143	1136.70	1140.41	3.71	ZK114	1134.86	1131.60	−3.26
ZK101	1132.50	1142.30	9.80	ZK152	1134.09	1140.20	6.11

反演结果表明，右岸基岩渗透系数比左岸小，说明右岸基岩总体比左岸完整，这与实测的右岸平均水力坡降比左岸大是吻合的。由表 5-2 可知，各钻孔的拟合水位略大于实测水位，且距离河槽与左右边界越远，其误差越大，但反演所得水位与钻孔资料拟合水位吻合较好。在反演参数情况下，各钻孔水位总体满足绝对误差要求，最大绝对误差大约为 9.8m，尚未超过 10m。总体而言，所取建议参数基本满足精度要求，可以用于下一步计算。

5.1.2　计算结果对比与分析

为了有效地评估坝基厂房和厂房排水系统的合理性和有效性，通过改变排水孔幕失效状态、防渗帷幕失效状态和防渗帷幕渗透系数，制定如表 5-3 所示的 8 种计算工况。

表 5-3　计算工况汇总

工况编号	计算内容	工况编号	计算内容
1	正常运行	5	上游河床部位防渗帷幕失效
2	全部排水孔幕失效	6	上游右岸防渗帷幕失效
3	全部防渗帷幕失效	7	上游防渗帷幕 60m 深度以下部位失效
4	上游左岸防渗帷幕失效	8	防渗帷幕开裂，渗透系数为 $1×10^{-7}$m/s

1. 各工况计算结果对比

大坝 0+059m 断面和大坝 0+125m 断面的水头等值线分布分别如图 5-5 和图 5-6 所示。水头等值线基本呈现绕过帷幕向排水孔幕减小的趋势。横河向断面由于排水孔幕的存在，水头等值线呈现明显的漏斗状，水头由两侧向中间减小。防渗帷幕起到了较好的挡水作用，同时排水措施可以有效地降低枢纽区的水头。由于防渗帷幕的防渗作用以及排水孔幕的排水作用，坝基和坝体内自由面明显降低，甚至左右岸坝基较高高程处的排水孔幕位于自由面以上，这些部位的排水孔幕可以作为安全储备用于排出特殊情况下多余的水量，如降雨。结果表明，工程所采用

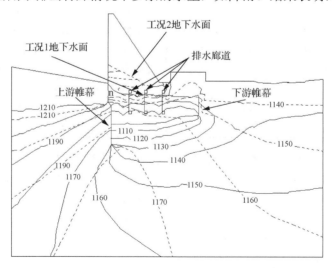

图 5-5　大坝 0+059m 断面水头等值线分布（x=700m）（水头单位：m）

的防渗排水措施，可以较好地降低坝基和厂房区自由面的位置。断层和岩脉结合部位对渗流场的分布有一定的影响，但并不明显。断层和岩脉结合部位主要对它们周围区域的水头线分布产生一定影响。

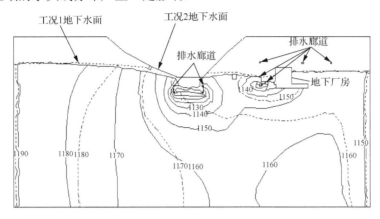

图 5-6　大坝 0+125m 断面水头等值线分布（y=525m）（水头单位：m）

图 5-7 显示 F2 断层和大坝 0+059m 断面坝基渗流速度分布云图。坝基渗流呈现水流绕过帷幕流向排水孔幕的趋势，在排水孔幕周围分布较大的渗流速度。大

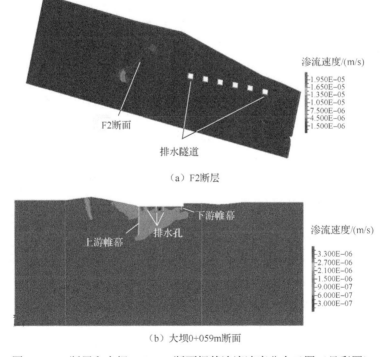

（a）F2断层

（b）大坝0+059m断面

图 5-7　F2 断层和大坝 0+059m 断面坝基渗流速度分布云图（见彩图）

坝 0+059m 断面在帷幕底部、排水孔幕底端部位和出水部位的渗流速度相对较大，相应部位水力坡降也较大，对稳定不利。大坝 0+059m 断面坝基最大渗流速度 $3.0×10^{-6}$m/s，所对应的最大水力坡降达 4.63。F2 断层中的渗流速度和水力坡降也相对较大，最大渗流速度和最大水力坡降分别为 $2.2×10^{-6}$m/s 和 7.68，其中最大水力坡降和最大渗透速度主要发生在断层和帷幕相交的部位，对局部稳定较为不利。

不同条件下排水系统排水量如表 5-4 所示。正常运行条件下，坝基各排水孔幕起到较好的排水作用，坝基各排水孔幕总排水量达 56.28m³/h，其中主排水孔幕、第一排水孔幕、第二排水孔幕和下游帷幕排水孔幕排水量相对较大。同时 13#坝段廊道排水孔幕、坝下左 0+103.25m 廊道排水孔幕及消力戽左挡墙廊道排水孔幕排水量也相对较大，分别达 5.56m³/h，5.21m³/h 和 5.72m³/h。其余排水孔幕均有一定的排水量，但是大坝两岸坝段排水孔幕多位于自由面以上排水量相对较小。同时厂房区也有一定的渗流量，厂房区渗流排水量达 62.47m³/h 左右。帷幕正常工作，排水孔幕失效的情况下，坝基渗流绕过防渗帷幕，向下游河谷及排水廊道排水。

表 5-4   不同条件下排水系统排水量统计   （单位：m³/h）

计算部位	工况							
	1	2	3	4	5	6	7	8
主排水孔幕	11.38	0	167.21	42.71	56.78	31.27	82.71	79.62
第一排水孔幕	6.35	1.67	19.99	16.82	10.42	8.94	13.42	11.61
第二排水孔幕	4.76	1.89	5.47	12.49	7.91	5.98	4.99	5.24
第三排水孔幕	5.49	0.25	5.62	7.89	6.47	5.89	5.87	5.55
7#坝段廊道排水孔幕	1.21	0.41	1.25	10.63	1.29	1.29	1.58	1.23
10#坝段廊道排水孔幕	0.78	0.91	0.85	10.63	2.78	1.67	1.26	0.81
13#坝段廊道排水孔幕	5.56	1.21	5.21	14.86	8.44	6.94	5.54	5.34
16#坝段廊道排水孔幕	2.38	0.97	2.41	2.45	6.78	5.83	2.39	2.40
19#坝段廊道排水孔幕	1.41	1.05	2.38	1.87	5.72	8.98	2.01	1.97
20#坝段廊道排水孔幕	1.32	0.15	2.21	1.67	3.47	6.47	2.11	1.89
坝下左 0+103.25m 廊道排水孔幕	5.21	0.21	5.13	16.71	11.47	5.32	5.56	5.00
坝下右 0+103.25m 廊道排水孔幕	1.23	0.11	1.00	1.65	6.89	3.21	1.21	1.00
消力戽左挡墙廊道排水孔幕	5.72	0.91	5.82	16.89	9.94	6.21	6.62	6.01
消力戽右挡墙廊道排水孔幕	1.35	0.57	1.33	1.31	4.42	2.45	1.46	1.32
小帷幕排水孔幕	2.13	0	5.12	2.13	2.12	2.14	2.14	3.99
总排水量	56.28	10.31	231.00	160.50	144.90	102.59	138.87	132.98

不同工况下大坝 0+059m 断面压力水头分布如图 5-8 所示。由压力水头结果可知，在坝基上下游帷幕及排水孔幕位置压力水头大幅减小，减小量达近 80m。在坝基和消力庥位置压力水头基本维持在一个较低的水平，平均压力水头大约为 5m。

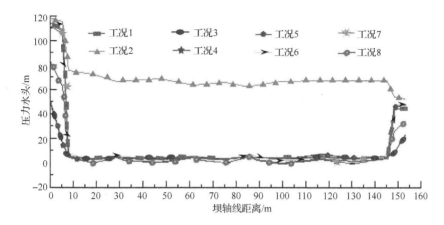

图 5-8　不同工况下大坝 0+059m 断面压力水头分布

2. 排水孔幕失效分析

由图 5-5、图 5-6 可以看出，防渗帷幕正常运行时，坝基排水孔幕失效的情况下，稳定渗流场自由面较有明显升高，说明排水孔幕对控制坝址区域渗流场作用明显。单纯依靠防渗帷幕无法降低自由面。排水孔幕失效的情况下，坝基各部位以及断层的渗流速度和水力坡降相对较小。最大渗流速度主要发生在帷幕底部、排水廊道和下游出逸处。由图 5-8 可知，排水孔幕失效后，防渗帷幕仍然正常工作，压力水头较大，坝基扬压力明显升高。虽然上下游帷幕可以一定程度上减小坝基扬压力，但是坝基扬压力仍然维持在 $60 \sim 70$m 的高压力水头。排水孔幕失效后坝基排水量大大减小，坝基整体排水总量只有 $10.31\text{m}^3/\text{h}$。

3. 防渗帷幕失效分析

工况 3~7（依次为全部帷幕失效工况、上游左岸帷幕失效工况、上游河床部位帷幕失效工况、上游右岸帷幕失效工况、上游帷幕 60m 深度以下部位失效工况）主要分析防渗帷幕失效对渗流场的影响，进行帷幕失效敏感性分析，主要模拟帷幕全失效和帷幕部分失效对渗流场的影响。图 5-9 和图 5-10 分别为不同条件下典型断面和其纵剖面的自由面比较。

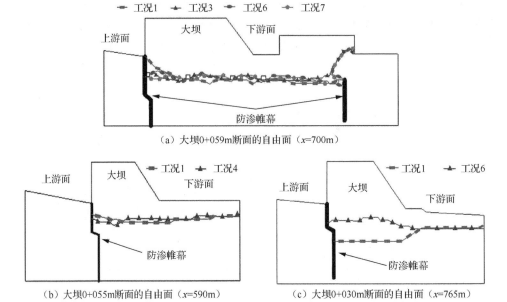

（a）大坝0+059m断面的自由面（x=700m）

（b）大坝0+055m断面的自由面（x=590m）　　　（c）大坝0+030m断面的自由面（x=765m）

图 5-9　不同条件下典型断面的自由面比较

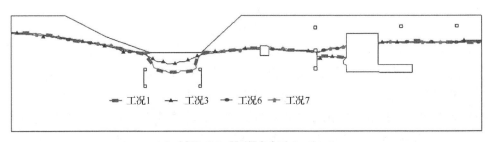

（a）大坝0+125m断面的自由面（y=525m）

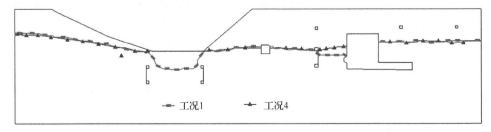

（b）大坝0+125m断面的自由面（y=525m）

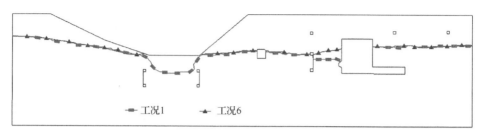

（c）大坝0+125m断面的自由面（y=525m）

图 5-10 不同条件下典型断面的纵剖面自由面比较

由各断面计算结果表明，工况 3（帷幕全部失效工况）因缺少防渗帷幕，坝基水流直接从建基面岩体流向排水孔幕，且较均匀消耗于排水孔幕上游的坝基岩体中，坝基原防渗帷幕处的等水头线不如工况 1（正常运行工况）的那样集中稠密。坝基总水头线主要呈现周围向坝基减小的趋势，总水头线减小明显。帷幕失效时的稳定渗流场自由面相对于工况 1（正常运行工况）坝基自由面有略微的降低。由工况 4～6（依次为上游左岸帷幕失效工况、上游河床部位帷幕失效工况、上游右岸帷幕失效工况）结果可知，相应部位帷幕失效只对对应部位的渗流场产生较大影响，对远处的渗流场影响相对较小，而且自由面位置基本不变。工况 7 计算结果表明，上游帷幕部分失效后对坝基渗流场产生较大影响，由于帷幕较短，帷幕下游侧水头相对较大。相对于工况 1（正常运行工况），水头线分布在坝基部位均产生一定的差异，而自由面位置基本不变，上游帷幕 60m 深度以下部位失效将对坝基渗流量产生较大影响。总体而言防渗帷幕失效，排水孔幕工作的情况下，坝基和厂房自由面依然可以保持在一个较低的水平，说明排水孔幕起到较好的排水降压作用。

所有帷幕失效情况下，由于没有了阻水障碍，坝基渗流速度大大增加，水流直接渗入排水孔中，主排水孔幕附近基岩的渗流速度分布最大。大坝 0+055m 断面、大坝 0+059m 断面和大坝 0+030m 断面坝基最大渗流速度分别达 6.0×10^{-6} m/s、5.6×10^{-6} m/s 和 6.4×10^{-6} m/s，所对应的最大水力坡降分别达 5.10、9.89 和 6.85，相对于工况 1（正常运行工况）的结果，渗流速度和水力坡降的结果均大大增加，最大值主要发生在主排水孔幕的出水点。同时，其他部位帷幕失效情况下，也会在相应部位附近引起较大渗流速度和水力坡降，但对其他部位影响相对较小。由表 5-4 可知，所有帷幕失效工况下，坝基排水孔幕排水量大大增加，坝基总排水量达 231.00m³/h，其中主排水孔幕排水量达 167.21m³/h。帷幕失效情况相对于帷幕正常情况坝基排水量增加达 174.72m³/h。如图 5-8 所示，防渗帷幕失效后，由于排水孔幕发挥着有效的排水作用，坝基压力水头基本维持在一个较低的水平。防渗帷幕失效对坝基扬压力的影响不明显。坝基的压力水头总体维持在小于 5m 的水平。

4. 防渗帷幕渗透性敏感性分析

工况 1（正常运行工况）和工况 8 对应的帷幕渗透系数分别为 5×10^{-9} m/s、1×10^{-6} m/s 和 1×10^{-7} m/s，可以分析渗流场对帷幕渗透系数敏感性，对应的自由面如图 5-11 所示。防渗帷幕渗透性较大时，坝基水流从建基面岩体直接流向排水孔幕，且较均匀消耗于排水孔幕上游的坝基岩体中。如图 5-11 所示，坝基帷幕的好坏对自由面高低影响并不明显，但是对坝基水头线分布具有一定的影响。

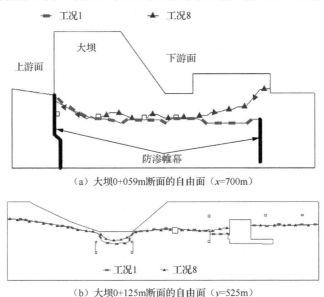

（a）大坝0+059m断面的自由面（x=700m）

（b）大坝0+125m断面的自由面（y=525m）

图 5-11　工况 1 和工况 8 下的自由面比较

坝基排水量对帷幕的渗透系数变化较为敏感。帷幕渗透系数较大时，坝基渗径大大减小，渗流速度有所增加，坝基水力坡降也相应增加，主要在排水孔周边部位坝基渗流速度和水力坡降分布较大。帷幕渗透系数较大的情况下，坝基水流直接渗入帷幕进入排水孔，因此坝基帷幕渗透系数较大时，总排水量随帷幕渗透系数的增大而增加。由渗流量计算结果可知，帷幕渗透系数较大时，坝基排水量的增加主要发生在主排水孔幕。可以看出，不同坝基帷幕的渗透系数对渗流场自由面和坝基扬压力影响相对较小，但对坝基排水量、渗流速度分布和水力坡降有明显的影响。由图 5-8 可知，帷幕各渗透系数下，坝基扬压力水头分布基本相似，无明显差异，坝基扬压力基本维持在一个较低的水平，说明坝基排水孔依然可以取得较好的排水降压作用。

5.2 常规水电站渗流场分析 II

5.2.1 渗流场模型建模过程

1. 工程概况

某常规水电站工程采用地下式电站，分别布设在左、右两岸，本小节以左岸电站为例进行分析。该工程地下洞室群紧邻库区，洞室群渗流场受水库影响较大，并且该工程防渗排水系统复杂，具有一定代表性。通过对文献的总结分析可得，该电站工程区地质构造主要包括4层岩流层（自上而下依次为 rl1、rl2、rl3、rl4）、2条层间错动带（l1 和 l2）和2条断层带（F1 和 F2）。其中，层间错动带 l1 位于岩流层 rl2 和 rl3 之间，层间错动带 l2 位于岩流层 rl3 和 rl4 之间。该电站厂房系统主要包括主厂房、母线洞、主变室和尾水调压室。厂房系统周围的防渗排水措施由排水系统和防渗帷幕构成，其中排水系统由七层排水廊道及间距为3m、直径为0.09m 的排水孔幕组成。

2. 建模过程

该水电站工程区左岸卫星图和模型范围示意图如图 5-12 所示。从图 5-12 中可以看出，洞室群左侧、上游及下游均存在分水岭，右侧则紧邻河道。其中地下

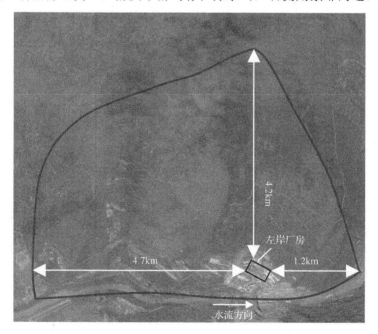

图 5-12 某水电站工程区左岸卫星图和模型范围示意图

洞室群距左侧分水岭最大距离为 4.2km，距下游分水岭最大距离为 1.2km，距上游分水岭最人距离为 4.7km。由于地下洞室群模型范围在分水岭处不再延伸，因此模型范围可确定为图中黑线框。

　　下载模型范围内等高线数据，导入奥维互动地图可得到模型范围内等高线图，如图 5-13 所示。通过 ArcGIS 可将图 5-13 中的等高线转化为高程栅格数据点，如图 5-14 所示。

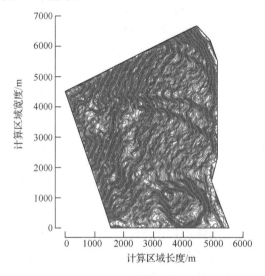

图 5-13　某水电站模型范围内等高线图

图 5-14　某水电站模型范围内高程栅格数据点

　　将模型范围内高程栅格数据点导入 CATIA V5 软件，通过曲面处理可得到如图 5-15 所示的地表拟合曲面，随后基于投影建模技术可得到渗流场地质模型，模型底高程为 300m。图 5-16 中三维地质模型未添加地质构造，需要在 CAD 软件中作进一步处理。

图 5-15　某水电站模型范围内地表拟合曲面

图 5-16　某水电站模型范围内三维地质模型

根据文献[1]～[3]提供的地质资料,将地质构造和主要建筑物纳入图 5-16 中的三维地质模型,并通过 ABAQUS 软件剖分网格,可得到左岸洞室群渗流场模型网格图,如图 5-17 所示。图 5-17 中模型网格数量为 75766 个,节点数量为 31321 个。由于本小节后续引入子模型技术对模型关键部位网格进行细化,图 5-17 中的计算模型作为母模型仅为子模型提供计算边界,为了降低计算量,母模型网格剖分时单元尺寸较大。由于该工程引水管道及尾水支管均采用钢衬,运行期间为隔水边界,不会对渗流场产生影响。因此,建模时仅考虑主厂房、主变室、母线洞、尾水调压井、排水系统、防渗帷幕等主要洞室和建筑物。此外,排水孔幕采用“以面带孔”法模拟。

（a）母模型网格图　　　　　　　　　　　（b）洞室群及防渗帷幕模型

图 5-17　某水电站左岸洞室群渗流场模型网格图

3. 子模型及其边界水位

由于工程区模型范围较大,主要建筑物和关键渗流部位相比于地质模型尺寸小且结构复杂。为提高主要建筑物和关键渗流部位的网格质量,需要将三维地质模型网格整体细化,这将增大计算量、延长计算时间,并且对计算机配置要求较高。为了提高计算效率和精度,本小节通过子模型技术细化主要建筑物和关键渗流部位计算单元。根据子模型的建模思路,仅需将地下洞室群等重点关注部分从母模型中分割取出,对其网格进行细化加密。圣维南原理认为,作用在边界上的实际荷载可用等效荷载来代替,这种代替过程仅会使荷载附近的应力应变场发生改变,对较远区域影响较小可以忽略。因此,进行地下洞室群渗流场计算时,可先将洞室群结构纳入母模型,用间距较大的网格结构进行计算,获得子模型边界水位,随后将边界水位代入细化后的子模型中进行计算。由于断层带及层间错动带尺寸小且对网格质量要求高,本小节在母模型中忽略了由断层带及层间错动带引起的渗流折射现象对水面线走势的影响,在子模型中反馈断层带对渗流场的影响。

该水电站地下洞室群子模型及洞室群、防渗体、断层带、层间错动带之间的相对位置如图 5-18 所示。图 5-18 中子模型网格数量为 816451 个，节点数量为 357170 个。

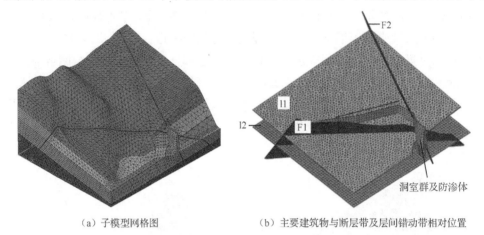

（a）子模型网格图 　　　　（b）主要建筑物与断层带及层间错动带相对位置

图 5-18　某水电站地下洞室群子模型网格图及主要建筑物与地质构造相对位置

该工程计算模型各部位渗透系数：rl1 渗透系数为 0.07258m/d，rl2 渗透系数为 0.01728m/d，rl3 渗透系数为 0.00821m/d，rl4 渗透系数为 0.00734m/d，防渗帷幕渗透系数为 8.64×10^{-5}m/d，坝体渗透系数为 8.64×10^{-7}m/d。各断层带及层间错动带内部多填充为碎屑沉积岩，其地质特性如表 5-5 所示。

表 5-5　某水电站左岸工程区各断层带及层间错动带地质特性

地质构造	平均宽度/m	渗透系数均值/（m/d）	孔隙率经验值	Talbot 系数经验值
l1	4	0.475	0.381	0.34
l2	3	0.605	0.374	0.32
F1	11	0.648	0.411	0.45
F2	10	0.238	0.392	0.46

断层带及层间错动带渗透性较强，计算时需按式（5-1）赋予非达西等效渗透系数。

$$\begin{cases} K_{n-d} = ce^{fJ} \\ c = e^{-7.186}\varphi_s^{1.769}\eta^{0.075} \\ f = -e^{-5.486}\varphi_s^{1.949}\eta^{0.057} \end{cases} \tag{5-1}$$

式中，K_{n-d} 为非达西等效渗透系数；c、f 为拟合参数；φ_s 为介质孔隙率；η 为介质级配系数。

根据式（5-1）及表 5-5 所提供参数，各断层带及层间错动带非达西等效渗透系数随水力梯度的变化规律如下：

$$l1: K_{n-d} = 10.95\mathrm{e}^{-0.000595J}\,\mathrm{m/d}, \quad l2: K_{n-d} = 10.55\mathrm{e}^{-0.000572J}\,\mathrm{m/d}$$
$$F1: K_{n-d} = 12.79\mathrm{e}^{-0.000701J}\,\mathrm{m/d}, \quad F2: K_{n-d} = 11.78\mathrm{e}^{-0.000639J}\,\mathrm{m/d}$$

（5-2）

将随水力梯度变化的非达西等效渗透系数赋给模型中的主强透水性地质构造时，需要借助 ABAQUS 子程序 GETVRM 和 USDFLD。其中，GETVRM 子程序用于调取积分点孔压值作为判断依据，USDFLD 子程序用于改变断层带积分点渗透系数值。本小节主要考虑饱和区的渗流过程，因此仅改变断层带孔压大于 0 的积分点渗透系数值。断层带积分点水力梯度通过积分点渗流速度与渗透系数的比值确定。本节对该水电站地下洞室群进行稳定渗流分析，在子模型中，以 GETVRM 及 USDFLD 子程序为基础的稳定渗流计算非达西等效渗透系数赋值流程图，见图 5-19。

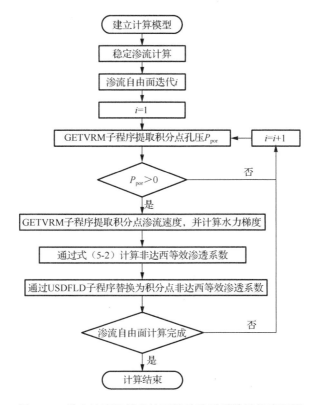

图 5-19　稳定渗流计算非达西等效渗透系数赋值流程图

（1）将表 5-5 中的断层带及层间错动带渗透系数均质作为初始值，开始稳定渗流场计算。

（2）在渗流自由面求解初始迭代步，通过 GETVRM 子程序提取断层带及层间错动带积分点孔压，如果孔压小于等于 0 不作处理，如果孔压大于 0 进入步骤（3）。

（3）通过 GETVRM 子程序提取断层带及层间错动带积分点渗流速度，联合初始渗透系数计算水力梯度，随后通过式（5-2）计算非达西等效渗透系数。

（4）通过 USDFLD 子程序将断层带及层间错动带积分点渗透系数替换为非达西等效渗透系数。

（5）进入渗流自由面求解下一迭代步，重复步骤（2）～（4），重复步骤（3）时，通过计算得到的非达西等效渗透系数计算积分点水力梯度。

（6）当自由面求解完毕时计算结束。

该工程所涉及母模型计算边界：模型侧面边界为定水头边界，值为相应地下水位、河道或库水位；洞室群内壁为潜在逸出边界；其余部位为隔水边界。子模型除河道及库区外的侧面边界通过母模型计算得到，其余边界与母模型一致。以库区水位为 825m（正常蓄水位）、下游河道水位为 530m 为例，该水电站子模型边界水位如图 5-20 所示。

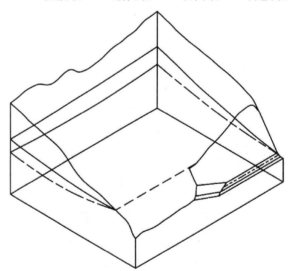

图 5-20　某水电站渗流场子模型边界水位

地下洞室群运行期间，由于大量地下水渗入排水系统并被排走，渗流场稳定时洞室群附近地下水位大幅下降，图 5-20 中子模型边界水位最大降幅为 154m。子模型边界地下水降幅主要受到两方面因素的影响，子模型边界距洞室群的距离和洞室群潜在逸出边界的规模。由第 4 章介绍可知，在地下洞室群影响范围内，距洞室群越近，地下水降幅越明显，该规律同样适用于子模型边界水位降幅分析。图 5-20 进一步说明了确定洞室群影响范围及模型范围的重要性。以该水电站为例，假如不考虑洞室群的影响范围，将母模型边界取在图 5-20 中子模型边界上，模型边界水位将保持不变，洞室群排水对边界的影响将被忽略。针对图 5-20 中计算模型，当子模型边界水位采用原始水位时，洞室群总渗流量为 8030.56m³/d；当子模型边界采用母模型计算水位时，洞室群总渗流量为 5129.61m³/d，二者相对误差为56.55%，可见不考虑洞室群影响范围时渗流量及地下水位计算结果将被严重高估。

5.2.2 运行期稳定渗流分析

1. 渗压水位及流量结果对比

结合现场帷幕渗压及洞室群渗流量检测资料，针对该水电站选定蓄水位计算工况如表 5-6 所示。

表 5-6 不同蓄水位计算工况

计算工况	上游水位/m	下游水位/m	计算工况	上游水位/m	下游水位/m
1	642.92	593.17	5	725.56	588.90
2	662.54	587.94	6	739.52	588.69
3	686.66	587.98	7	760.15	589.02
4	705.44	587.41	8	780.04	596.48

以第 4 层和第 6 层灌浆廊道为例，不同蓄水位灌浆廊道渗压水位计算值与实测值对比如图 5-21 所示。第 4 层和第 6 层灌浆廊道渗压水位差范围为 19.18～32.45m。图 5-21 表明，第 4 层灌浆廊道渗压水位实测值与计算值绝对误差范围为−4.33～3.83m；第 6 层灌浆廊道渗压水位实测值与计算值绝对误差范围为−2.27～5.37m。与诸多初始渗流场反演水位绝对误差相比[4-8]，本小节所得渗压水位绝对误差在可接受范围内。

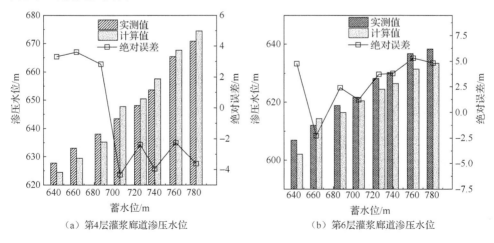

（a）第4层灌浆廊道渗压水位　　　　　（b）第6层灌浆廊道渗压水位

图 5-21 不同蓄水位第 4 层和第 6 层灌浆廊道渗压水位计算值与实测值对比

不同蓄水位第 6 层和第 7 层排水廊道渗流量实测值与计算值对比如图 5-22 所示。图 5-22 表明，第 6 层排水廊道渗流量实测值与计算值绝对误差范围为 43.98～40.92m³/d，相对误差范围为 1.32%～7.85%；第 7 层排水廊道渗流量实测值与计算值绝对误差范围为-41.78～32.46m³/d，相对误差范围为 2.43%～6.85%。同样，与同类工程渗流量计算误差相比[7, 9, 10]，本小节渗流量计算误差在可接受范围内。

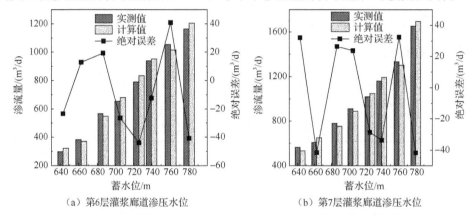

（a）第6层灌浆廊道渗压水位　　　　　　（b）第7层灌浆廊道渗压水位

图 5-22　不同蓄水位第 6 层和第 7 层排水廊道渗流量实测值与计算值对比

整体上，水位及渗流量计算误差主要来源于部分地质构造及其渗透系数未探明，无法在模型中一一反映；现有渗流场计算理论无法满足复杂渗流场计算结果与实际结果完全吻合；模型细部网格无法无限细化，网格质量对计算结果的影响无法根本消除；现场检测设备和方法自身误差。上述原因使得地下洞室群渗流场计算结果会不可避免地存在误差，通过对水位及流量结果的对比分析可以看出，本书所提成果及方法应用至地下洞室群渗流场计算时，能准确反映渗流场的分布规律，体现防渗、排水系统对渗流场的控制作用，并且计算结果与现场实测结果吻合度较高。

2. **不同蓄水位渗流场分布规律**

当水流穿过渗透系数不同的两种介质交界面时会发生折射，两种介质渗透系数相差越大，流线偏折越严重[11]。因此，图 5-23 中总水头线穿过断层带 F17、层间错动带 C3 和 C2 时会发生明显偏折。由于防渗帷幕与周围岩体渗透系数相差 2～4 个数量级，当水头线穿过帷幕时，水头降幅明显，水头损失增大。同时，库水位越高，帷幕前后的总水头差越大。图 5-23 表明，防渗帷幕起到了很好的阻水作用。此外，从图 5-23 中不同蓄水阶段可以看出，由于地下洞室群的排水作用，总水头线呈环形分布，并且距洞室群越近值越小。图 5-23 进一步表明，水库蓄水对河岸侧渗流场影响显著，对山体内部渗流场影响较小。

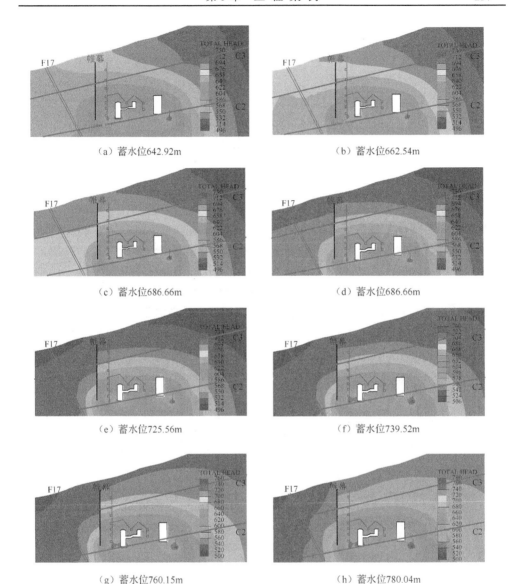

（a）蓄水位642.92m

（b）蓄水位662.54m

（c）蓄水位686.66m

（d）蓄水位686.66m

（e）蓄水位725.56m

（f）蓄水位739.52m

（g）蓄水位760.15m

（h）蓄水位780.04m

图 5-23　不同蓄水位地下洞室群周围总水头分布云图（单位：m）（见彩图）

图 5-24 为不同蓄水位工况下地下水位计算结果对比。结合前述结果可以看出，由于防渗帷幕的阻水作用，地下水穿过帷幕时水位大幅降低，随后穿过排水孔幕时再次降低。由于防渗帷幕和排水孔幕的阻水、排水作用，计算工况中地下水位降幅范围为 73～179m。图 5-24 表明，距库区越远，山体地下水位变化越缓慢。进一步结合地下水动力学理论可知，山体地下水位越高，水库蓄水对其影响越小。

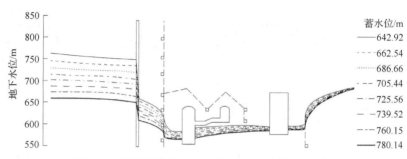

图 5-24　不同蓄水位工况下地下水位计算结果对比

此外，不同蓄水位地下洞室群渗流量计算结果如图 5-25 所示。随着蓄水位的抬升，洞室群渗流量随周围压力水头及水力梯度的不断增大而增大。由于排水系统分布于厂房系统外围，地下水向洞室群运动时首先进入排水系统，部分地下水则绕过排水系统进入厂房系统。当蓄水位由 642.92m 抬升至 780.14m 时，排水系统渗流量总和由 853.95m³/d 增大至 3194.03m³/d，厂房系统渗流量总和由 172.94m³/d 增大至 1042.04m³/d。蓄水过程中，排水系统渗流量是厂房系统的 2.94～4.94 倍，表明排水系统对洞室群渗流量的控制起主导作用。此外，厂房系统中主厂房潜在逸出边界面积大于尾水调压井，主厂房渗流量是尾水调压井的 1.58～4.08 倍。其余洞室则位于地下水位之上，在当蓄水位由 642.92m 抬升至 780.14m 时为干燥状态。

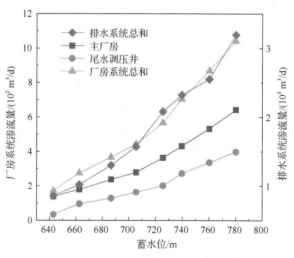

图 5-25　不同蓄水位地下洞室群渗流量计算结果

3. 正常蓄水位排水孔幕布设方案对比分析

排水系统设计方案的优化主要体现在对排水孔直径和布设间距的调整。从排水孔幕的计算结果可以看出，排水孔直径和布设间距均对地下渗流场分布和渗流量的控制起关键作用。对于本小节所选水电站工程，以正常蓄水位 825m 为例，当排水孔间距由 3m 分别调整为 1.5m、6m 和 9m 时，洞室群剖面地下水位计算结果如图 5-26 所示，地下洞室群渗流量计算结果如图 5-27 所示。排水孔间距的变化直接影响排水孔数量，从而增大或减小排水孔潜在逸出边界面积，影响排水系统排水能力。当排水孔间距减小时，地下水位降低、排水系统渗流量总和增大、厂房系统渗流量总和减小；反之则地下水位抬升、排水系统渗流量减小、厂房系统渗流量总和增大。如图 5-27 所示，当排水孔间距增大至 6m 和 9m 时，厂房系统渗流量总和增大 755.41m³/d 和 1014.99m³/d，增幅为 40.9% 和 54.9%；排水系统渗流量总和减小 845.31m³/d 和 1502.92m³/d，降幅为 25.8% 和 45.8%。相反，当排水孔间距减小为 1.5m 时，排水系统渗流量总和增大 528.31m³/d，增幅为 16.1%；厂房系统渗流量总和降低 458.00m³/d，降幅为 24.8%。

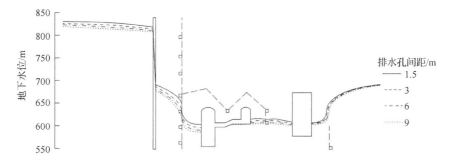

图 5-26 不同排水孔间距下地下水位计算结果

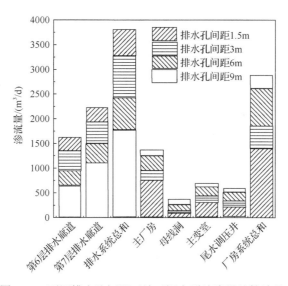

图 5-27 不同排水孔间距下地下洞室群渗流量计算结果

改变排水孔直径则可以在不影响排水孔数量的情况下改变排水系统潜在逸出

边界面积，从而控制排水系统的排水效果。如图 5-28 和图 5-29 所示，增大排水孔直径可以降低地下水位和减小厂房系统渗流量总和，反之则会弱化排水系统排水效果，使地下水位抬升，厂房系统渗流量总和增大。通过对比图 5-28 和图 5-29 中的计算结果可以看出，当排水孔直径由 0.09m 增大至 0.15m 和 0.2m 时，主厂房地下水逸出点降低 2.1m 和 3.9m，主变室地下水逸出点降低 1.0m 和 1.8m；排水系统渗流量总和增大 441.78m³/d 和 669.53m³/d，增幅为 13.4%和 20.4%；厂房系统渗流量总和减小 222.63m³/d 和 363.67m³/d，降幅为 12.1%和 19.7%。当排水孔直径由 0.09m 降低至 0.05m 时，主厂房地下水逸出点抬升 3.1m，主变室地下水逸出点抬升 1.3m；厂房系统渗流量总和增大 219.41m³/d，增幅为 11.7%；排水系统渗流量总和减小 370.69m³/d，降幅为 11.3%。

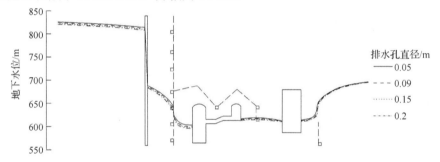

图 5-28 不同排水孔直径地下水位计算结果

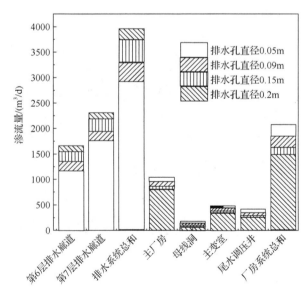

图 5-29 不同排水孔直径地下洞室群渗流量计算结果

计算结果表明，对于该水电站工程，增大排水孔直径和减小排水孔间距均能进一步降低地下水位，减小厂房系统渗流量。相比之下，减小排水孔间距取得的效果更为显著，然而增加排水孔数量则意味着更多的工程投资和工期，并且排水孔间距过小，排水孔间出现贯穿性裂缝时不利于围岩稳定。因此，对于该工程，建议维持现有排水孔间距不变，可结合现场条件增大排水孔直径，增强排水孔排水效果，以应对地下水位突涨等极端情况。

5.3 抽水蓄能电站地下洞室群渗流场计算

5.3.1 渗流场模型建模过程

1. 工程概况

某抽水蓄能电站工程地下洞室群由排水系统和厂房系统组成。工程位于中低山区，工程区地层根据风化程度可分为强风化层、弱风化层和微新岩层，并且风化层界面明显。工程区洞室群附近发育 3 条主要断层带，分别为断层带 F3、F5 和 F8。该工程平面布置图如图 5-30 所示，地质剖面图如图 5-31 所示。

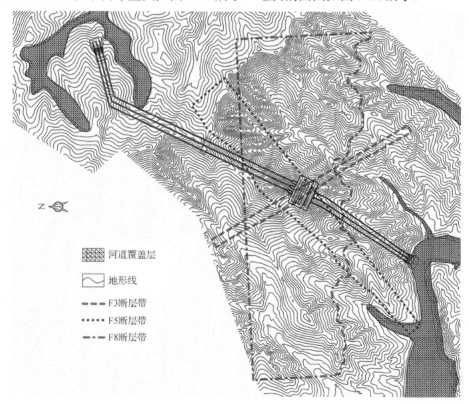

图 5-30 某抽水蓄能电站工程平面布置图

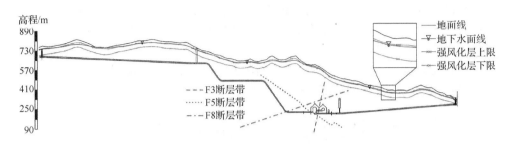

图 5-31　某抽水蓄能电站工程地质剖面图

该抽水蓄能电站共 6 台发电机组，厂房系统由主厂房、主变室、母线洞（6 个）、尾闸室和尾水支管组成（6 个）。厂房系统四周布设三层排水廊道。顶层与中层廊道、中层与底层廊道之间布设竖直排水孔幕，顶层廊道斜向上 278.7m 高程处布设"人"字形排水孔幕。排水孔直径为 5cm，排水孔间距为 6m。该工程地下洞室群剖面图如图 5-32 所示，平面布置图如图 5-33 所示。

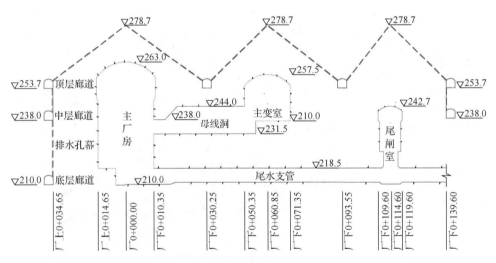

图 5-32　某抽水蓄能电站工程地下洞室群剖面图（单位：m）

该抽水蓄能电站额定水头为 390m，其装机容量、工程区占地面积、厂房系统尺寸和设计形式在我国已建和在建抽水蓄能工程中较为常见，具有一定的代表性。同时，该工程地下洞室群左、右计算边界不明显，排水孔幕规模庞大且结构复杂，洞室群附近断层带集中，因此本节选取该工程为代表进行建模和计算。

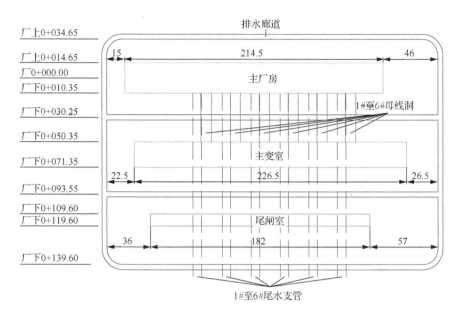

图 5-33 某抽水蓄能电站工程地下洞室群平面布置图（单位：m）

2. 建模过程

以该抽水蓄能电站为例，图 5-34 给出了从奥维互动地图获得的工程区卫星图，图中虚线为河谷。从图 5-34 中可以看出，工程区下游及左、右均存在明显的河谷，上游为部分山谷及山脊。模型上、下游边界可取在上水库山脊处及下水库河道处。右岸河谷距地下洞室群距离 L_p 约 4.37km，地表平均坡比 i_t 为 0.069。左岸河谷距地下洞室群约 5.59km，地表平均坡比为 0.084。左岸河道距地下洞室群约 10.78km，地表平均坡比为 0.049。洞室群顶部地下水埋深为 304m，潜在逸出边界面积为 72732m^2。根据式（5-3）及该抽水蓄能电站上述参数，计算得到右岸模型范围为 3.51km。

$$\frac{a_Q R_n^{b_Q} - a_Q \left(R_n - 0.4\right)^{b_Q}}{a_Q R_n^{b_Q}} = 0.05 \qquad (5\text{-}3)$$

式中，a_Q 和 b_Q 为回归参数；R_n 为模型范围。

洞室群左岸地形延伸时同时存在山谷与河道，分别以洞室群至山谷及洞室群至河道的坡比为参数，计算得到左岸模型范围分别为 3.54km 和 3.48km，二者取其最大值。最终确定的模型范围示意如图 5-35 所示。

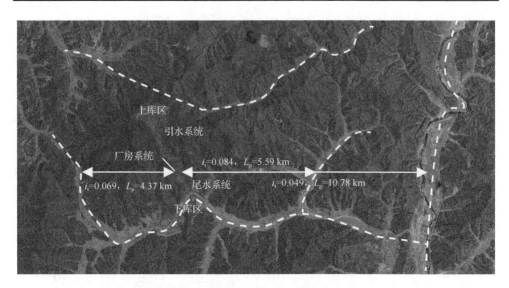

图 5-34　某抽水蓄能电站工程区卫星图

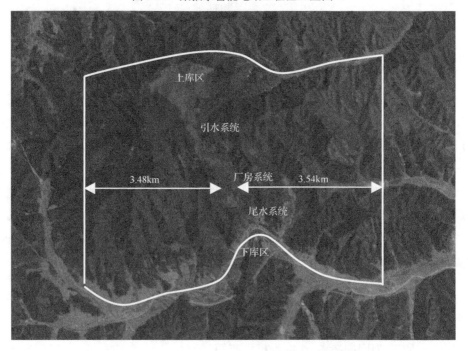

图 5-35　某抽水蓄能电站工程区模型范围示意图

　　下载好模型范围内等高线数据，导入奥维互动地图，可获得该抽水蓄能电站模型范围内等高线，如图 5-36 所示。将等高线图导入 ArcGIS 软件，可获得模型范围内地表高程栅格数据点，如图 5-37 所示。

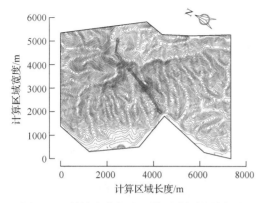

图 5-36 某抽水蓄能电站模型范围内等高线

图 5-37 某抽水蓄能电站模型范围内
地表高程栅格数据点

将高程栅格数据点导入 CATIA V5 软件，通过曲面处理可得到如图 5-38 所示的地表拟合曲面。随后基于投影建模技术可得到三维地质模型如图 5-39 所示，模型底高程为-100m。图 5-39 中地质模型未添加地质构造，需要在 CAD 软件中做进一步处理。

图 5-38 某抽水蓄能电站模型范围内地表拟合曲面 图 5-39 某抽水蓄能电站三维地质模型

根据图 5-30 和图 5-31 中的地质资料，将工程区地质构造纳入地质模型，并通过 ABAQUS 软件剖分网格，可得到该抽水蓄能电站渗流场母模型网格图和地下洞室群模型，如图 5-40 所示。其中，母模型单元数量为 33194 个，节点数量为 29342 个。排水孔幕采用"以面代孔"法模拟。

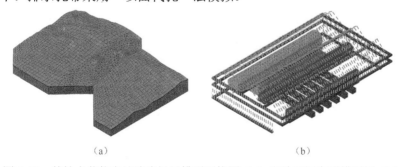

（a） （b）

图 5-40 某抽水蓄能电站渗流场母模型网格图（a）和地下洞室群模型图（b）

3. 子模型及其边界水位

切割并细化剖分后的子模型网格图，如图 5-41（a）所示；图 5-41（b）为主要建筑物与断层带及层间错动带相对位置。其中，子模型单元数量为 608284 个，节点数量为 302926 个。

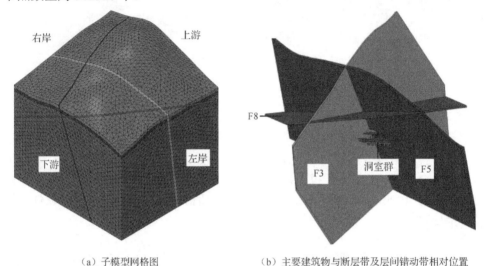

（a）子模型网格图　　　　　　　（b）主要建筑物与断层带及层间错动带相对位置

图 5-41　某抽水蓄能电站地下洞室群子模型网格图及主要建筑物与地质构造相对位置

本节以该抽水蓄能电站为例，进行地下洞室群开挖过程中的非稳定渗流分析。参考同类同等工程施工方案，该抽水蓄能电站地下洞室群开挖分区示意图和开挖进度分别如图 5-42 和表 5-7 所示。图 5-42 中排水孔分为 D1、D2 和 D3 区；主厂房分为 M1、M2、M3、M4、M5、M6 和 M7 区；母线洞分为 B1 和 B2 区；主变

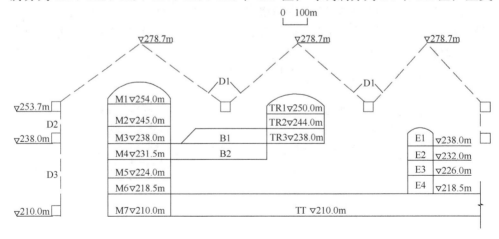

图 5-42　某抽水蓄能电站地下洞室群开挖分区示意图

室分为 TR1、TR2 和 TR3 区；尾闸室分为 E1、E2、E3 和 E4 区；TT 区为尾水支管。洞室群开挖时遵循从上自下开挖，同高程先开挖排水系统再开挖厂房系统的原则。表 5-7 进一步说明各开挖步骤对应的 ABAQUS 计算时间，计算时 ABAQUS 时间单位为 d。对于渗流场计算而言，洞室群开挖过程中会引起潜在逸出边界的不断扩大，因此仅需在相应时间步激活开挖区域的潜在逸出边界。

表 5-7 某抽水蓄能电站地下洞室群开挖进度表

开挖步骤	开挖区域	开挖时间/d	计算时间	开挖步骤	开挖区域	开挖时间/d	计算时间
1	D1	16	Step 1	7	M4，B2，E2	42	Step 7
2	M1，TR1	70	Step 2	8	M5，E3	42	Step 8
3	D2	10	Step 3	9	M6，E4	42	Step 9
4	M2，TR2	50	Step 4	10	M7	42	Step 10
5	M3，B1，TR3，E1	50	Step 5	11	TT	60	Step 11
6	D3	16	Step 6	—	—	—	—

工程区强风化层、弱风化层和微新岩层渗透系数分别为 0.61m/d、0.38m/d 和 0.052m/d。断层带 F3、F5 和 F8 填充物以碎屑沉积岩为主，其地质特性如表 5-8 所示。

表 5-8 某抽水蓄能电站工程区断层带工程地质特性

断层带	平均宽度/m	渗透系数均值/（m/d）	孔隙率经验值	Talbot 系数经验值
F3	9	65.32	0.428	0.57
F5	12	74.41	0.407	0.68
F8	10	27.79	0.397	0.77

以表 5-8 中的数据为基础，根据式（5-1）可得到断层带 F3、F5 和 F8 的非达西等效渗透系数随水力梯度的变化规律。

$$F3: K_{n-d} = 13.99e^{-0.000768J} \text{ m/d}$$
$$F5: K_{n-d} = 12.97e^{-0.000703J} \text{ m/d} \qquad (5\text{-}4)$$
$$F8: K_{n-d} = 12.52e^{-0.000675J} \text{ m/d}$$

同样，将非达西等效渗透系数赋予断层带需要借助 ABAQUS 子程序 GETVRM 及 USDFLD。进行非稳定渗流计算时非达西等效渗透系数赋值过程如下，其流程如图 5-43 所示。

（1）将表 5-8 中的渗透系数均值作为初始值，开始非稳定渗流场计算。

（2）在计算时间 Step 1 开始渗流自由面迭代求解，在初始迭代步通过 GETVRM

子程序提取断层带积分点孔压，如果孔压小于等于 0 不作处理，如果孔压大于 0 进入步骤（3）。

（3）通过 GETVRM 子程序提取断层带积分点渗流速度，联合初始渗透系数计算水力梯度，随后通过式（5-4）计算非达西等效渗透系数。

（4）通过 USDFLD 子程序将断层带积分点渗透系数替换为非达西等效渗透系数。

（5）进入渗流自由面求解下一迭代步，重复步骤（2）～（4），重复步骤（3）时，通过计算得到的非达西等效渗透系数计算积分点水力梯度。

（6）计算步 Step 1 中渗流自由面求解完毕，进入下一步计算。

（7）当 $t=11$ 时计算结束。

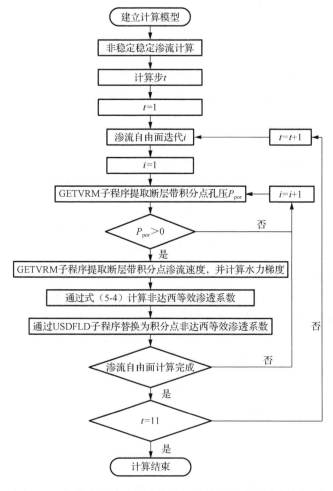

图 5-43　非稳定渗流计算时非达西等效渗透系数赋值流程图

由于现场资料缺失，进行非稳定渗流计算时地层及断层土水特征曲线分别采用孙树林等[12]实测的孔隙岩体及破碎裂隙岩体土水特征曲线，如图 5-44 所示。

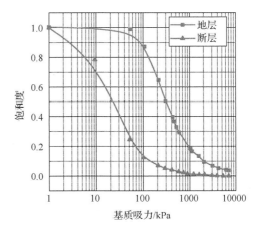

该工程所涉及母模型计算边界：模型侧面边界为定水头边界，值为相应地下水位；洞室群内壁为潜在逸出边界；其余部位为隔水边界。子模型侧面边界为定水头边界，值为母模型水位计算结果，其余边界与母模型一致。由

图 5-44 孔隙地层及破碎裂隙断层土水特征曲线[12]

于地下洞室群开挖过程中潜在逸出边界是持续形成的，因此洞室群影响范围内地下水位的下降过程是连续的。子模型边界位于洞室群影响范围之内，如图 5-45 所示，子模型边界水位随开挖过程的进行而不断下降。此外，某开挖步骤洞室群开挖体量越大，潜在逸出边界规模越大，地下水位降幅越大。从图 5-45 中可以看出，开挖步骤第一阶段（excavation step 1，ES1）为顶部排水孔幕生效，在所有开挖步骤中潜在逸出边界增幅规模最为显著，因此该步骤内地下水降幅最大。此外，由于断层带的强导水作用，不同开挖阶段断层带水位降幅最大。在子模型边界位置、潜在逸出边界规模和强导水断层的综合影响下，开挖完成后子模型上游边界

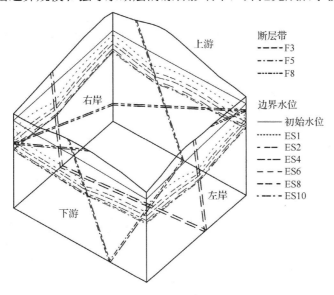

图 5-45 不同开挖阶段子模型边界水位变化规律

地下水最大降幅为 168m，下游边界地下水位最大降幅为 187m，左岸边界地下水位最大降幅为 199m，右岸边界地下水位最大降幅为 195m。

同样，图 5-45 中如果不考虑洞室群影响范围，进行非稳定渗流计算时，各阶段地下水位计算结果将被高估。此外，对比图 5-20 和图 5-45 结果可以发现，掌握子模型边界水位变化规律为地下洞室群渗流模型的确定和定水头边界的取值提供了新思路：在考虑洞室群影响范围的前提下，如果能确定任意范围内模型边界的水位变化规律，可不用构建包括洞室群影响范围的母模型直接进行计算。

5.3.2 施工期非稳定渗流分析

1. 水位及流量演化规律

图 5-46 给出了不同开挖步骤地下洞室群附近总水头分布云图。整体上，由于地下水向洞室群不断汇集，总水头线在靠近洞室群时呈近环形降低。并且，随着开挖过程的不断推进，潜在逸出边界规模的不断扩大，洞室群附近的总水头值越来越小。图 5-46 中总水头等值线形状及最小值范围受到开挖体量和断层带的共同影响。随着开挖体量的增大，潜在逸出边界规模越来越大，地下水位下降幅度加快，总水头线最小值逐渐降低，非饱和区逐渐扩大。此外，由于断层带的强导水作用，断层带渗流速度大于相邻地层，同时间段内断层带饱和度低于相邻地层。因此，尽管断层带及相邻地层内均为非饱和状态，孔压为负值，但断层带内孔压要小于相邻地层孔压，导致总水头靠近断层时骤然降低，形成倒漏斗状云图。

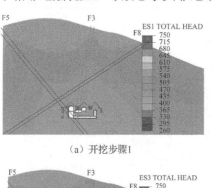

（a）开挖步骤1

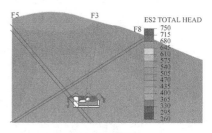

（b）开挖步骤2

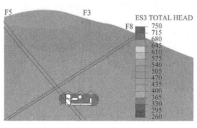

（c）开挖步骤3

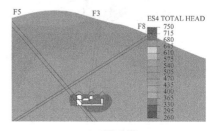

（d）开挖步骤4

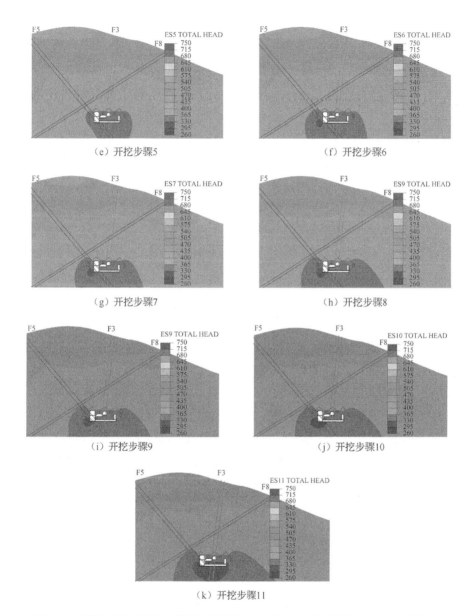

（e）开挖步骤5　　　　　　　　　　　　　　　（f）开挖步骤6

（g）开挖步骤7　　　　　　　　　　　　　　　（h）开挖步骤8

（i）开挖步骤9　　　　　　　　　　　　　　　（j）开挖步骤10

（k）开挖步骤11

图 5-46　不同开挖步骤地下洞室群附近总水头分布云图（单位：m）（见彩图）

图 5-47 为不同开挖阶段洞室群附近地下水位变化规律。从图 5-47 中可以看出，洞室群开挖时地下水面线呈漏斗状，随着开挖进程的不断推进，漏斗范围不断扩大。由于排水系统的生效，在 ES1、ES3 和 ES6 阶段地下水位降幅最为明显。尤其在 ES1 阶段，当顶部排水孔幕生效 16d 后，地下水位已降低至上、下游排水

孔幕两侧，大部分顶部排水孔幕已无水可排，处于非饱和状态。结果表明，洞室群外围排水孔幕对地下水位的下降起主要控制作用。此外，地下水位的下降速率同时受到地层及断层渗透系数、当前已有潜在逸出边界规模和该阶段新增潜在逸出边界规模的综合影响。

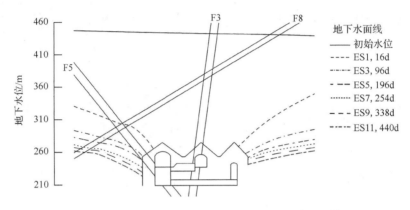

图 5-47　不同开挖阶段洞室群附近地下水位变化规律

不同开挖步骤厂房系统各洞室及各层排水孔幕渗流量如图 5-48 所示。排水孔边界形成后，地下水位缓慢降低，潜在逸出边界范围逐渐减小。图 5-48（a）中各层排水孔幕渗流量逐渐降低，并且顶层排水孔幕渗流量在开挖步骤 4 结束后为 0。此外，因为各层排水孔幕生效顺序的影响，排水孔幕总渗流量分别在开挖步骤 3 和 6 突增，其余阶段降低，并且在开挖步骤 6 达到最大值，为 7887.77m³/d。图 5-48（b）中厂房系统各洞室渗流量受多方面因素影响，以主厂房为例，由于中

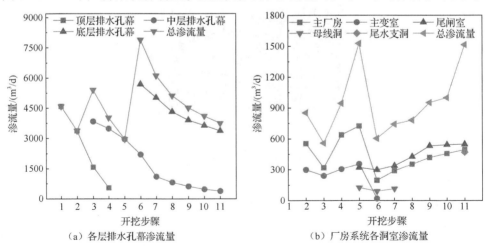

图 5-48　不同开挖步骤厂房系统各洞室及各层排水孔幕渗流量

层及底层排水孔幕生效时会导排大量地下水，使得主厂房渗流量在开挖步骤 3 和 6 降低；随着主厂房开挖体量的不断增大，主厂房渗流量在其余阶段逐渐增大；此外主厂房渗流量会随地下水位的整体降低而降低。综合影响下厂房系统各洞室总渗流量在开挖步骤 5 达到最大值，为 1526.50m³/d。整体上，由于排水系统先于厂房系统开挖，大量地下水渗入排水系统并降低了厂房系统渗流场，开挖过程中排水系统渗流量是厂房系统的 2.4～10.1 倍。

2. 排水系统滞后开挖时厂房系统渗流量结果

保持表 5-7 中开挖进度及分区形式不变，调整开挖步骤，在同一高程先开挖厂房系统再开挖排水系统，排水系统滞后开挖时地下洞室群开挖进度如表 5-9 所示。排水系统滞后开挖时不同开挖步骤厂房系统各洞室渗流量如图 5-49 所示。同高程排水系统滞后开挖时，地下水会直接渗入厂房系统。与图 5-48（b）相比，各开挖阶段厂房系统各洞室渗流量均有所增大，没有排水系统的导排水作用，ES1 开挖步骤厂房系统总渗流量将达到 2143.76m³/d，总渗流量在 ES10 达 3046.45m³/d，是图 5-48（b）中最大渗流量的 2.0 倍。虽然排水系统生效后厂房系统渗流量有所降低，最小值仍达 1224.87m³/d，仅比图 5-48（b）中厂房系统渗流量最大值小 301.63m³/d。整体上，排水系统滞后开挖将导致厂房系统各洞室渗流量显著增大，同时厂房系统排水压力增大，由高渗压带来的围岩失稳概率增大。因此，本节建议地下洞室群施工时，同高程排水系统先于厂房系统开挖，降低厂房系统的施工难度和风险。

表 5-9　排水系统滞后开挖时地下洞室群开挖进度表

开挖步骤	开挖区域	开挖时间/d	计算时间	开挖步骤	开挖区域	开挖时间/d	计算时间
1	M1，TR1	70	Step 1	7	M5，E3	42	Step 7
2	D1	16	Step 2	8	M6，E4	42	Step 8
3	M2，TR2	50	Step 3	9	M7	42	Step 9
4	M3，B1，TR3，E1	50	Step 4	10	TT	60	Step 10
5	D2	10	Step 5	11	D3	16	Step 11
6	M4，B2，E2	42	Step 6	—	—	—	—

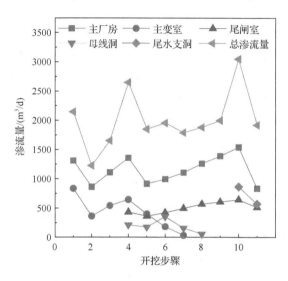

图 5-49　排水系统滞后开挖时不同开挖步骤厂房系统各洞室渗流量

3. 施工期排水孔幕布设方案对比分析

对于该抽水蓄能工程,将排水孔间距增大至 9m 及减小至 3m 时,开挖步骤 1、3、6、10 地下水位对比结果如图 5-50 所示,不同开挖步骤排水系统及厂房系统总渗流量对比结果如图 5-51 所示。结果表明,排水孔间距越大,地下水位越高、排水系统渗流量越小、厂房系统渗流量越大,造成这一现象的原因和变化规律与图 5-26 和图 5-27 一致。当排水孔间距由 3m 增大至 6m 和 9m 时,随着排水孔数量的减少,排水孔内壁地下水逸出点高程最大抬升 4.6m 和 5.3m。开挖过程中厂房系统总渗流量分别增大 $98.17\sim186.21\text{m}^3/\text{d}$ 和 $272.35\sim666.22\text{m}^3/\text{d}$,增幅分别为 $11.5\%\sim44.5\%$ 和 $31.3\%\sim98.7\%$;排水系统总渗流量分别减少 $511.72\sim1048.31\text{m}^3/\text{d}$ 和 $996.25\sim2018.21\text{m}^3/\text{d}$,降幅分别为 $10.4\%\sim20.0\%$ 和 $19.9\%\sim40.8\%$。

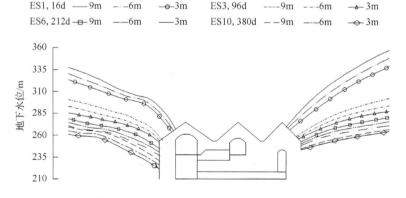

图 5-50　排水孔间距变化时不同开挖步骤地下水位对比结果

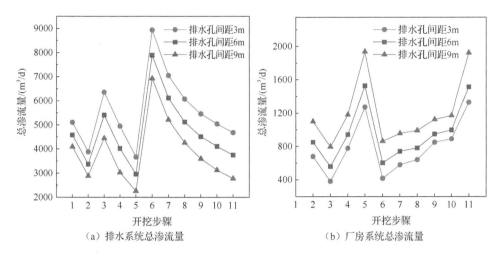

（a）排水系统总渗流量　　　　　　　　　　（b）厂房系统总渗流量

图 5-51　排水孔间距变化时不同开挖步骤排水系统及厂房系统总渗流量对比结果

当排水孔直径由 0.05m 增大至 0.1m 和 0.2m 时，开挖步骤 1、3、6、10 地下水位对比结果如图 5-52 所示，不同开挖步骤排水系统及厂房系统总渗流量对比结果如图 5-53 所示。与图 5-28 和图 5-29 中排水孔直径对渗流场的作用机理一致，增大排水孔可使排水孔数量不变、降低地下水位、减小厂房系统总渗流量。当排水孔直径由 0.05m 增大至 0.1m 和 0.2m 时，排水孔内壁地下水逸出点最大降低 1.5m 和 3.1m。开挖过程中厂房系统总渗流量分别减小 72.36～194.57m³/d 和 233.31～484.07m³/d，降幅分别为 4.8%～19.7%和 15.4%～44.8%；排水系统总渗流量分别增大 245.71～445.38m³/d 和 466.05～839.08m³/d，增幅分别为 3.9%～11.1%和 10.2%～20.9%。

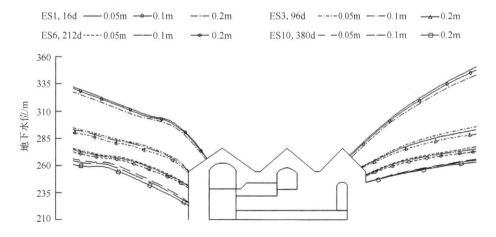

图 5-52　排水孔直径变化时不同开挖步骤地下水位对比结果

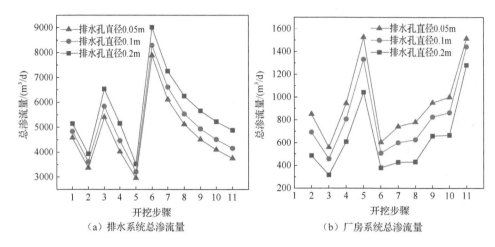

图 5-53　排水孔直径变化时不同开挖步骤排水系统及厂房系统总渗流量对比结果

对于该抽水蓄能电站，计算结果表明，地下洞室群开挖过程中，增大排水孔直径和减小排水孔间距均能进一步降低各开挖阶段地下水位和洞室群总渗流量，该规律与常规水电站地下洞室群稳定渗流分析结果一致。对于本节所选抽水蓄能电站，在工程投资和工期允许情况下可减小排水孔间距，以降低地下水位和厂房系统总渗流量。同样，可结合数值计算与工程特性，对排水孔布设方案进行更加详细的敏感性分析，确定最优排水方案。

参 考 文 献

[1] 程普, 万祥兵, 方丹, 等. 白鹤滩水电站地下厂房层间错动带渗流控制措施研究[J]. 水利水电技术, 2018, 49(12): 65-71.

[2] 王珏. 白鹤滩水电站大坝渗流场仿真与渗控方案评价[D]. 武汉: 武汉大学, 2018.

[3] 周志芳, 沈琪, 石安池, 等. 白鹤滩水电工程左岸玄武岩层间错动带渗透破坏预测与防治模拟[J]. 工程地质学报, 2020, 28(2): 211-220.

[4] LI Y, CHEN Y, JIANG Q, et al. Performance assessment and optimization of seepage control system: A numerical case study for Kala underground powerhouse[J]. Computers and Geotechnics, 2014, 55: 306-315.

[5] XU Z G, CAO C, LI K, et al. Simulation of drainage hole arrays and seepage control analysis of the Qingyuan Pumped Storage Power Station in China: A case study[J]. Bulletin of Engineering Geology and the Environment, 2019(3): 6335-6346.

[6] QIAN W W, CHAI J R, QIN Y, et al. Simulation-optimization model for estimating hydraulic conductivity: A numerical case study of the Lu Dila Hydropower Station in China[J]. Hydrogeology Journal, 2019, 27(7): 2595-2616.

[7] 刘武, 陈益峰, 胡冉, 等. 基于非稳定渗流过程的岩体渗透特性反演分析[J]. 岩石力学与工程学报, 2015, 34(2): 362-373.

[8] 孙超伟, 柴军瑞, 许增光, 等. 金川水电站地下厂房裂隙围岩渗控效应数值模拟与评价[J]. 岩土工程学报, 2016, 38(5): 786-797.

[9] CHEN Y, HONG J, ZHENG H, et al. Evaluation of groundwater leakage into a drainage tunnel in Jinping-I Arch Dam foundation in Southwestern China: A case study[J]. Rock Mechanics and Rock Engineering, 2016, 49(3): 961-979.

[10] XU Z G, LIU Y, HUANG J, et al. Performance Assessment of the Complex Seepage-Control System at the Lu Dila Hydropower Station in China[J]. International Journal of Geomechanics, 2019, 19(3): 5019001.

[11] 毛昶熙. 渗流计算分析与控制[M]. 北京: 水利电力出版社, 1990.

[12] 孙树林, 王利丰. 非饱和裂隙岩体持水曲线的预测研究[J]. 岩石力学与工程学报, 2006, 25(S2): 3830-3834.

彩 图

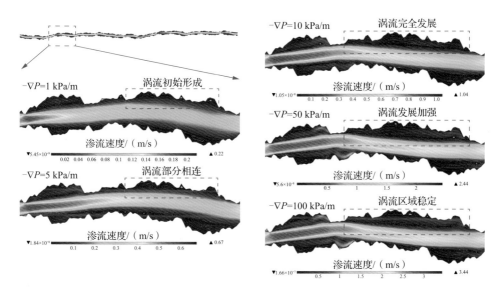

图 3-8　不同压力梯度下微观流动行为的变化

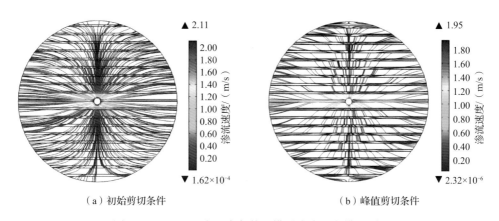

（a）初始剪切条件　　　　　　　　　　（b）峰值剪切条件

图 3-18　0.2MPa 水压力条件下模型流线分布模拟结果

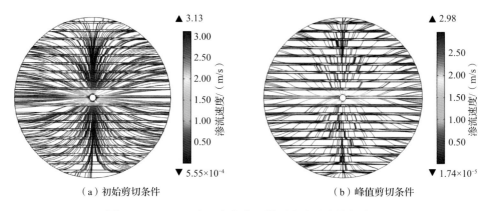

（a）初始剪切条件　　　　　　　　　　　　（b）峰值剪切条件

图 3-19　0.4MPa 水压力条件下模型流线分布模拟结果

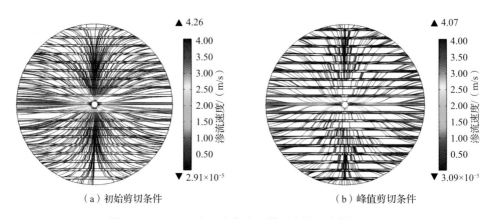

（a）初始剪切条件　　　　　　　　　　　　（b）峰值剪切条件

图 3-20　0.6MPa 水压力条件下模型流线分布模拟结果

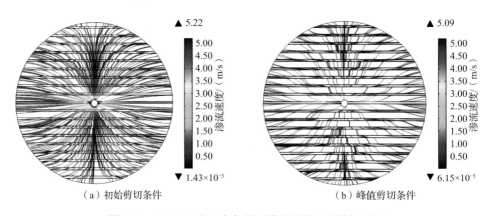

（a）初始剪切条件　　　　　　　　　　　　（b）峰值剪切条件

图 3-21　0.8MPa 水压力条件下模型流线分布模拟结果

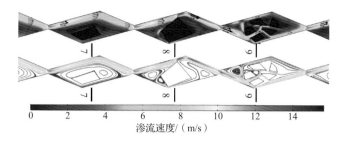

图 3-29 不同尺寸及形态充填物影响下裂隙内部渗流速度分布结果

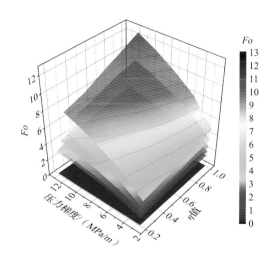

图 3-40 不同压力梯度下 η 值和孔隙率作用下 Fo 分布图

图中曲面对应不同孔隙率，自上而下依次为 $\varphi_s=0.431$、$\varphi_s=0.415$、$\varphi_s=0.397$、$\varphi_s=0.379$、$\varphi_s=0.359$，图中最底部平面为 $Fo=0.11$，表示 Fo_c

图 4-33 地质统计法计算出的渗透系数分布

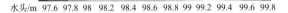

水头/m 97.6 97.8 98 98.2 98.4 98.6 98.8 99 99.2 99.4 99.6 99.8

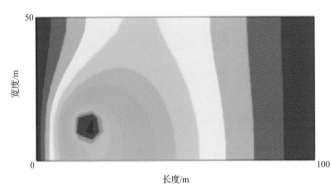

图 4-35　正演计算的模拟水头的分布

地层面积：$(100×50)m^2$

$K/(m/d)$　4 6 8 10 12 14 16 18 20 22 24 26 28 30 32 34 36 38

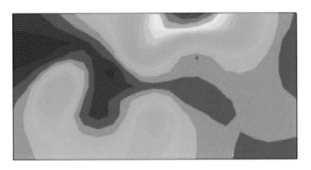

图 4-36　反演计算的渗透系数的分布

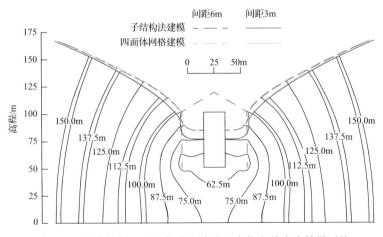

图 4-62　简化算例 "以线代孔" 法地下水位和总水头结果对比

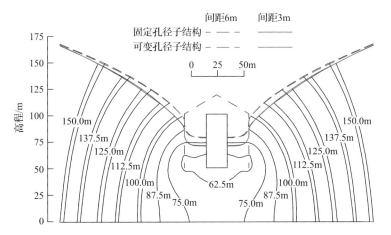

图 4-72 简化算例"以面代孔"法总水头及地下水位结果对比

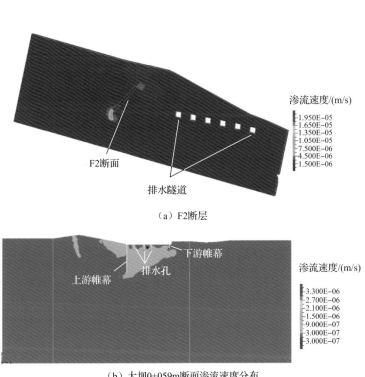

（a）F2断层

（b）大坝0+059m断面渗流速度分布

图 5-7 F2 断层和大坝 0+059m 断面渗流速度分布云图

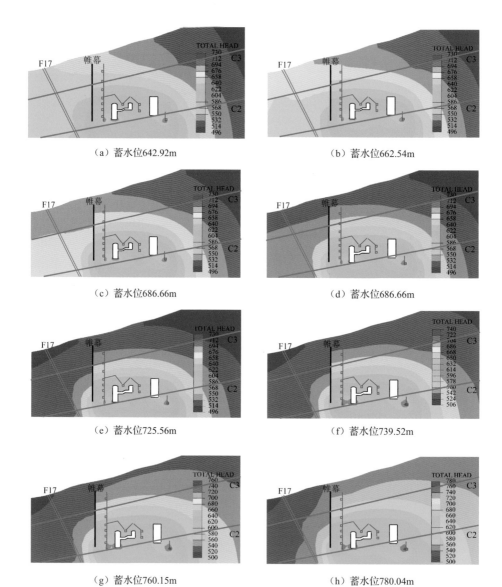

（a）蓄水位642.92m （b）蓄水位662.54m

（c）蓄水位686.66m （d）蓄水位686.66m

（e）蓄水位725.56m （f）蓄水位739.52m

（g）蓄水位760.15m （h）蓄水位780.04m

图 5-23　不同蓄水位地下洞室群周围总水头分布云图（单位：m）

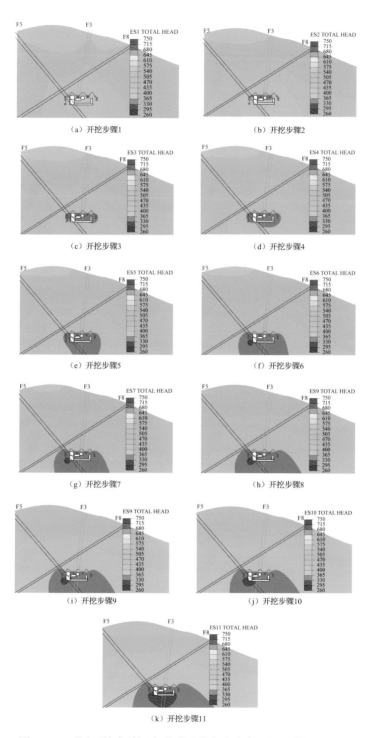

（a）开挖步骤1　　　　　　　　　　　（b）开挖步骤2

（c）开挖步骤3　　　　　　　　　　　（d）开挖步骤4

（e）开挖步骤5　　　　　　　　　　　（f）开挖步骤6

（g）开挖步骤7　　　　　　　　　　　（h）开挖步骤8

（i）开挖步骤9　　　　　　　　　　　（j）开挖步骤10

（k）开挖步骤11

图 5-46　不同开挖步骤洞室群附近总水头分布云图（单位：m）